"十一五"国家重点图书出版规划项目·信息经济与规制文丛

互联网及其治理

唐守廉　主编

北京邮电大学出版社

·北京·

内容简介

互联网是近代最伟大的发明之一。它突破了国家和地域的界限，改变着世界政治、经济、文化、生活的方式，把世界连接在了一起。它已经成为人类生活中不可或缺的重要组成部分，但同时也带来许多意想不到、需要解决的问题。如何解决这些问题，即如何进行互联网治理，已经成为全球诸多国家和地区政府和社会关注的重大课题。

笔者伴随着我国电信改革开放和互联网发展历程，从政府规制的角度，进行了多年的潜心相关研究。本书是在此基础上组织人员集中编写，最终获得出版。

本书出版的目的是希望能够客观、公正地阐述和界定相关问题，尽可能从技术、法律、经济、文化等多角度进行分析和研究，并提出相应治理建议。

希望本书能够为政府、互联网网络和服务提供商、相关社会团体、互联网用户，以及有兴趣的学者和高等教育院校学生，提供有关互联网治理的系统理论知识和实践经验。

图书在版编目(CIP)数据

互联网及其治理/唐守廉主编. —北京：北京邮电大学出版社，2008

ISBN 978-7-5635-1350-5

Ⅰ.互…　Ⅱ.唐…　Ⅲ.因特网—管理—研究　Ⅳ.TP393.4

中国版本图书馆 CIP 数据核字(2008)第 086880 号

书　　名：互联网及其治理

作　　者：唐守廉

责任编辑：彭　楠

出版发行：北京邮电大学出版社

社　　址：北京市海淀区西土城路 10 号(邮编：100876)

发 行 部：电话：010-62282185　传真：010-62283578

E-mail：publish@bupt.edu.cn

经　　销：各地新华书店

印　　刷：北京源海印刷有限责任公司

开　　本：787 mm×1 092 mm　1/16

印　　张：19

字　　数：336 千字

印　　数：1—3 000 册

版　　次：2008 年 10 月第 1 版　2008 年 10 月第 1 次印刷

ISBN 978-7-5635-1350-5　　定价：38.00 元

·如有印装质量问题，请与北京邮电大学出版社发行部联系·

总序

改革开放以来，中国的信息通信业实现了跨越式发展，信息化建设取得了长足进展，信息通信业已成为国民经济的支柱产业和富国强民的重要推动力量。

截至2006年1月，中国的电话用户总数已达到7.52亿户，居世界各国之首。固定电话普及率达27.0部/百人，移动电话普及率达30.3部/百人。互联网宽带用户达3 862.1万户，全社会互联网使用人数达1.11亿户，居世界第二。在网络和用户规模上，中国已成为全球信息通信大国。

“村村通电话工程”实施两年多来，截至2005年11月，全国已有5万多个行政村新开通了电话，通电话行政村比重已经达到97%以上，提前实现了邮电“十五”规划中“95%以上行政村通电话”的目标。

经历一系列的改革和重组，中国信息通信业已初步形成有效竞争的市场格局，信息通信管理体制和运营机制发生了引人注目的变化。目前，中国正处于WTO的过渡期，《电信法》已被全国人大常委会列入2006年的立法计划并有望在近期进入审议程序，信息通信管理部门依法行政、依法管理的意识初步形成，各级信息通信管理人员的业务素质和监管水平显著提高，互联互通、网间结算等监管难题得到一定程度的解决，3G的技术条件已经成熟，战略转型成为运营商的共识。

毋庸置疑的是，中国信息通信业面临着前所未有的机遇和挑战，一系列新的课题摆在理论工作者和政府管理部门的面前：数字鸿沟仍不容忽视，普遍服务依旧任重道远，从建设社会主义新农村的高度，促进城乡之间通信的协调发展，使全体人民共享改革开放和电信技术进步的成果，需要付出长期的努力；电信法的出台将引发监管方式的重大转变，未雨绸缪、普及电信法的知识、分析国外电信法的实施效果并研究中国电信法可能带来的深刻变革，是下一时期的重要工作；竞争的深入和市场化的发育，要求在电信成本与定价方面实现理论突破和政策创新，从而为价格管制、业务定价和网间结算提供理论依据；互联网的发展引来泥沙俱下，网络世界中的“黄毒”与欺诈日益猖獗，垃圾信息泛滥成灾，互联网的规制成为全球各国政府面临的重大难题，要从根本上保证互联网的健康发展，就必须根据WTO规定的时间表，进一步完善互联网法律法规体系，在鼓励竞争的前提下对互联网进行适度规制；技术的飞速发展对监管水平提出了更高要求，如何使监管适应并鼓励新技术新业务的发展，而不是让技术业务的发展来适应监管，成为当前信息通信规制的重要内容；不断变化的现实环境要求规制理论研究上的不断创新与发展……

所有这一切，为学术界和产业界提出了许多有价值的新命题，理论研究人员和实际工作者必须与时俱进。借鉴国外的信息经济与规制理论及其改革经验，结合中国的特定实际，建立有中国特色的信息经济与规制理论，设计适应中国信息通信发展实际的监管政策，将有助于推动中国信息通信业的法制化进程，促进信息通信规制的逐步完善，并最终推动中国信息通信业的可持续发展。

因应现实需要，着眼未来发展，北京邮电大学出版社及时推出了《信息经济与规制文丛》。文丛译、著兼备，既介绍了国外先进的信息经济与规制理论，反映了国外最新的研究成果，又对国内信息通信业的重大现实问题进行了深入研究，是业内知名专家通力合作的成果，具有较高的理论水平，并具有新颖性、权威性的特色。

北京邮电大学出版社长期致力于信息通信类精品图书的开发。在"十一五"规划的开局之年，该社推出《信息经济与规制文丛》，无疑具有重要的现实意义和理论价值。

我非常高兴向广大读者推荐这套丛书，相信丛书会得到关心中国信息经济与规制理论、关心中国信息通信业实践的同志们的认可。

最后，向为本文丛的出版付出辛勤劳动的策划者、组织者、著译者和编辑们，向为本文丛的出版提供多方支持的朋友们表示衷心的感谢。

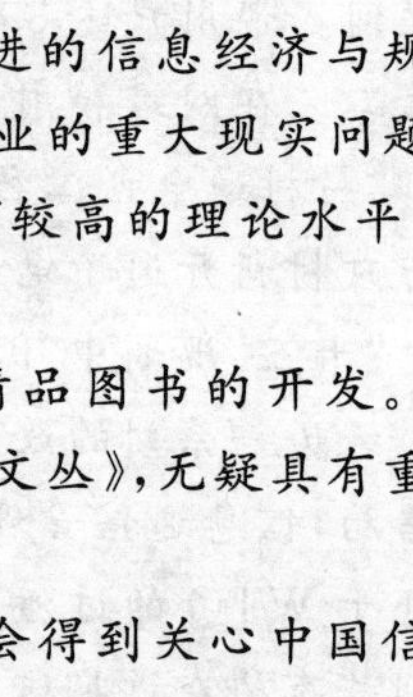

序　言

2006年12月26日20点25分，我国台湾南海海域分别发生7.2级和6.7级地震，使众多路由经过该海域的海底光缆系统陆续发生中断，造成国内与国际的主要网络和通信发生故障和中断。这次断网所带来的影响是巨大的，超出了人们的想象。大量境外网络无法访问，即时通信工具MSN无法工作，境外域名的注册停止，网上交易部分瘫痪，赴美、法等国留学申请暂停，机票网国外用户登录失败，大量网民无法升级杀毒软件等。网上调查显示，光缆故障造成约98%网友无法正常访问境外网站，59%网友认为工作生活受到了严重影响。人们如此强烈地切身感受到，离开互联网难以生活。

互联网是近代最伟大的发明之一，它突破了国家的界限，把世界联结成为一个整体；改变了世界经济的运作模式，加速全球经济一体化；提供了最为便捷的信息交流通道，让全人类进入文化、知识共享和创新的新时代；它已经成为我们生活中不可或缺的重要组成部分。但同时，互联网也给我们带来了许多意想不到、需要解决的问题，直接影响着我们日常生活的正常进行。如何解决这些问题，即如何进行互联网治理，则是我们必须加紧研究的重大课题。

互联网治理是一个非常复杂的问题。目前已知的互联网问题该如何治理尚且难以统一意见，更不要说，还有更多未知的互联网世界。人们很难想象，如果现在没有互联网，人类社会会受到多大影响；也很难想象，互联网还会给人类社会带来多少负面问题，而这些问题又该如何解决。

20世纪90年代后期，在经历了中国电信风风雨雨的改革历程之后，经过潜心研究，我编写和出版了《电信管制》一书。在今天的互联网时代，在互联网用户和各种业务蓬勃发展、各种相关矛盾和问题层出不穷的时候，我认为有必要编写一本有关互联网治理的书籍。

我策划和组织了本书的具体编写工作，包括确定本书的编写目的、逻辑结构、相关理论、主要内容和结论等，以及最终对全书进行了整体结构的调整和逐章逐段的修改。我的在校研究生们分章节积极、努力、负责地整理了相关资料和编写了各章初稿，具体而言，第1章由朱剑秋和许亚伟负责，第2章由朱剑秋和何星负责，第3章由海晓东和代锐负责，第4章和第5章由代锐负责，第6章由胡凡和邓力文负责，第7章由李敏和郭锐负责，第8章由李敏负责，第9章和第10章由郭锐负责。在此鉴于他们对本书的贡献，表示由衷的感谢。

本书不可能奢望对互联网相关治理问题，从理论和实践上给出完全正确和权威性的论述。本书编写的目的只是希望能够客观、公正地描述和定义相关的问题，尽可能从多角度对问题进行分析和研究，以阐明不同问题的正反结果及其影响，并提出相应的治理建议。

相信读者通过阅读本书，可以对互联网有一个较为完整的了解，对互联网中存在的问题有较为清晰的认识，对互联网治理理论和方法有较为系统的掌握。

唐守廉

目录

1 概论

1.1 互联网起源和发展 …… 1
1.2 互联网特征 …… 4
1.3 互联网的影响 …… 6
1.4 互联网治理原则 …… 9
1.5 互联网治理主体 …… 13
1.5.1 政府 …… 13
1.5.2 行业协会和相关企业 …… 15
1.5.3 网民 …… 16
1.6 互联网治理方式 …… 19
1.6.1 网络立法 …… 20
1.6.2 行政监督 …… 24
1.6.3 行业自律 …… 26
1.6.4 网民道德自律 …… 29
1.6.5 技术控制 …… 30
1.7 互联网治理模型 …… 31

2 互联网国际治理

2.1 信息社会世界首脑会议第一阶段会议 …… 34
2.2 联合国互联网治理工作组 …… 35
2.3 信息社会世界峰会第二阶段会议 …… 39
2.4 互联网治理论坛第一次会议 …… 40
2.5 其他相关国际性组织 …… 41
2.6 中国参与互联网国际治理 …… 45

3 互联网基础设施

3.1 OSI 和 TCP/ IP …… 47
3.1.1 OSI 七层模型 …… 47
3.1.2 TCP/IP …… 48
3.2 IP 地址 …… 50
3.2.1 IPv4 …… 50
3.2.2 IPv6 …… 51
3.3 域名系统 …… 53
3.3.1 域名 …… 53
3.3.2 域名注册 …… 55
3.3.3 根服务器 …… 63
3.4 Web 标准 …… 64
3.5 互联网接入技术 …… 68
3.5.1 有线接入技术 …… 68
3.5.2 无线接入技术 …… 72

4 骨干互联网和互联互通

4.1 我国骨干互联网和互联互通 …… 76
4.2 美国骨干互联网和互联互通 …… 79
4.3 其他部分国家互联网架构 …… 83
4.4 互联费用结算 …… 85

5 互联网安全

5.1 互联网安全的基本概念 …… 88
5.1.1 互联网安全问题的起源 …… 88
5.1.2 互联网安全的重要性 …… 89
5.1.3 互联网安全的研究范畴 …… 91
5.2 互联网安全技术 …… 93
5.2.1 防火墙技术 …… 93
5.2.2 入侵检测技术 …… 94
5.2.3 防病毒技术 …… 95
5.2.4 加密技术 …… 98
5.2.5 容灾备份技术 …… 99

5.3　网络战争 …… 101
5.3.1　网络战 …… 101
5.3.2　各国备战网络 …… 102
5.4　网上恐怖主义与人权 …… 104
5.4.1　网上恐怖主义 …… 104
5.4.2　互联网人权 …… 105
5.5　美国互联网安全国家战略 …… 106

6　互联网业务

6.1　VoIP 业务 …… 111
6.1.1　VoIP 业务的起源和发展 …… 111
6.1.2　VoIP 挑战传统电话业务 …… 114
6.1.3　VoIP 的定位和治理 …… 116
6.2　即时通信 …… 118
6.2.1　即时通信的概念及发展 …… 118
6.2.2　即时通信互联互通 …… 121
6.2.3　即时通信安全 …… 122
6.3　电子邮件 …… 123
6.3.1　电子邮件的概念及发展 …… 123
6.3.2　垃圾邮件及治理 …… 125
6.4　搜索引擎 …… 131
6.4.1　搜索引擎的发展 …… 131
6.4.2　竞价排名 …… 133
6.4.3　点击欺诈 …… 135
6.4.4　侵权问题 …… 138
6.5　P2P 下载 …… 141
6.5.1　P2P 下载的概念及发展 …… 141
6.5.2　下载侵权问题 …… 142
6.5.3　下载带宽问题 …… 148
6.6　博客 …… 149
6.6.1　博客的概念及发展 …… 149
6.6.2　博客侵权问题 …… 151
6.7　IPTV …… 153
6.7.1　IPTV 的基本特点及其发展 …… 153

6.7.2 IPTV的治理 …… 155
6.8 网络游戏 …… 160
6.8.1 网络游戏定义及分类 …… 160
6.8.2 网络游戏中的虚拟财产 …… 161
6.8.3 网络游戏中的虚拟货币 …… 163
6.8.4 网络游戏成瘾 …… 167
6.8.5 网络游戏立法 …… 169
6.9 电子商务 …… 171
6.9.1 电子商务的概念及发展 …… 171
6.9.2 电子商务环境下的税收征管 …… 173
6.9.3 电子商务安全 …… 175
6.9.4 电子商务法律体系 …… 177
6.9.5 电子商务管理模式 …… 181

7 网络人权

7.1 网络隐私权 …… 183
7.1.1 网络隐私权的定义及侵权表现 …… 183
7.1.2 国际社会的网络隐私保护 …… 187
7.1.3 我国的网络隐私保护 …… 192
7.2 网络言论自由 …… 194
7.2.1 网络媒体 …… 194
7.2.2 网络言论自由及问题 …… 196
7.2.3 网络言论自由的保护和治理 …… 200
7.3 数字鸿沟 …… 205
7.3.1 数字鸿沟的概念及成因 …… 205
7.3.2 我国数字鸿沟的表现形式 …… 206
7.3.3 跨越数字鸿沟的策略 …… 208
7.4 互联网知识产权 …… 212
7.4.1 互联网知识产权概述 …… 212
7.4.2 互联网对知识产权的影响 …… 214
7.4.3 互联网知识产权保护措施 …… 223

8 网络消费者权益与电子签名

8.1 网络消费者权益 …… 233

8.1.1 电子商务中的消费者权益侵害 …… 233
8.1.2 互联网消费者权益的保护 …… 236
8.2 电子签名 …… 241
8.2.1 电子签名的定义 …… 242
8.2.2 电子签名的技术原理 …… 243
8.2.3 电子签名制度 …… 245

9 互联网的多语言性与文化多样性

9.1 互联网的多语言性 …… 254
9.1.1 互联网的多语言性现状 …… 254
9.1.2 多语种域名 …… 256
9.1.3 跨语言信息检索 …… 260
9.1.4 机器翻译 …… 264
9.2 互联网的文化多样性 …… 268
9.2.1 网络文化的内涵和特征 …… 268
9.2.2 网络文化霸权和民族文化保护 …… 270

10 互联网不良信息治理

10.1 网上不良信息及其泛滥根源 …… 272
10.2 网上不良信息的影响 …… 274
10.3 抵制网上不良信息的对策 …… 276
10.3.1 国外抵制网上不良信息的经验 …… 276
10.3.2 我国抵制网上不良信息的措施 …… 278

参考文献 …… 282

1 概论

1.1 互联网起源和发展

1961年,美国麻省理工学院的伦纳德·克兰罗克(Leonard Kleinrock)博士发表了分组交换技术的论文,该技术后来成为互联网的标准通信方式。从这以后,主要基于主机架构的低速串行连接,提供应用程序运行、远程打印和数据服务功能的计算机网络,在20世纪60年代逐渐兴起。

1969年,美国国防部为了开发能够抵抗核打击的计算机网络,资助建立了一个基于分组交换的网络,名为ARPANET,就是今天互联网(Internet)的最早雏形。

1971年,位于美国剑桥的BBN科技公司工程师雷·汤姆林森(Ray Tomlinson)开发出电子邮件。此后,ARPANET技术开始向大学等研究机构普及。

1973年,TCP(传输控制协议)正式投入使用;1981年,IP(互联网协议)投入使用;1983年,TCP/IP协议正式被集成于美国加州大学伯克利分校的UNIX版本中,该网络版适应了当时各大学、机关、企业强烈的网络需求。随着免费发放的UNIX操作系统的广泛使用,TCP/IP协议得到了极大的推广。同年,ARPANET宣布将把过去的通信协议NCP(网络控制协议)向新协议TCP/IP(传输控制协议/互联网协议)过渡。随着越来越多厂家的加入和支持,TCP/IP协议成为将大大小小分散于各地的网络连接起来的纽带。伴随着这张当今世界上规模最大、用户最多的网络的成长壮大,TCP/IP协议也就成为既定事实上的世界标准,IP网络逐渐成为当代乃至未来计算机网络的主流。

1988年,美国伊利诺斯大学学生史蒂夫·多那(Steve Dorner)开始开发电子邮件软件 Eudora。1991 年，CERN（欧洲粒子物理研究所）的科学家提姆·伯纳斯李（Tim Berners-Lee）开发出了万维网（World Wide Web），以及极其简单的网络浏览器（浏览软件）。此后互联网开始向社会大众普及。1993 年，伊利诺斯大学美国国家超级计算机应用中心的学生马克·安德里森（Mark Andreesen）等人开发出了真正的浏览器 Mosaic，该软件后来被作为 Netscape Navigator 推向市场。此后互联网开始得以爆炸性普及。

根据 Miniwatts Marketing 统计资料，到 2007 年 3 月，全球互联网用户总数已经超过 11 亿，占全部人口总数的 17.8%，其中：北美地区人口占全球人口的 5.1%，但其互联网用户占全球互联网用户总数的 19.8%；欧洲人口占全球人口的 12.3%，但其互联网用户占全球互联网用户总数的 27.4%；虽然亚洲人口占全球人口的 56.5%，但其互联网用户却仅占全球互联网用户总数的 37.2%。从增长率来看，自 2000 年至今，全球互联网用户增长很快，平均增长率高达 225%，亚洲互联网的用户增长率超过了平均水平，达到 282.1%。如表 1-1 所示。根据 2007 年 6 月中国互联网络信息中心的统计报告（见图 1-1），截至 2007 年 6 月，中国网民人数已经达到 1.62 亿，仅次于美国 2.11 亿的规模，位居世界第二，比 2006 年年末新增了 2 500 万网民；与 2006 年同期相比，网民数一年内增加了 3 900 万人，中国网民年增长率达到 31.7%。

表 1-1　全球互联网使用率和人口统计

地　域	人口/百万	人口占全球百分比（%）	网民/百万	网民占人口百分比（%）	网民占全球网民百分比（%）	2000—2007 年本地区网民增长率（%）
非洲	933	14.2	34	3.6	2.9	643.1
亚洲	3 712	56.5	437	11.8	37.2	282.1
欧洲	810	12.3	322	39.8	27.4	206.2
中东	193	2.9	20	10.1	1.7	494.8
北美	335	5.1	233	69.5	19.8	115.2
拉丁美洲/加勒比地区	557	8.5	110	19.8	9.4	508.6
大洋洲	34	0.5	19	54.5	1.6	146.7
全球总计	6 574	100	1 173	17.8	100	225.0

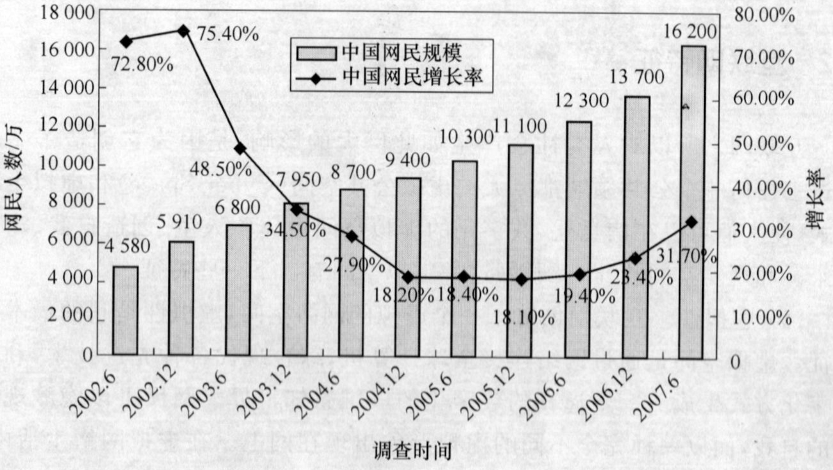

图 1-1 我国历次调查网民总数和年增长率

互联网从起源到现在不到 40 年，它已经从一个学术和军事的专用网络演变为全球重要的信息基础设施，渗透到政治、经济、贸易、文化、媒体、教育等各个社会领域并产生巨大的影响。互联网提高了社会的运转效率和生产力水平，给人们的工作、生活带来极大的便利，已经成为人类社会必不可少的组成部分，成为人们生活中不可或缺的工具。可能在你一眨眼的刹那，就有上百人登录了 MSN；可能在你唱一首歌的时间，就有上千人通过互联网买了自己看中很久的好东西；可能在你抽一支烟的工夫，就有上万人在 BBS 上灌了水，而且这些数字还在不断增长。

根据 2007 年 6 月中国互联网络信息中心的统计报告，在中国网民中使用网络新闻的达到 77.3%，搜索引擎的达到 74.8%，博客日志的达到 19.1%，即时通信的达到 69.8%，电子邮件的达到 55.4%，网络音乐的达到 68.5%，网络游戏的达到 47.0%，网络影视的达到 61.1%，网络求职的达到 15.2%，网络教育的达到 24.0%，网络购物的达到 25.5%，网络销售的达到 4.3%，网上银行的达到 20.9%，网上炒股的达到 14.1%，网上旅行预定的达到 3.9%。

原联合国秘书长科菲·安南给予互联网极高评价："互联网问世时间不长，但已成为促成巨大、甚至革命性变化的动因，也许是当今推动进步的最重要工具之一，在促进和捍卫自由、提供信息和知识方面具有无比优越性。"

1.2 互联网特征

互联网之所以对人类社会产生如此巨大的影响，是因为它创造了一个比过去任何一个公共领域都庞大的虚拟公共空间（Cyber Space）和虚拟生存方式，使人们可以在信息化、数字化的虚拟空间中体验人生、创造自我、沟通未来。和现实空间相比，互联网这一虚拟空间有以下一些特征。

(1) 虚拟性。互联网创造了一个虚拟的网络空间，虚拟性是它的最本质特征。虚拟空间是通过网络连接全球计算机，综合现代各种先进技术，利用数字化方式生成的一个逼真的数字化的三维感知世界。网民可以隐藏现实中的自我，而以一种完全不同的虚拟形象出现在网上。在虚拟网络生活中，网络参与者借助网络可以自由地进行信息交流、商务活动与技术合作等，他们可以以真实身份或虚拟身份出入，形成了一个新的虚拟世界，扩充了人类的生存和生活方式，使人类有了一种以往从未体验过的新生存模式。这种虚拟世界跨越了现实时空界限，大大拓展了人类交往与实践的范围，丰富了人们的生活，增加了人们的主体意识，扩张了人类的心智思维，张扬了人类的个性，使人类的语言符号文明进入到更高的数字化文明时代。

(2) 开放性。开放性是互联网的最大魅力所在，也是互联网力量的源泉，它是互联网这个令人惊叹的复杂系统能够运行得如此之好的根本原因。互联网是一个开放的网络空间。互联网最基本的 TCP/IP 协议就具有开放性，它独立于特定的计算机硬件及操作系统，可以免费使用。互联网上每个网页的内容都是开放的，任何人都可以浏览，它是非专有的公共领域。正如互联网的前辈之一戴维·克拉克所说："我们不要国王、总统和投票表决。我们相信意见的大体一致和运行的编码。"

(3) 交互性。互联网不同于以往的媒体。以往的媒体是单向的，如广播就是一对多的单向传播形式。互联网真正打破了单一或分离的"主体→客体"和"主体→主体"单向的交流形式，形成了相互对话、交流、反馈的网际关系，如现在风行的 BBS 就是典型的多对多的交流形式。我们每一个上网的人都不再是单纯的主体或客体，而是处于一种交互的环境界面中，参与者既可以是某一信息的发布者，同时又可以是他人信息的接收者；既可以对某一信息进行反馈、评价，又可以选择一些认为有用的信息，而摒弃无关的信息。

(4) 公共性。公共性也称为去中心化，这是互联网的主要价值所在。互联网具有"全体共同的地位"，它几乎使现代世界每个角落的人们都可以进行直接交流与沟通，使世界成为一个名副其实的“地球村”。互联网成为人人享有、人人参与的全球公共空间。尽管人们地位、身份、财力等不同，但在互联网上，都可以进行平等的思想交流，都可以共享网络资源。互联网是唯一真正把机会均等作为规则的空间。互联网没有形式上的权力，没有一个人或组织能说“我们怎么说，它就怎么做”，但并不意味着互联网上没有权威，只不过，这个人或组织要得到权威，并不是靠一个人或机构说了算，而是要靠全体公众网民的最终承认。

(5) 兼容性。互联网具有巨大的兼容性。在互联网的世界里，历史与现在、理想与现实交集在一起，当然真实与虚假、伪装与坦诚、正直与邪恶、善良与恶毒等也都在网上共存。

(6) 创造性。人类运用智慧构造了互联网的虚拟社会，以延伸人类现有的生存空间和想象空间，改变人类的生存方式。在这里，人们可以摆脱现实世界中的压抑，可以充分展现自己无限的想象力，从而爆发出难以想象的、用之不竭的创造力。

具有虚拟性、开放性、交互性、公共性、兼容性、创造性特点的互联网也给管理者提出了难题。传统电信网是一个封闭的、可以严格管理的网络，是一个信息传输质量得以保证的网络。在电信网上，电信运营商既是网络的拥有者，也是各项服务业务的提供者。但是，正因为电信网的可管可控，使得用户缺乏使用的自由度，电信运营商也缺乏业务的创造性。相对而言，互联网从诞生之始遵循的是开放的理念，采用IP技术的尽力而为，缺乏质量保证的传输能力，以及非商用网络延续下来的免费使用习惯，造成了互联网管理的以下难点。

(1) 端到端透明，网络缺乏管理，形成了网络的不安全性和不可信任性，特别是Web 2.0和P2P技术的发展和应用，使互联网难以定位和溯源，为传递不良信息和网络犯罪提供渠道；也使用户开始广泛滥用各种安全加密技术，加装防火墙，加大了网络安全成本。

(2) 网络控制权交给用户，用户拥有最大自由度，互联网成为向全社会开放的信息平台。一方面人人可以参与创新，促进了业务向多样性和综合性发展；另一方面也造成网络资源被无节制和掠夺性消耗。

(3) 网业分离，互联网所有业务都是寄生型业务，业务提供者不需要掌控网络资源，因而无法保证和承诺服务质量；为提高服务质量，就尽力使用无偿的网络资源，加大了服务提供商(SP)和电信运营商之间的矛盾。

1.3 互联网的影响

互联网最初是以“开放、参与、自由沟通”为理念发展起来的。在互联网发展的初期,人们普遍认为互联网管理工作仅限于技术协调,即互联网资源(如DNS、IP地址、TCP/IP协议、根服务器等)的管理。1998年以前,互联网几乎完全是由一个人监管的,他就是美国南加州大学的计算机科学教授Jon Postel,他用一个记事本简单地记录着网络地址和分配的域名。早期能上互联网的人也是有限的,主要是互联网的研发人员、大学教授以及大学生,普通民众没有条件接入互联网。互联网运行中,没有任何的合同或者条约、条例的约束,只有君子协议。大家在网络上收发电子邮件,大学的教授们通过网络进行讨论、切磋研究工作,部分人自愿参与管理、维护网络上的次序。大家平等地参与到包容、开放的网络虚拟社区中。

随着近些年互联网的商用和高速发展,随着互联网网民数量的高速膨胀,互联网已经成为人们生活中不可或缺的一部分,同时也不断产生出诸多的问题。人们形容它具有两面性,既有美貌的仙女一面,也有狰狞的魔鬼一面,在带给人类社会诸多正面影响的同时,也带来了牵涉社会政治、经济、技术、法律、道德、文化等多方面的诸多问题。这里既有由于互联网本身固有特性所带来的弊端,也有现实社会和其管理机构对互联网的发展没有适时变化所造成的问题。

1. 政治方面

互联网既为政治民主的发展提供了空前的动力和机遇,也使民主的发展面临着很大的挑战。

互联网的开放性、平等性,的确大大提高了政治的民主程度,任何人都可以通过网络自由发表自己的见解,公民参与政治的渠道拓宽了。在网络面前,人们的政治能力、政治机遇是平等的。

但也正是由于互联网本身的开放性和平等性,由于互联网的不便于管理,网络正成为许多组织和个人宣传自身理论和思想的地方,甚至成为政治团体和个人用来抨击对手的工具,从而直接挑战现实的政治民主法律体制。一些政治团体,甚至是一些国家政府,利用网络渠道来影响其他国家的民众的思想意识,从政治上攻击那些与自己立场或意见不同的政府和团体,煽动民众,扰乱社会,干扰他国内政。而且由于互联网的不可控,在网络上进行的政治思想领域上的斗争会显得十分复杂,不同的个人和组织都可以采用不同的方式,在网络上无约束地发表不同的政治和思想观点,形成激烈的对抗，影响国家和社会的安全、稳定。

2. 经济方面

互联网在通过信息化推动全球经济迅速发展的同时，也由于世界各国、不同地区信息化程度的差距，即由于日益扩大的“数字鸿沟”或“信息鸿沟”，导致了经济发展的新的不平衡，出现新的扩大化的财富贫富差距。

科技的力量是无穷的，网络时代，互联网以前所未有的速度在全球范围内迅速扩张。然而，这种爆炸式的增长是一种极不平衡的扩张，富国和穷国国际互联网用户数量分布的差距比全球富国与穷国人均收入差距的悬殊程度还要严重。现在信息掌握的能力已经成为各国各地区经济发展的主要决定因素，然而建立高效、完整的信息网络，需要大量的资金和技术支持。正是由于这个原因，那些原本经济实力比较强的国家和地区，信息基础设施的建设相对完善，在信息的开发和利用上就会先走一步，从而更加推动社会经济的快速发展，国家实力越发强大。相反，那些经济实力比较弱的地区，由于没有足够的资金和技术开发信息网络，通信设施的建设跟不上网络发展的步伐，对信息的收集和掌握没有发达国家及时有效，使他们在经济竞争中更加被动，导致了社会经济发展缓慢，甚至倒退。所以，网络时代带来的一个不利影响就是可能导致世界各国的经济发展不平衡，一方面少数发达国家和地区在加速信息化和经济发展；另一方面一些落后国家和地区则被边缘化或隔离化，经济发展相对滞后。

近年来，互联网发展不平衡的“数字鸿沟”问题已经成为世界范围内普遍关注的重要课题。从全球来看，“数字鸿沟”表现出来的是发达与欠发达国家由于国际互联网普及水平的差异性，而导致的经济发展两极分化；从各国内部来看，由于社会经济发展水平的不平衡，在教育程度较低者与教育程度较高者之间、低收入者与高收入者之间、现代化水平较低的地区与现代化水平较高的地区之间都存在着信息技术拥有和应用的巨大差异。这一现象极具普遍性，高度发达的美国也不能避免，其他发展中国家和地区的差异则更为突出。“数字鸿沟”的危害不容忽视，它使得信息贫困者在社会中面临不平等的机会和生存发展的权利，导致他们可能或正在被信息时代所抛弃。

3. 文化方面

互联网的普及在带来文化全球化的同时，也在弱化一些民族的传统文化。

互联网可以让我们足不出户就对世界范围内的信息有所了解，但是，正是由于网络在世界范围内的日益普及，将会给许多地区的文化带来极大的威胁。首先，在互联网全面普及之后，必然要在世界范围内使用统一的网络语言，而按现在语言的普及程度来看，网络信息绝大部分是以英语形式出现的，英语成为事实上的网络语言，对于其他非英语国家的民众而言，为在网络上获取相关信息，就要学习和掌握这种网络语言。于是，这些国家就会越来越受到英语系国家，尤其是西方国家的信息和文化的影响，而削弱原有的文化和习俗，影响原有的思想观念和文化素养。正如尼葛洛庞帝所说的："在互联网上没有地域性和民族性，英语将成为标准。"

其次，文化的全球化也表现出一种显性的、强制推行的文化殖民化，这就是"文化帝国主义"。那些发达国家特别是美国，由于他们在资金、技术上的巨大优势，正在牢牢掌握着互联网这"第四媒体"的主导权，从而利用网络对发展中国家进行强烈的文化渗透。目前，美国文化占据了全球网上信息资源的90%，人们一进入互联网，就相当于进入了美国文化环境之中，迫使其他国家的人们接受其文化信仰和价值观念。在互联网时代，如何保护和发展自己民族的优秀文化和优良传统，是应该认真研究的问题。

4. 社会交往方面

互联网给人们的工作和生活带来了极大的方便，却也使某些人的社会意识逐渐降低，社会关系淡薄，人际交往扭曲。

互联网的发展给人们的工作和生活都带来了极大的便利，扩大了人类交往的空间，同时也在深刻改变着人与人、人与社会的关系。

首先，由于网络可以超越时间和空间上的距离，人不出户就可以与世界各地的人们通过网络进行联系，交换和传递信息；但却可能减弱人与人之间面对面直接的交流和沟通，淡薄邻里关系、同事关系、家族亲情，最终导致人们社会关系简单化，削弱人们的集体意识，降低人们的社会意识。

其次，网络本身所具有的虚拟性和非现实性，也极易导致现实中人际关系的扭曲。现实中每个人都有自己真实的身份和地位，都具有确定的社会形象和人格。而在网络交往中，人们既可以随意更换自己的姓名、性别、年龄、学历，又可以任意改变自己的身份和地位，以致造成人格扭曲。现实中人们常常要面临各种各样的压力以及利益冲突，如激烈的竞争以及快节奏的生活等，常会压得人喘不过气，许多人为了逃避现实而沉迷于网络中，一个在现实中表情木然、沉默寡言的人在网上可能幽默风趣、侃侃而谈，一个在现实中冷漠无情的人在网上也可能热情似火。

除了上述方面，互联网还给人类社会带来了很多其他的挑战，例如网上非法信息泛滥的解决问题，网上大量信息资源的知识产权保护问题，网上交易的安全问题，网上虚拟财产的界定和保护问题，网络的安全问题，网上虚拟人格权和隐私的保护等。像盲人摸象那样，不同行业知识背景的人对互联网就有不同的理解和关注的焦点。技术专家主要从互联网的技术角度看待互联网,研究其技术的发展;经济学家关注的是互联网对社会经济发展的影响;社会学家更加关注互联网对于社会道德、文化的影响;法学家则关心互联网对于传统法律体系提出的挑战,人权组织则关注互联网上如何维护公民的言论自由、隐私权等问题。本书后面将分章节就各种问题分别进行详细的研究。

1.4 互联网治理原则

根据 CNNIC 的最新统计,只有 35.1%的网民对互联网表示信任,一方面是因为互联网上存在网络安全性和其他诸多问题,另一方面也是由于人们对互联网的了解有限。互联网在不断展现出新的美丽的东西的同时,也在不断地展现新的丑恶的东西,因此需要进行治理。如果互联网存在的种种问题不加以解决和遏制,网民使用互联网的积极性必然大大受挫,互联网产业的发展速度将减慢,更不用说由此引发的各种社会消极影响了。

温家宝总理在 2006 年两会记者招待会上回答美国记者提问时,代表中国政府对互联网治理表达了明确的态度。他首先引用了两句话,一句是萧伯纳的名言:“自由意味着责任”;另一句是美国老报人赛蒙·斯特朗斯基的名言:“要讲民主的话,不要关在屋子里只读亚里士多德的书,要多坐公共汽车和地铁”。温总理说,中国的互联网一直保持着很快的发展速度,中国政府支持互联网的发展和广泛的应用。按照我国宪法规定的原则,每一个公民都有利用互联网的权利和自由,但同时要自觉地遵守法律和秩序,维护国家、社会和集体的利益。中国对互联网依法实行管理,同时我们也倡导互联网业界实行行业自律,实行自我管理。

原联合国秘书长科菲·安南在 2004 年 3 月互联网治理全球论坛讲话中也表达了他的观点。他认为,短短几年间,互联网彻底改变了贸易、卫生、教育以及人类通信与交流的架构,并且,其所具有的潜力远远大于我们在它诞生后的这一小段日子里所看见的。在管理、推动和保护互联网健康发展的过程中,我们必须与其缔造者一样富有创新精神。毫无疑问,互联网需要治理,但这并不意味着我们需要沿用传统的方式,毕竟互联网是如此的不同。

为了解决电信市场开放后产生的各种问题,世界各国政府普遍开展电信规制工作。而面对互联网上存在的各种问题,不同于电信市场,世界普遍采用治理一词,即互联网治理,而不是规制。治理与规制存在很大区别。

治理理论的主要创始人詹姆斯·罗西瑙将治理定义为一系列活动领域里的管理机制，它们虽未得到正式授权，却能有效发挥作用。与统治不同，治理是指一种由共同目标支持的活动，其主体未必是政府，也无须依靠国家的强制力量。治理既包括政府机制，也包含非正式、非政府的机制。"治理是只有被多数人接受，或者至少被它所影响的那些最有权势的人接受，才会生效的规则体系；然而政府的政策即使受到普遍的反对，仍然能够付诸实施。"库伊曼和弗利埃特指出：治理的概念是，它所要创造的结构或秩序不能由外部强加；它之所以发挥作用，是要依靠多种进行统治的以及互相发生影响的行为者的互动。我国著名学者俞可平教授认为：治理的基本含义是指，官方或者民间的公共管理组织在一个既定的范围内，运用公共权威维持秩序，满足公众需要；治理的目的是在各种不同的制度关系中，运用权力去引导、控制和规范公民的各种活动，以最大限度地增进公共利益。罗兹概况了行政学界界定治理的6种含义，即最低限度的国家干预、企业管理模式、新公共管理、好的治理、社会控制体制以及自组织网络。

联合国全球治理委员会的定义最具代表性和权威性。1992年全球治理委员会(Commission on Global Governance)成立时，勃兰特在《我们的全球近邻》(Our Global Neighborhood)报告中将治理定义为：治理是各种公共和私人机构管理其共同事务的诸多方式的总和，它是使相互冲突的或不同的利益得以调和，并且采取联合行动使之得以持续的过程。治理既包括有权迫使人们服从的正式制度和规则，也包括各种符合人们共同利益的非正式的制度安排。报告中还列举了几个地方政府治理的实例，如市政府的废物回收利用工程、社区和消费者协会联合管理公交系统等。概括起来，治理应该具有以下4个特征。

(1) 治理不是一整套规则，也不是一种活动，而是一种过程。

(2) 治理不是控制，而是协调。

(3) 治理既涉及公共部门，也包括私人部门。

(4) 治理不是一种正式的制度，而是持续的互动行为。

英国著名治理专家格里·斯托克指出，到目前为止，各国学者们对作为一种理论的治理已经提出了5种主要的观点。

(1) 治理意味着一系列来自政府但又不限于政府的社会公共机构和行为者。他们对传统的国家和政府权威提出挑战，政府已经不是国家唯一的权力中心。各种公共和私人的机构只要其行使的权力得到公众认可，就都可能成为在各个不同层面上的权力中心。

(2) 治理意味着在为社会和经济问题寻求解决方案的过程中，存在着界限和责任方面的模糊性。它表明，在现代社会，国家正在把原先由它独自承担的责任转移给公民社会，即各种私人部门和公民自愿性团体，后者正在承担越来越多的原先由国家承担的责任。国家与社会之间、公共部门与私人部门之间的界限和责任便日益变得模糊不清。

(3) 治理明确肯定了在涉及集体行为的各个社会公共机构之间存在着权力依赖。进一步说，致力于集体行动的组织必须依靠其他组织；为达到目的，各个组织必须交换资源、谈判共同的目标；交换的结果不仅取决于各参与者的资源，而且也取决于游戏规则已经进行交换的环境。

(4) 治理意味着参与者最终将形成一个自主的网络。这一自主的网络在某个特定的领域中拥有发号施令的权威；它与政府在特定的领域中进行合作，分担政府的行政管理责任。

(5) 治理意味着办好事情的能力并不仅限于政府的权力，不仅限于政府的发号施令或运用权力。在公共事务管理中，还存在着其他的管理方法和技术，政府有责任使用这些新的方法和技术来更好地对公共事务进行控制和引导。

综合上述各种关于治理的定义，可以认为，治理至少应该包括以下方面。

(1) 在治理的主体上，存在着一个来自不同领域、不同层级的公私行为体，如个人、组织、公私机构、国家、非权力机构、社会、市场等各种力量和运动构成的复杂网络结构。

(2) 在治理的基础上，治理超越国家权力中心论，国家对内已不再享有唯一的、独占性的统治权威，国家仍然发挥主要作用，但必须和其他行为主体合作；对外，国家主权或自主性观念也逐渐受到各类超国家体制概念的挑战和削弱。

(3) 在治理的方式上，既实行正式的强制管理，又有行为主体之间的民主协商谈判妥协；既采取正统的法规制度，有时又有所有行为主体都自愿接受，并享有符合共同利益的非正式的措施、约束。

(4) 在治理的目的上，各行为主体在互信、互利、相互依存的基础上，进行持续不断的协调谈判，参与合作，求同存异，化解冲突与矛盾，维持社会秩序，在满足各参与行为主体利益的同时，最终实现社会发展和公共利益的最大化。

综上所述，治理与管制存在着很大区别，如表 1-2 所示。首先，从主体来看，规制的主体是政府部门，尽管也要发挥行业自律；而治理的主体则更加多元化，不但有政府，还包括行业协会、非营利组织等。其次，从权力运行的方向来看，治理中的权力运行方向不再像规制主要是自上而下的单一向度，而包括上下互动、相互合作和协商的多元关系。再者，从使用的手段来看，治理的方式比规制更加丰富，不仅包括法律法规，也包括自律、教育等。

表 1-2　治理与规制的比较

	主体	权力运行方向	手段
治理	政府、行业组织、非营利组织等	上下互动、彼此合作、相互协调	法律法规、市场、自律、公众教育等
规制	政府	自上而下	法律法规

采取更加民主、包容、自律的治理方式而不是更为严格的规制方式，是由互联网本身的特性所决定的。互联网是一个开放的网络结构，不适宜采用树状或者金字塔、自上而下的规制模式，而应该采用更加灵活的治理方式，发挥互联网自身的自我管理能力。当然互联网中也包括需要政府发挥作用才能解决的问题。

什么是互联网治理？互联网治理工作组（WGIG，Work Group of Internet Governance）对于互联网治理提出了以下定义：互联网治理是政府、私营部门和民间社会根据各自的作用制定和实施旨在规范互联网发展和使用的共同原则、准则、规则、决策程序和方案。

这个定义强化了政府、私营部门和民间社会共同参与互联网治理机制的概念。该定义还确认，对于互联网治理的具体问题，各个群体有着不同的利益、作用和参与形式，而且在某些情况下会出现重叠。

互联网的开放性和互动性等特质决定了传统管理观念已经不能适应对互联网的管理，就像原联合国秘书长安南在互联网治理全球论坛的开幕词中表述的那样："显然，治理是需要的，但这并不是说，这种治理是传统意义上的，因为某些方面它们毕竟是如此的不同。"与单向性的管理相比，互联网治理是多向的、互动的，需要政府、行业组织、企业和网民等共同参与。我国对于互联网治理的原则是政府主导、公众参与、民主决策、高效透明，形成政府主导、行业组织、企业和互联网用户共同参与的治理格局。

欧盟在互联网治理方面遵循 3 个原则：表达自由原则、比例原则和尊重隐私原则。其中，比例原则是指公权力的行使与其所意欲实现的目的之间应该有合理的比例，即手段和目的之间必须达成一定的正比例关系，国家和政府的干预要适度。对于如何规范网络信息,欧盟不是仅仅依赖法律,而是更加强调建立在行业自律基础上的合作,强调政府与业界的合作,鼓励业界自行建立道德及分级标准;强调与网络使用者(网民)的合作,使其知晓上网风险和规避有害信息的方法等。

首先,英国网络观察基金会确立的治理原则认为,网络并不是法律的真空地带,对其他媒介适用的法律对网络同样适用,如刑法、猥亵物出版法、公共秩序法等对互联网同样适用。其次,按照英国目前的法律规定,互联网上的"非法内容"就是指儿童色情内容,对于非儿童色情但有可能引起用户反感的网络内容,如成人色情、种族主义言论等,治理者也应该尊重用户的个人意愿,通过分类认定和标注系统,使用户自行选择想看到或不想看到的内容。

法国在互联网治理方面,主张政府、网络技术开发商、服务提供商和用户要经常不断地协商对话,"共同调控"互联网,并从法律上明确每一方的权利与责任,保证网上通信及交易自由和信息传播的安全、可靠,努力实现信息社会的民主化。

韩国互联网治理原则是以法规为先导,加强互联网内容治理。韩国是世界上最早成立专门互联网内容审查机构的国家。韩国信息通信技术的快速发展使互联网内容治理成为现实的难题。为了改变全面被动地、不加选择地接受互联网上信息的局面,韩国政府采取主动出击的措施,通过确定"不当网站"列表以及安装互联网内容过滤软件,从而管理互联网的信息资源。韩国针对互联网内容强调加强治理,通过互联网治理专法,以互联网络内容的过滤来保障网络空间的信息安全与健康。

1.5 互联网治理主体

互联网治理主体指互联网治理的参与者,也就是谁应对互联网问题进行治理。在互联网治理工作组的工作报告中已经明确指明,互联网治理的主体是政府、私营部门和民间社会。

1.5.1 政府

各国政府为了有效、适宜地实施互联网治理,都成立了相应的治理机构。

新加坡互联网治理机构是传媒发展局(MDA, Media Development

Authority),这是由新加坡广播管理局(SBA)、电影与出版物管理局(the Films and Publications Department)、新加坡电影委员会(Singapore Film Commission)三家机构于2003年合并成立的。因为互联网通过各种网站和主页大范围地向网民发布信息,新加坡把互联网作为一种广播服务进行治理。在制定互联网行业的治理和发展政策上,MDA还需接受国家互联网顾问委员会(NIAC, the National Internet Advisory Committee)的建议。NIAC是新加坡政府专门为互联网发展和治理而设置的咨询机构,由来自政府、互联网服务商、互联网内容提供商、互联网用户以及有关部门的代表组成,职责是就互联网发展中出现的问题向政府提出建议,协助政府制定有关的法律法规,及时收集社会各界对政府有关政策的反馈意见,为MDA提出相关建议。另外MDA支持自愿组织互联网家长顾问组(PAGI, the Parents Advisory Group for the Internet)的工作,PAGI使家长能够帮助孩子更安全和快乐地使用互联网。

英国互联网治理机构是网络观察基金会(IWF, Internet Watch Foundation)。网络观察基金会是英国网络服务提供商于1996年9月自发组织成立的一个半官方性质的行业自律组织,其前身是原来的安全网络基金会。它在英国工业贸易部、国内事务部和英国城市警察署的支持下进行日常工作,其基金主要由网络服务提供商、移动开发制造商、信息内容提供商以及通信软件公司等私人公司提供。董事会由12人组成,其中4人是网络业主,8人是非网络人士。成立基金会的主要目的是为了解决互联网上日益增多的违法犯罪活动问题,如色情、性虐待、种族歧视等,尤其致力于儿童色情问题的解决。英国网络观察基金会为鼓励从业者自律,与由50家网络提供商组成的ISPA、伦敦网络协会(LINX)以及英国城市警察署、国内事务部的代表共同签署了一份名为"安全网络:分级、检举、责任"(R3 Safety-Net)的文件,又称《R3安全网络协议》。网络基金会以此为基础,草拟了一项从业人员行为守则(ISPA Code of Practice),其主要精神有:鼓励新科技使用、帮助家长与教师认识新科技、网络提供者有责任确保内容的合法性等。在这一守则里,网络观察基金会确立了以下治理原则:首先,互联网并不是法律的真空地带,对其他媒介适用的法律,如刑法、猥亵物出版法、公共秩序法等,对互联网同样适用;其次,按照英国目前的法律规定,互联网上的"非法内容"就是指儿童色情内容,对于非儿童色情但有可能引起用户反感的网络内容,如成人色情、种族主义言论等,治理者应该尊重用户的个人意愿,通过分类认定和标注系统,使用户自行选择想看到或不想看到的内容。

美国互联网主管部门则是联邦通信管理委员会,其主张对互联网进行合乎情理、有利于发展的管理和约束，从法律上加强对互联网传播的规范和引导。联邦最高法院则通过一系列相关判决，不断调整涉及互联网案件的执法方向。

我国互联网治理是按信息形态和内容的不同来划分不同的责任主体，实行多部门管理。目前，至少有中共中央宣传部、国务院新闻办、工业和信息化部、国家新闻出版总署、国家广播电影电视总局、文化部、卫生部、教育部、国家工商总局、公安部、安全部、国家保密局等部门分别负责互联网站设立的审批、经营项目的审批及内容管理等。这些部门有基本的主管领域分工，例如公安部对网络有害信息、网络犯罪、网络安全进行治理，国务院新闻办对网络内容进行治理，工业和信息化部负责网络运营、接入及安全问题，国家新闻出版总署管理网络出版、知识产权问题，文化部则负责管理网络游戏、网吧等。造成目前多头管理体制也是由于互联网虽然是一个全新的行业，而同时又渗透到其他行业，不像银行业、证券、电力等行业界限那么明显清晰，可以由一个独立的部门去监管，然而从另一个角度看也正是由于互联网的强大影响力与某些方面存在的监管空白。

1.5.2 行业协会和相关企业

治理本身就意味着政府不再是唯一的权力中心，而应该依靠“各种公共的或者私人的个人和机构共同管理其事务”。

目前我国最大的互联网行业组织是中国互联网协会（Internet Society of China）。该组织成立于 2001 年 5 月 25 日，由国内从事互联网行业的网络运营商、服务提供商、设备制造商、系统集成商以及科研、教育机构等 70 多家互联网从业者共同发起成立，现有会员 200 多个，大部分为团体成员，协会的业务主管单位是工业和信息化部，办公地点设在北京。其他相关的行业协会还有中国计算机行业协会、全国软件行业协会、中国电子商务协会、中国信息协会等，它们都是根据自身共同需求自愿组织起来的，发挥着业内的自我协调功能。

这些自愿组织起来的协会基本应归于“民间组织”范畴，然而，它们的自主性、志愿性、非政府性并不明显，因为这些行业组织都隶属于某一政府部门之下，成为了一个半官方机构，其主要职责是：宣传国家政策、法律、法规，向政府部门反映会员和行业的愿望，积极参与国际互联网组织的活动和事务，加强国际合作与交流，在自上而下的权力管理体系中难以企及或者效果不佳的方面发挥协调作用。

互联网相关企业是互联网治理主体中重要的组成部分，大致包括互联网网络提供商、互联网接入服务商、互联网内容提供商、互联网应用服务提供商和电子商务服务商等。它们对网络的管理主要有两种方式:一是通过技术手段进行控制,二是通过自律方式进行约束。互联网企业常用的网络技术手段主要有设置防火墙、安装过滤软件、实施内容监控等。这些手段的运用既有自愿的成分,也基于政府强制性的要求。就自律而言,互联网行业开始盈利以后,互联网企业为了获取更大的利益,开始建立良好的社会形象,同时也是为了避免政府干预造成更多的限制。

1.5.3 网民

美国《时代》周刊评选出的 2006 年度人物就是"你"——互联网中的每一个人,如图 1-2 所示。《时代》周刊对此解释说,从机构向个人过渡,个人正在成为"新数字时代民主社会 "的公民,今年的年度人物将是互联网上内容的所有使用者和创造者。从汇集众人智慧的维基百科、拥有数以百万创造者和欣赏者的 YouTube、在线个人空间 MySpace 的火暴可以看出,引领互联网不断创新的人正是广大的网民。

图 1-2 《时代》周刊 2006 年度人物

根据中国互联网络信息中心 2008 年 1 月的互联网发展统计报告,截至 2007 年 12 月,中国网民总数达到 2.1 亿人[①],略低于美国的 2.15 亿人,位于世界第二位,中国网民总体规模增长迅速,仅 2007 年一年就增加了 7 300 万人,年增长率达到 53.3%,如图 1-3 所示。但中国目前 16%的互联网普及率仍比全球平均水平 19.1%低 3.1 个百分点,如图 1-4 和图 1-5 所示。

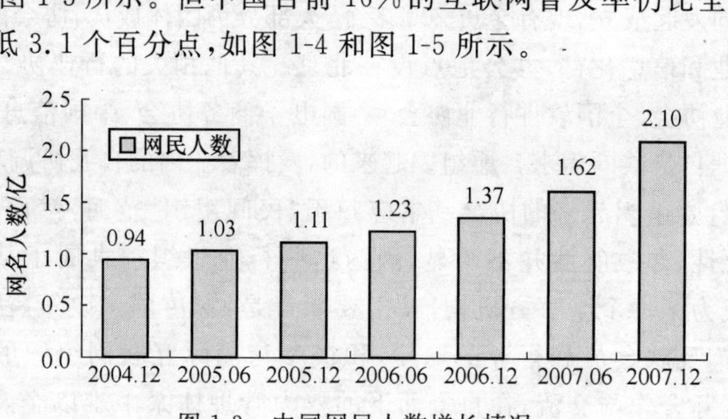

图 1-3 中国网民人数增长情况

① CNNIC 对网民的定义为:半年内使用过互联网的 6 周岁及以上中国公民。

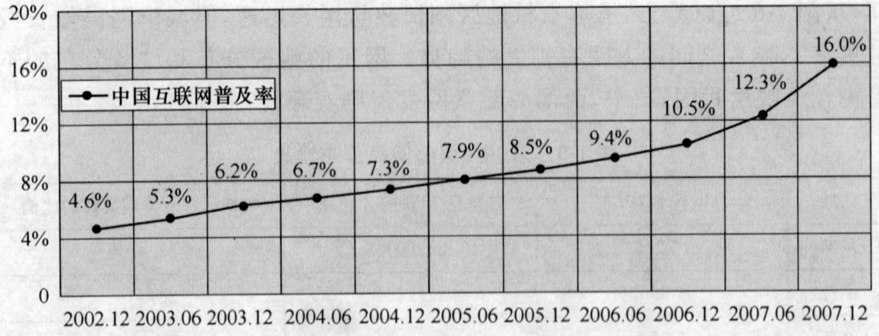

图 1-4　中国互联网普及率

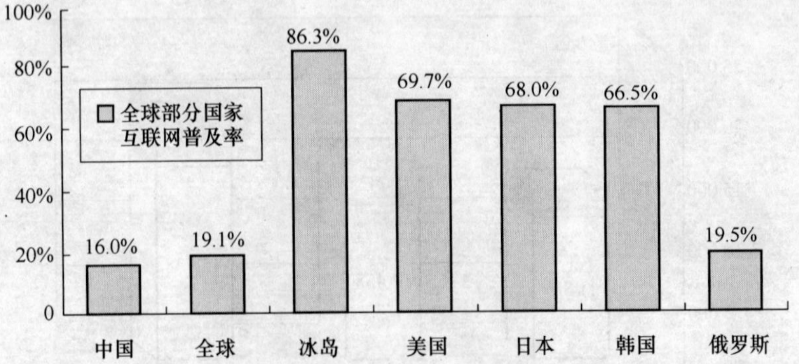

图 1-5　全球部分国家互联网普及率比较

目前我国网民群体仍以青年为主，其中 31.8%是 18～24 岁的青年，并以学生为主。除青年以外，社会和政府应鼓励更广泛的群体加入网民群体。2007 年新增网民中，18 岁以下网民和 30 岁以上年龄较大的网民增长较快，初中及以下受教育程度的网民增长较快，低收入人群开始越来越多地接受互联网，农村上网人群增长较快。2007 年农村网民规模年增长率超过 100%，达到 127.7%，农村网民数量达到 5 262 万人。

从地区分布来看，我国东、中、西部地区在总网民数、普及率、占总体网民数的比例上依次递减，中、西部地区的普及率均低于全国平均水平，东部的网民数占总体网民数的 58.45%，是西部的 3 倍多，普及率是西部的 2 倍多，地区差异非常明显①，如表 1-3 所示。同样的情况也出现在我国城乡之

① 数据来源：CNNIC。东部包括：北京、天津、河北、辽宁、上海、江苏、浙江、福建、山东、广东和海南；中部包括：山西、吉林、黑龙江、安徽、江西、河南、湖北和湖南；西部包括：内蒙古、广西、重庆、四川、贵州、云南、西藏、陕西、甘肃、青海、宁夏和新疆。

间，从图 1-6 可以看出，虽然农村地区网民数量增长迅速，但城镇网民增长数量更多①，城乡之间的差距有扩大的趋势。网民的地区分布和城乡分布的不平衡性反映出我国东、中、西部的互联网发展确实存在“数字鸿沟”现象。

表 1-3　东、中、西部网民分布比较

区域	总网民数/万人	各地区互联网普及率	各地区占总体网民数的比例
东部	12 275	24.00%	58.45%
中部	4 896	11.73%	23.31%
西部	3 829	10.61%	18.23%
全国	21 000	16.00%	100%

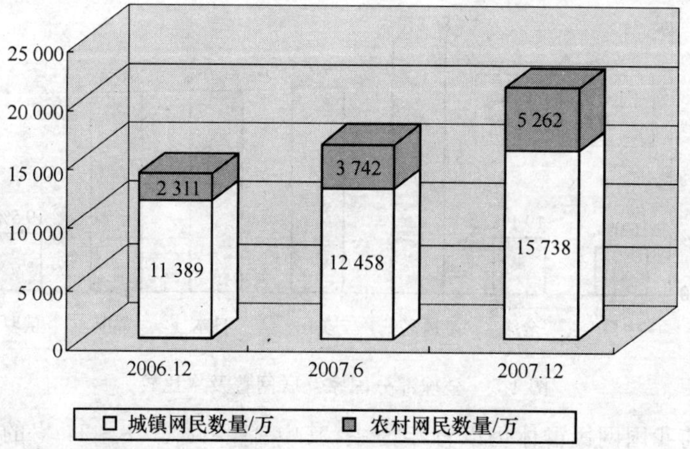

图 1-6　城镇与农村网民数量增长情况

从网民对互联网的应用来看，以信息渠道功能、娱乐功能为主，生活助手功能使用率还很低。根据调查，前 7 类网络应用的使用率按高低排序依次是：网络音乐、即时通信、网络影视、网络新闻、搜索引擎、网络游戏、电子邮件，如表 1-4 所示。

表 1-4　网络应用使用率

网络应用		使用率	用户规模/万
互联网基础应用	搜索引擎	72.4%	15 204
	电子邮件	56.5%	11 865
	即时通信	81.4%	17 094

① 数据来源：CNNIC。

续表

网络应用		使用率	用户规模/万
电子政务	电子政务	25.4%	5 334
网络媒体	网络新闻	73.6%	15 456
	更新博客/个人空间	23.5%	4 935
数字娱乐	网络游戏	59.3%	12 453
	网络音乐	86.6%	18 186
	网络影视	76.9%	16 149
电子商务	网络购物	22.1%	4 641
	网上支付	15.8%	3 318
	网上银行	19.2%	4 032
其他	网络求职	10.4%	2 184
	网络教育	16.6%	3 486
	网上炒股票、基金	18.2%	3 822

1.6 互联网治理方式

互联网涉及人类社会的方方面面,并且发展日新月异,相对应的互联网治理也需要用创新的思维和多种多样的方法和手段。目前互联网治理的主要方式有网络立法、行政监督、行业自律和技术控制。Johannes M. Bauer 在《Internet Governance: Theory and First Principles》一文中总结了目前对互联网问题采取的不同治理方式,如表 1-5 所示。

表 1-5 针对不同问题的治理方式

	自我管理 (Self-organization)	自我及合作管理 (Self-and Co-regulation)	多层次治理 (Multi-level Governance)	政府干预 (Governmental)
域名系统和 IP 地址管理	~	+	+	+
根服务器系统管理	—	+	+	+
互传和互联	+	+	~	—
创新和融合技术在内的电信基础设施	+	+	+	—
网络安全和网络犯罪	~	~	+	+

续表

	自我管理(Self-organization)	自我及合作管理(Self-and Co-regulation)	多层次治理(Multi-level Governance)	政府干预(Governmental)
竞争政策以及私有化管制	−	−	−	+
互联网域名的多语言性	+	+	+	~
垃圾邮件	−	−	+	+
争议解决	+	+	−	−
网络和信息系统的安全	−	+	+	−
技术标准	+	+	+	−
普遍服务	−	−	~	+
社会多样性	~	~	~	+
VoIP	~	~	+	+
电子商务	+	+	+	+
消费者权利和隐私保护	−	~	~	+
非法内容和接入保护	−	−	~	+
知识产权	−	+	+	+
多语言性和文化多样性	+	~	~	−
能力建设	+	~	−	+
国家政策和管制	−	−	−	+

注：+ 可能可行或有效；—可能不可行或有效；~ 未知。

1.6.1 网络立法

法律可以调整、约束和规范人们的行为，针对互联网进行立法，自然是互联网治理必不可少的首要的关键工作。几乎所有互联网治理相关问题都涉及法律。相对于互联网的快速发展而言，目前各国政府对于互联网相关法律的建设还处于起步阶段，急需加快立法进程。

目前互联网治理依据的相关法律包括两套体系，即现实法律体系和互联网专门法律体系。采用现实法律进行互联网治理，免除了另外制定法律繁琐的立法过程，可以立刻发挥作用，同时有利于政府在以后适当时机制定更为成熟和完善的法律规定，但由于互联网不同于现实社会的特殊性，可能存在法律空白。尤其在互联网一些全新的领域，如电子商务、网络邮件、网络游戏等，由于人们的行为方式已经发生了显著的变化，需要相应适应这种全新行为模式的法律进行规范，因而有必要确立直接面向互联网的专门的法律体系。

国际上互联网治理的法律体系包括以下方面。

(1) 国家法律

目前在 OECD 国家加强了关于互联网的立法，主要范围包括隐私权、数据保护、知识产权、税收和网络犯罪等。随着互联网的发展，立法范围还在不断扩大。目前一些国家的网络立法状况如表 1-6 所示。

表 1-6 国外网络立法状况

	国家/地区	相关法律
订立互联网专门法律	新加坡	1. 互联网管理办法(1996 年) 2. 互联网行为准则 3. 滥用计算机法(1998 年)
	德国	1. 联邦信息和传播服务法案(多媒体法案) 2. 信息与通信服务法
	英国	1. 信息公开法(2000 年) 2. 通信监控权法(2001 年) 3. 垃圾邮件法案(2003 年)
	美国	1. 通信内容端正法(1996 年) 2. 儿童在线保护法(1998 年) 3. 网络安全法(2002 年)
	澳大利亚	1. 1996 检查法案 2. 广传播服务(在线)修正案
适用现行法律	英国	刑法、猥亵物出版法、儿童保护法
	加拿大	刑法、人权法
	香港	淫亵及不雅信息服务管理指导
	日本	以刑法为主

(2) 社会规范

社会规范或称之为惯例，是人们依据道德标准和通常的行为准则逐渐形成的，不具备国家的强制力。人们在互联网上逐渐形成的社会规范，在互联网发展初期起到了很大的作用，随着互联网的发展，显然不能再仅仅依靠惯例，其作用逐渐减小。

(3) 自我规制

互联网是一个开放的网络环境，需要相关社会团体、企业和网民实行自我规制。美国政府倾向于把自我规制作为对互联网治理机制明确的一部分。自我规制的规则也被编纂成法典。互联网服务提供商也愿意实施更多的自我规制，以减少政府过多的干预。

(4) 司法判例

针对互联网，原有的判决和司法类推也正在成为解决互联网相关问题的可行方法。

(5) 国际法

互联网的国际属性要求运用国际规则。例如，垃圾邮件和网络犯罪可以超出国家范畴，限于一个国家内部的治理往往缺乏有效的措施，需要国际间的合作，当然制定国际规则需要达成广泛的共识和长期谈判。

作为互联网发源地的美国，对互联网的治理主要通过互联网相关专门法规。早在1978年，美国佛罗里达州就率先通过了《电脑犯罪法》。随后，美国共有47个州相继颁布了《电脑犯罪法》。自1978年以来，美国政府各部门先后提出了130项法案，1981年还成立了全美电脑安全中心。1984年，美国国会通过了《联邦禁止利用电脑犯罪法》。1987年，美国国会又通过一项议案，批准成立国家电脑安全技术中心，并制定了《电脑犯罪法》。

美国关于互联网的治理包括联邦立法和各州立法。联邦立法中关于互联网的专门立法主要有《1998年儿童在线隐私保护法》、《1998年数字千年版权法》、《反域名抢注消费者保护法》、《未成年人互联网保护法》和《反垃圾邮件法》等。2001年10月24日美国国会通过的《爱国者法》第一部分第2节第201、202、204、210、211、212、217、220款都有涉及互联网治理和监督的内容。美国各州也有一些关于互联网治理的专门法规，如对垃圾邮件的骚扰问题，因为缺乏统一的联邦立法，绝大多数州都有自己的立法，并规定了具体的处罚办法。

美国有关互联网的立法及其他相关法律涉及范围相当广，其重点在于规范互联网版权、域名管理、成人网站管理和儿童互联网权利保护、垃圾邮件、电子邮件骚扰、互联网通信监控等问题，相应法律条款都非常具体，触犯的惩罚也很严厉。

为适应互联网发展，我国也在不断出台关于互联网的相关法律法规（见表1-7），在人权、公共秩序、未成年人保护等方面，主要以现行法律为主；在涉及国家安全与犯罪、电子商务、知识产权保护、域名管理等领域，则确立专门立法。

虽然我国已经有一批关于互联网方面的法律法规，但由于缺乏统一的研究和经验，仍然存在一些不足。一些突出的社会热点问题反映出某些互联网方面的立法不够完善。例如，2006 年，百度因为 MP3 搜索遭遇知识产权诉讼，被判搜索引擎收录 MP3 链接不构成侵权，获得胜诉；然而到 2007 年 4 月 24 日，雅虎音乐搜索受 11 家唱片公司联合起诉侵权一案却败诉，法院判决雅虎删除涉案歌曲，并赔偿唱片公司人民币 21 万余元。类似案件却有不同的判决结果。再如关于电影《无极》在网上被改编成《一个馒头引发的血案》的事情，到底算不算侵权尚无定论。总体来说，我国互联网法律建设主要存在以下几点不足。

表 1-7 我国关于互联网的立法状况

	法律法规名称
网络/结构层面	计算机信息系统安全保护条例(1994) 计算机信息网络国际联网管理暂行规定(1996) 计算机信息系统保密管理暂行规定(1998) 全国人民代表大会常务委员会关于维护互联网安全的决定(2000) 计算机病毒防治管理办法(2000) 中华人民共和国电信条例(2000) 互联网 IP 地址信息备案管理办法(2005) 互联网安全保护技术措施规定(2005) 中国互联网络域名管理办法(2006) 中国互联网络信息中心域名争议解决办法(2007)
功能/业务层面	互联网电子公告服务管理规定(2000) 互联网药品信息服务管理暂行规定(2001) 互联网上网服务营业场所管理办法(2001) 互联网医疗卫生信息服务管理办法(2001) 网上银行业务管理暂行办法(2001) 互联网出版管理暂行规定(2002) 互联网文化管理暂行规定(2003) 国务院办公厅关于加快电子商务发展的若干意见(2005) 电子认证服务管理办法(2005) 电子签名法(2005) 互联网电子邮件服务管理办法(2006)
信息/内容层面	互联网信息服务管理办法(2000) 互联网新闻信息服务管理规定(2005) 非经营性互联网信息服务备案管理办法(2005) 互联网著作权行政保护办法(2005) 信息网络传播权保护条例(2006) 治安管理处罚法(2006) 未成年人保护法(2006) 互联网视听节目服务管理规定(2008)

(1) 立法缺乏系统性。首先欠缺互联网基本法。立法主体多,立法内容缺乏统一性。从以上列出的法律法规可以看出,目前我国关于互联网方面的基本法只有《全国人民代表大会常务委员会关于维护互联网安全的决定》、《电子签名法》两部,其他都是国务院各部委根据需要颁布的部门规章,而非完全意义上的法律,因此立法层次较低。其次,我国互联网政策法规体系建设长期以来"头痛医头,脚痛医脚",缺乏整体性、连续性和稳定性,不同主管部门之间缺乏支持、映射和关联,法规间存在冲突,给法规的执行造成了障碍。

(2) 立法内容上过分强调政府对互联网的管理,而促进产业发展方面显得不够。我国互联网方面立法管理的色彩太浓,在保护网络主体权益方面显然不够,这也是行政部门立法容易出现的弊端之一。例如,对网吧的管理,自从 2002 年 6 月 16 日北京"蓝极速"网吧恶性纵火事件发生后,政府对网吧的管理采取了非常严格的措施,有可能影响整个网吧产业的发展。目前,我国网吧业大多是小规模经营,连雄踞北京、依靠北大女生弓琳作为代言人、曾出尽风头的飞宇网吧也失去了继续扩张的实力与资本。

(3) 立法存在着薄弱环节和空白领域。例如,博客热引发的互联网不良信息传播、网络侵权、实名制等问题,比较典型的案例是原博客网创业者周永德连续在其专门开设的博客《扒方兴东的皮》上发表 10 余篇文章,全面揭示博客网的发展历程、纠纷和矛盾,言辞中充满了对有"博客教父"之美名的博客网董事长方兴东的攻击;在新浪博客上,韩寒与白烨等文学评论人的"口水仗"引发了多场博客"骂战";而不久前掀起轩然大波的"上海流氓外教事件"又被证实为博客恶搞现象等。博客已经成为很多人"抒情自由和言论挥洒"的工具。但一直以来,我国对博客的监管一直处于"真空地带"。

(4) 立法的可操作性比较差,缺乏相应的责任条款。我国目前的行政规章中声明性的内容比较多,条文不精细,可操作性较差。例如,《电子签名法》出台的初衷是要解决电子商务发展中面临的各种法律问题,但与国外相关立法比较,该法规没有对电子合同的格式作出规定,特别是没有对电子签名的认证程序以及认证机构与受认证方的合同作出明确规定,也没有规定管辖权的问题。

1.6.2 行政监督

除去立法以外,政府相关机构也要对互联网进行有效的监督和治理。

1996 年 7 月 11 日，新加坡广播管理局(SBA)宣布对互联网络实行管制，实施分类许可证制度。那些被政府认为有可能从事非法内容服务的国际互联网服务商和内容提供者都必须申领许可证，并保证作出最大努力来将包括在其服务中的法律禁止的内容予以删除。网络服务的提供者需要保证提供的服务不含有非法内容，有义务协助 SBA 就其关于可能违反规定的行为进行调查，并根据 SBA 的指令来封锁含有非法内容的站点。SBA 定期对网络服务的提供者所提供的内容进行抽查。国际互联网接入服务的提供者有义务将 SBA 认为含有非法内容的站点和网页予以删除，只能加入经 SBA 认可的新闻组，并且帮助政府识别那些已经接入被列入黑名单站点的用户。

在越南浏览国外网站要登记。当 20 世纪末互联网第一次在越南出现的时候，越南政府许多官员认为这会降低政府控制公共信息的能力，威胁国家安全。他们关闭了网吧，没收了计算机。2002 年开始，越南政府放松了对互联网接入的管制。现在越南人可以注册互联网接入服务，但是上网浏览只能局限于越南国内的网站。如果不浏览国外网站，接入用户就不必到政府进行登记，否则，用户就需要去注册。目前越南政府的一些政策仍然很严，为了防止黄色网站和反政府网站的影响，整个互联网都在政府的安全系统监测之下。2004 年 8 月，越南还成立了一支特警分队，其任务是专门调查在线犯罪和监控违禁出版物在网络空间的传播。

韩国由韩国信息传播伦理办公室对“引起国家主权丧失”或“有害信息”等网络舆论内容进行审查，而其信息部可以根据需要，命令信息提供者删除或限制某些网络舆论内容。

2006 年 12 月，全国“扫黄打非”工作小组办公室等十部门联手组织开展了“保护知识产权，反盗版天天行动”活动。2007 年 4 月开始，我国公安部等十部委联合组织开展了为期半年的依法打击网络淫秽色情专项行动，重点打击网上传播淫秽色情信息、组织网上淫秽色情表演等行为，以及网上盗窃和诈骗等违法犯罪活动。在 2007 年开展的“阳光绿色网络工程”中，信息产业部提出，通过以下方面加强对互联网的监督。

(1) 治理互联网信息服务中的违法和不良信息。以规范和治理互联网论坛 BBS 上的违法和不良信息为切入点，会同有关部门制订详实工作方案，加强对 BBS 的信息安全管理；对无线 WAP 网站发展中出现的淫秽色情等有害信息开展集中治理；完善移动不良信息举报和查处机制，建立移动不良信息举报平台，强化互联网违法和不良信息举报中心的工作，有效遏制违法和不良信息内容的传播。

(2) 加强域名注册服务管理。联合有关部门重点整治扰乱域名注册服务正常秩序的8种行为；进一步落实不良域名注册防范措施，研究建立不良域名事后应急处置机制，开通域名注册服务申诉电话，建立域名注册服务质量公布制度，强化域名系统运行维护管理。

(3) 积极开展整治垃圾电子信息的活动。在垃圾电子邮件治理取得初步成效的基础上，大力推进行政监管手段，依法打击发送垃圾邮件的违法行为；开展反垃圾电子信息法的立法调研，为全面开展网络垃圾电子信息治理工作提供法律支撑；采取制定标准、用户举报、行业自律、公开曝光等方式，严肃查处用户反映强烈的商业广告类恶意软件问题，维护网上正常秩序。

(4) 巩固加强网站实名备案管理。完善信息产业部ICP/IP地址备案信息管理系统功能和性能，强化接入服务商监督管理，优化互联网行业管理内部机制，切实提高网站备案率和备案信息准确率；推进备案信息共享，进一步发挥网站实名备案等互联网基础管理资源、前置审批和专项内容审批等互联网行业管理工作的支撑作用。

(5) 落实基础电信运营企业网络信息安全责任制。细化管理要求，通过签订《基础电信运营企业网络信息安全责任书》，提出网络信息安全要求，明确企业网络信息安全责任，建立科学、合理的考评机制。探索建立增值电信运营企业信息安全责任与基础电信运营企业信息安全责任的联动落实机制，完善对互联网站管理的长效机制。通过“互联网协会”、“通信企业协会”开展培训交流、宣传教育、表彰先进、曝光落后等形式的活动，加强自律教育。

1.6.3 行业自律

在互联网治理中呼声最高的就是行业自律。由于互联网发展极其迅速，政府在互联网治理方面一直处于相对滞后的状态，网络立法、行政监督等方式都难以及时应对，因而自发主动的行业自律就被赋予极高的期望。

美国华盛顿大学法学院的研究人员在总结互联网自律的资料中指出，自律是指没有通过法律实施的，由个人或者团体在自愿基础上实行的标准、行为守则、程序和规则。互联网法律与政策论坛制作了关于自律的书目，根据大量文献对自律的“自”作了详细的总结，把“自”分为个人用户、社会团体、业界等。

作为行业自律的典范，英国的互联网治理更是显示出了行业自律的巨大作用，其所采取的措施主要有 4 种方式。

(1) 制定并落实行业规则，也就是由英国网络服务商协会制定的《3R 安全规则》。英国于 1996 年 9 月 23 日颁布了世界上第一个网络监管的行业性法规——《3R 安全规则》。3R 分别代表分级认证、举报告发、承担责任。该法规的宗旨是消除网络儿童色情内容和其他有害信息，对提供网络服务的机构、终端用户和编发信息的网络新闻组，尤其对网络提供者进行了明确的职责分工。

(2) 对外开设热线，接待公众投诉。开通热线，使用户能就令人厌恶的内容提醒互联网服务提供商。网络观察基金会自 1996 年 12 月开始接待公众的举报或投诉。互联网用户可以通过电子邮件、电话和传真的方式向网络观察基金会热线举报他们认为不合法的网络内容。网络观察基金会接到投诉后，会评估该内容是否违法，如果认定是非法内容，就会通过网络 IP 地址确定该信息的来源，并根据信息的不同来源，将问题移交给相应的执法机构来处理。此外，依据英国法律规定，凡拥有(无论是否传播)儿童色情图片就是犯罪。由于技术上无法确认图片的最终来源，网络观察基金会就会通知网络提供商将该内容从服务器上删除，如果网络提供商不这样做，将会被起诉。

(3) 设立内容分级和过滤系统，让用户能阻拦或预先警戒令人厌恶的内容，鼓励用户自行选择和屏蔽网络内容。除法律明文禁止的儿童色情内容以外，对于成人色情、种族主义言论等内容，IWF 主张通过内容分类标注技术，让用户自行决定是否要浏览。1997 年 9 月，网络观察基金会邀请德国、法国、比利时、瑞士、澳大利亚等国家相关人士召开国际会议，以联合各国政府与产业界力量，全面推广网络内容选择平台标准(PICS，Platform for Internet Content Selections)。该标准将网上内容按照色情、裸露、暴力、侮辱等标准进行分类，将电子标签植入网页当中进行标记。当用户浏览到这部分信息时，系统会自动询问是否继续。这样一来，用户可以根据自己的意愿选择需要浏览的信息。

(4) 进行网络安全教育。英国内政部开展了名为“如何在网上保护你的孩子”的宣传活动。此外,英国教育和技能培训部设立了专门的网站向家长传递最新的安全信息。

新加坡也倡导行业自律,并制定了行业自律规范《行业内容操作守则》。

行业自律在我国的互联网治理方面也发挥很大的作用。2002 年 3 月 26 日,中国互联网协会在人民大会堂正式发布《中国互联网行业自律公约》。该公约在总则和自律条款中规定了自我管理、自我约束、互相监督、共同发展的行业自律机制,通过这种严格的自律机制,有效地配合政府对互联网进行法制化管理。首先签约的有我国 131 家互联网服务提供商,包括新浪、搜狐等网站,随后 30 个省、市、自治区互联网协会组织当地 1 800 多家互联网行业从业单位纷纷加入。同时中国互联网协会还组织签约单位开展每年一次的自查自纠活动。对实施互联网自律中作出突出贡献的从业单位或个人,中国互联网协会还设立有“中国互联网行业自律贡献奖”。

2002 年 11 月,中国互联网协会成立了反垃圾邮件系列小组,展开一系列活动,随后公布中国互联网协会反垃圾邮件相关规范。2004 年年底,还组织起草了公共电子邮件规范,从 2005 年 9 月份开始实施。

2003 年 12 月,中国互联网协会成立新闻信息工作委员会,同时制定公布《互联网信息服务自律公约》,人民网、新华网、中国网、南方网、新浪网、搜狐网、网易网等 30 多家互联网新闻信息服务单位共同签署。2004 年,发布了《互联网禁止传播淫秽、色情等不良信息规范》。2004 年 6 月 10 日,开通了不良信息举报中心的网站。

2005 年 9 月,中国互联网协会版权联盟联合十几家互联网企业发布了中国互联网知识产权领域首个行业自律公约《中国互联网网络版权自律公约》,尊重与保护知识产权,探讨付费解决问题的方式。

中国互联网协会 2001 年刚成立时,完全是靠政府的力量来推动行业自律,但是通过这几年互联网的发展,特别是网民过亿以后,互联网企业的自律积极性更高了,自发要求自律的呼声越来越高,自律的范围也越来越宽,互联网由被动自律向主动自律转变。这种转变的动因在于,随着互联网的发展,互联网公司的赢利状况越来越好,要保持赢利势头就必须维护好互联网环境。中国互联网环境已逐步走向健康发展轨道。

2004 年 12 月,在原道德委员会基础上组建的行业委员会联合了各地方和社会有关团体,在更大范围内发起新的互联网自律行动。2004 年 12 月 30 日,由新浪、搜狐等国内大型网站发起,30 多家 SP 从业机构参加,成立了网络自律联盟,公布《诚信自律公约》,在行业自律委员会框内成立诚信信息服务委员会，促进互联网无线信息服务的自律与发展。

2005 年 3 月 15 日，中国互联网协会无线信息服务专业委员会，组织全国近千家短信服务提供商发起“三一五短信维权”活动。

2007 年 8 月 21 日，为规范互联网博客服务，认真贯彻落实中央关于加强网络文化建设和管理的重要讲话精神，充分发挥互联网在社会主义文化建设中的积极作用，中国互联网协会在北京正式发布了《博客服务自律公约》(以下简称《公约》)，并组织多家知名博客服务提供商联合签署。《公约》共 19 条，倡导文明守法、诚信自律、自觉维护国家利益和公共利益的原则；倡导博客服务提供商积极探索、勇于创新，为博客提供良好的创作环境，引导博客创作和传播优秀网络文化作品；鼓励博客服务提供商对博客实行实名注册，为实名博客提供优质个性化服务，推荐实名博客优秀作品，打造实名博客精品；《公约》还要求博客作者对跟帖内容加强管理，同时鼓励社会公众对博客内容进行监督；《公约》要求博客网站开通投诉电话和投诉窗口，接受社会公众对博客内容的监督、举报和投诉，并及时处理有关投诉和举报。中国互联网协会作为《公约》的执行机构，负责组织《公约》的具体实施。

1.6.4 网民道德自律

著名的“计算机伦理十条戒律”(the Ten Commandments for Computer Ethics)是美国一直倡导的互联网行为道德标准，即每一个网民在进行网络活动中应该引以为戒的行为规范，其内容包括：

(1) 你不应用计算机去伤害别人；

(2) 你不应干扰别人计算机的工作；

(3) 你不应窥探别人的文件；

(4) 你不应用计算机进行偷窃；

(5) 你不应用计算机做伪证；

(6) 你不应使用或复制没有付钱的软件；

(7) 你不应未经许可而使用别人的计算机资源；

(8) 你不应盗用别人的智力成果；

(9) 你应该考虑你所编程序的社会后果；

(10) 你应该以深思熟虑和慎重的方式来使用计算机。

为了对网络礼仪和具体的网络行为进行明确规定，美国计算机协会制定了 8 条网络伦理道德和职业行为规范：

(1) 为社会和人类作出贡献；

(2) 避免伤害他人；

(3) 要诚实、可靠；

(4) 要公正并且不采取歧视性行为；

(5) 尊重包括版权和专利在内的财产权；

(6) 尊重知识产权；

(7) 尊重他人的隐私；

(8) 保守秘密。

中国互联网协会2006年4月19日发布了《文明上网自律公约》，号召互联网从业者和广大网民从自身做起，在以积极态度促进互联网健康发展的同时，承担起应负的社会责任，始终把国家和公众利益放在首位，坚持文明办网、文明上网。

自律不但要"说"，更要"做"。我国每家网站的BBS"注册须知"上都有"不得散布淫秽、色情、赌博、暴力、凶杀、恐怖或者教唆犯罪的信息"等条款，部分网站也参加了互联网行业自律组织和一些活动。但是有的网站只是做表面文章，并没有真正把自律落实在行动上。为了片面追求轰动效应和点击率，为了获取利益，有些网站任由虚假新闻、色情图片等不良信息泛滥，而将伦理道德、自律条款统统置于脑后。从道德出发的行业自律、网民自律缺乏强制力，效果有限。行业和网民自律和国家法律法规应该互相辅助、互相补充，只有自律而无法律法规，或者只有法律法规而无自律都是不行的。

1.6.5 技术控制

在通过积极引导，加强自律，使广大网民自觉抵制各种不健康、不文明的内容和行为的同时，也需要发挥网络技术的作用，通过技术手段对反动、黄色、封建迷信等内容进行围追堵截。

世界上许多国家都采用技术对互联网加强监督和控制。目前网络内容控制的最常见技术手段就是对网络内容进行分级与过滤。分级制度是国际上较为流行的一种防止未成年人接触网络色情的办法。将网络内容分成不同级别，网络浏览器按分类设定的类目进行控制。过滤最常见的方式是设置关键词，通过过滤词的设置，阻挡有关内容进入。美国针对网络内容采取的分级系统有PICS和针对有害信息的过滤系统，如Net Nanny等。2004年开始，德国、英国实施"互联网标签技术"，即对互联网内容提供商所提供的内容实行标签制，通过后台技术，给每一个网页内容都贴上来源和出处，犹如商品的标签，以加强对不良信息的控制和防范。

我国为了防止未成年人沉迷于网络游戏，也将研究和推广防沉迷系统。其设计机理是，当未成年人玩网络游戏超过3小时后，其游戏积分将开始递减，以此迫使青少年放弃长时间沉迷于网络游戏。

而面对日益猖狂的病毒和黑客攻击，使用技术手段保障网络的安全使用更是基本和必不可少的手段。国家计算机网络应急处理协调中心(CNCERT/CC)的网络安全报告显示，2007 年上半年，CNCERT/CC 接收的网络仿冒事件和网页恶意代码事件已分别超出 2006 年全年总数的 14.6% 和 12.5%。我国大陆地区被植入木马的主机 IP 远远超过去年全年，增幅达 21 倍。我国大陆遭到篡改的网站数量，2007 年比 2006 年同期增加了 4 倍，比 2006 年全年增加了近 16.9%。目前网络安全采用的技术主要有防火墙技术、加密技术、虚拟专用网技术、安全隔离技术等。然而，有控制技术就会产生出相应的反控制技术，因此技术控制不可能达到完善的程度，需要不断更新。

从上述分析可见，不能仅采取任何一种手段，而应该综合运用好法律、技术、行政和自律，做到立、堵、建、疏相结合。“立”就是加强立法，用具有强制力的法律，规范网络安全和文明；“堵”就是利用网络技术，采用技术手段对反动、黄色、封建迷信等内容进行查堵；“建”就是要主动出击，建立一批优秀积极向上的文化网站，带动网络文明发展；“疏”就是要通过积极引导，加强自律，使广大互联网企业和网民自觉抵制各种不健康、不文明的内容和行为。

1.7 互联网治理模型

互联网治理是一个非常复杂和庞大的新课题，它涉及技术、经济、管理、法律、文化和政治等多个领域。负有不同职责的政府官员、具有不同学术背景的专家学者、具有不同社会背景的网民、具有不同行业背景的社会团体和企事业单位都会从不同的角度解析互联网治理，就好像盲人摸象；而互联网治理也为他们提供了充裕的研究空间。当然我们希望通过不同角度的深入研究，能够对互联网治理有一个整体的了解和问题解决方案。

为了更好地研究互联网治理课题，有必要将互联网治理相关事宜进行科学、合理、清晰的分类，以便更加清楚地界定需要研究的主要问题，避免对问题本身理解的不一致，避免过多的重复性工作，以便提高研究工作的效率。

1997 年，Eduardo Gelbstein 和 Jovan Kurbalija 将互联网治理事宜分为 5 大类，即“将所有的事宜放进 5 个篮子分门别类”。这 5 个篮子分别是基础设施和标准化、法律、经济、发展、社会文化，具体各个篮子的详细内容包括以下方面。

(1) 基础设施与标准:电信基础设施、互联网基础设施、传输控制协议/互联网协议(TCP/IP)、域名系统(DNS)、根服务器、互联网服务提供商(ISP)、互联网带宽提供商(IBP)、Web标准、开放源码(OPEN SOURCE)、互联网、电信、多媒体网的融合、互联网安全、加密、垃圾邮件(SPAM)。

(2) 法律:法律机制、司法管辖、仲裁、知识产权、商标、著作权、专利、网络犯罪、数字签名、劳动法、隐私与个人数据保护。

(3) 经济:电子商务、消费者保护、税收、海关、电子支付、电子银行和电子货币。

(4) 发展:数字鸿沟、普遍接入、跨越数字鸿沟的策略。

(5) 社会文化:内容政策、人权、多语言性和文化多样性、全球公共物品、教育。

本书经过研究认为,为了更清晰地定义问题,并避免问题之间的相互交叉,可以将互联网治理及其相关问题分成4个层面,即网络/结构层面、功能/业务层面、信息/权益层面、治理/机制层面,其中各层面研究涉及的方面如图1-7所示。

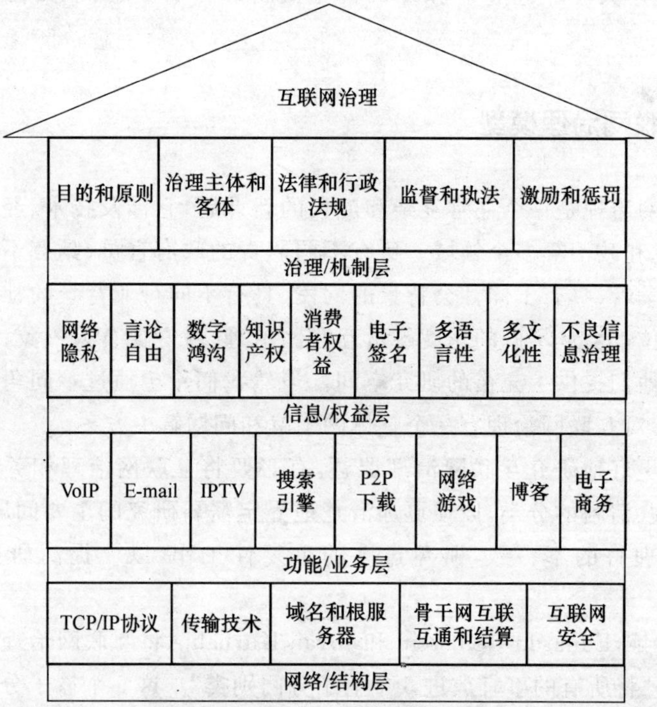

图1-7 互联网治理四层模型示意图

(1) 网络/结构层面：传输控制协议/互联网协议(TCP/IP)、互联网骨干网互联互通、域名系统(DNS)、根服务器、Web 标准、互联网带宽提供商(IBP)、网络安全、信息加密等。

(2) 功能/业务层面：三网融合、互联网服务提供商(ISP)、VoIP、IPTV、即时通信、搜索引擎、电子商务、网络游戏等。

(3) 信息/权益层面：网络人权、信息自由、知识产权、不良信息、垃圾邮件等。

(4) 治理/机制层面：治理目的和原则、治理主体和客体、法律和行政法规、治理激励和惩罚、治理权责划分、治理方式等。

互联网是一个信息的传输网络，和交通公路运输网络相比，前者是传输信息，而后者是运输实物，两个网络从本质上是相似的。互联网的网络/结构层面实际相当于交通公路网的网络实体本身，互联网的骨干网就相当于高速公路网。互联网的功能/业务层面实际相当于担当交通运输任务的运输公司和运输工具(车辆)。互联网上可以有不同的“运输公司”，即各种类型的互联网服务提供商，例如互联网接入服务商(ISP)、互联网内容提供商(ICP)、互联网应用服务商(ASP)和互联网电子商务服务商(ESP)等，以及不同的“车辆”，即各种类型的业务，如电子邮件、VoIP、IPTV、电子商务等，它们负责搭载“信息货物”。互联网的信息/内容层面实际相当于是被运输的货物，互联网上的“货物”就是信息，而这些“货物”也必然是有产权和优劣之分的。

2

互联网国际治理

2.1 信息社会世界首脑会议第一阶段会议

1998 年，国际电信联盟（ITU，International Telecommunication Union）第 73 号决议要求，国际电信联盟秘书长筹办信息世界峰会（WSIS，World Summit of Information Society），会议列入联合国行政协调委员会议程（行政协调委员会为联合国系统行政主管的协调委员会），并向 ITU 理事机构报告协商结果。

2002 年 1 月 31 日，联合国大会第 56/183 号决议赞同 ITU 理事会通过的会议框架。该会议分两个阶段举行，第一阶段于 2003 年 12 月 10 日至 12 日在瑞士日内瓦举行，第二阶段于 2005 年 11 月 16 日至 18 日在突尼斯的突尼斯市举行。第 56/183 号决议还赞同 ITU 与其他有关国际组织和伙伴进行合作，在会议及其筹备工作中发挥领导作用；建议由一个不限成员名额的政府间筹备委员会为会议进行筹备工作，制定会议议程，决定其他利益相关者参与会议的方式，并最终确认宣言草案和行动计划草案；邀请各国政府积极参与会议的筹备进程和派出尽可能高级别的代表出席会议；鼓励联合国所有相关机构和其他政府间组织，包括国际和区域机构、非政府组织、民间社会和私营组织，对会议的筹备和举行积极参与和作出贡献。

信息世界峰会的筹备主要由政府间筹备委员会开展工作，ITU 组织在筹备过程中发挥主要作用。筹备委员会的工作主要包括：确定世界峰会议程、参会形式、形成宣言和行动计划的草稿。筹备委员会共举行过 3 次筹备会议。每次会议都邀请政府、联合国机构、专门机构、政府间组织、企业部门参加会议和共同讨论。

2003 年 12 月 10 日至 12 日，信息世界峰会第一次会议如期在瑞士日内瓦举行，包括国家首脑和部长，来自 176 个国家、50 个国际组织、50 个联合国的组织和机构以及 98 个商业实体和 481 个非政府组织在内的，共 11 000 多人参加了此次高峰会议。这是互联网的国际治理问题第一次在联合国层面进行全面、深入的讨论和协调。

在峰会最后一天的正式会议上通过了题为“建设信息社会:新千年的全球性挑战”的《原则宣言》和《行动计划》两个重要文件。《原则宣言》对将要建设的信息社会进行了展望，确立了建设包容性、公正的信息社会的重要原则，并宣布人类将迈向知识共享的全民信息社会。为将构想转化为现实，《行动计划》设定了多项有期限的目标，供各国参考以制定本国的发展目标；同时规定了各方的具体行动方针，提出每两年公布一份《信息通信技术发展报告》，以便对《行动计划》的落实情况进行追踪。

会议责成原联合国秘书长安南成立联合国互联网治理工作组（WGIG，the Working Group on Internet Governance），对与互联网治理相关的问题广泛征集各方意见，进行深入研究，并在 2005 年前向安南秘书长提交一份研究报告。

通过这次会议，各国政府、非政府组织、民间机构和社会团体等利益相关方广泛达成一致，承诺在《原则宣言》和《行动计划》指引下立即行动起来，为共同建设一个更加平等的信息社会作出贡献。但在互联网治理和资助落后国家建设互联网络以消除数字鸿沟方面，会议并没有完全达成共识。

2.2 联合国互联网治理工作组

在信息社会世界峰会第一阶段会议上，各国政府首脑充分认识到互联网的重要性，强调互联网是新兴信息社会基础设施中关键的组成部分，但对于现有机构和机制能否适应全球互联网的管理流程以及在如何制定相关政策方面，存在意见分歧，故提请联合国秘书长成立一个互联网治理工作组（WGIG），为将于 2005 年 11 月在突尼斯举行的信息社会世界峰会第二阶段会议的磋商奠定基础。

在信息社会第一阶段会议通过的《行动计划》中，规定了 WGIG 的 4 个任务：

（1）定义互联网治理；

（2）确定互联网治理有关公共政策；

（3）对于政府间组织和其他国际组织，以及发达和发展中国家的企业界和社会团体，各自在互联网治理中的角色和作用，提出能取得共识的方案；

(4) 在完成上述工作基础上，提交报告和建议，供 2005 年 WSIS 第二阶段突尼斯会议磋商。

受原联合国秘书长安南委托，当时的联合国副秘书长德塞召集各成员国政府、企业界、民间团体等，于 2004 年 9 月 20 日至 21 日在日内瓦召开了 WGIG 成立磋商会，就工作组的成员构成、工作方法和工作范畴进行了讨论。11 月 11 日安南秘书长公布了 WGIG 成员名单。该工作组由来自政府、私营部门和民间社会的 40 名成员组成，成员均以个人身份平等参与工作，安南秘书长的信息社会世界首脑会议特别顾问尼廷·德赛先生担任工作组主席。

WGIG 在日内瓦举行了 4 次会议，时间分别是 2004 年 11 月 23 日至 25 日、2005 年 2 月 14 日至 18 日、2005 年 4 月 18 日至 20 日和 2005 年 6 月 14 日至 17 日。2005 年 7 月 18 日，WGIG 完成历史使命，提交了工作报告。

WGIG 小组基于对互联网实际状况的调查，确认了与互联网治理有关的公共政策问题，并将这些问题分为以下 4 个领域。

(1) 与基础设施和互联网重要资源的管理有关的问题，包括域名系统和互联网协议地址(IP 地址)管理、根服务器系统管理、技术标准、互传和互联、创新和融合技术在内的电信基础设施以及语文多样性等问题。这些问题与互联网治理有着直接关系，并属于现有负责处理此类事务的组织的工作范围。

(2) 与互联网使用有关的问题，包括垃圾邮件、网络安全和网络犯罪。这些问题与互联网治理直接有关，但需全球合作的性质尚不明确。

(3) 与互联网有关、但影响范围远远超过互联网并由现有组织负责处理的问题，如知识产权和国际贸易问题。

(4) 互联网发展的相关问题，特别是发展中国家的能力建设。

WGIG 小组在其提交的工作报告中，提出了 4 种供国际社会参考的互联网治理模式。

模式 1：成立一个全球互联网理事会

该理事会成员能够妥当代表每一区域的政府成员，并且有其他利益有关者参加。理事会将承担美国政府商务部目前行使的国际互联网治理职能，替代互联网指定名称号码管理公司政府咨询委员会的职能。全球互联网理事会的职能包括：制定国际互联网公共政策对互联网资源管理进行必要的监督，如对根区文件进行增删；对 IP(互联网协议)地址进行管理，推出 gTLD(通用顶级域名)，指定或重新指定 ccTLD(国家代码顶级域名)；制定国际公共政策，以及协调处理与互联网有关的其他关键问题，如垃圾邮件、隐私、网络安全和网络犯罪等;协助有关互联网公共政策的条约、公约和协定的谈判;促进并指导解决更广泛互联网议程上的某些发展问题,其中包括能力建设、语文多元、按成本计算的公平国际互联费用,以及所有人平等入网等;视情况需要,核准争端解决机制和行为仲裁的规则和程序。

全球互联网理事会同互联网技术和业务机构,如改组后具有国际性质的互联网指定名称号码管理公司之间的关系应正规化。在本模式中,互联网指定名称号码管理公司将向全球互联网理事会负责。

全球互联网理事会应设在联合国。对于该机构负责处理的问题,政府部分应发挥主导作用,私营部门和民间社会将以咨询身份参加。

模式 2:不成立具体的监督组织

互联网指定名称号码管理公司政府咨询委员会的作用可能需要加强,以消除一些政府对具体问题的担忧。

建立由所有利益有关者充分平等参与的论坛(报告第五部分第一段提及建立一个讨论与互联网管理有关公共政策的全球论坛),除其中所列各种职能外,还可为参与论坛的利益有关者发挥协调职能,并就某些问题进行分析,提出建议。

这一论坛将为参与探讨的利益有关者发挥协调职能,为公开讨论涉及现有互联网治理组织的所有问题创造一个空间。参加组织的透明度将会有助于这些讨论,而要参加讨论就应对透明度作出承诺。

论坛还将同具体问题倡议相互联系,或是推出具体问题倡议,以便就不同的互联网有关问题进行分析或提出建议。各项倡议应包括问题所涉及的所有利益有关者,并向论坛和利益有关者提出建议。

模式 3:成立国际互联网理事会

对于涉及国家利益的政策问题,鉴于任何一国政府都不应在国际互联网治理方面享有主导地位,可成立一个国际互联网理事会,由其行使相应的职能,尤其是互联网指定名称号码管理公司/互联网指定号码登记局工作的职能。

此外,其职能还可包括同互联网资源管理以及其他现有政府间组织范畴以外,国际公共政策问题有关的国际公共政策。对于这些问题,国际互联网理事会的政府部分将发挥主导作用,私营部门和民间社会则提供咨询意见。同样,国际互联网理事会还可就更广泛互联网议程上的某些发展方面问题起促进作用。新成立的机构可使政府咨询委员会显得多余。在这一国际化的同时,还应签订适当的关于互联网指定名称号码管理公司的东道国协定。

模式4:成立相关机构

这一模式是要把互联网政策治理、监督和全球协调3个彼此相关的领域综合起来加以处理,并建议设立一些机构,以对付挑战。由政府领导,针对涉及国际互联网的公共政策问题拟定公共政策,并作出决策。由私营部门主导,对全球一级负责互联网技术和业务运作的机构进行监督。政府、私营部门和民间社会之间平等开展对话,对互联网的发展进行全球协调。

具体要成立全球互联网政策理事会负责处理与国际互联网有关的公共政策问题,从公共政策的角度协助制定互联网技术标准。政府主导的机制所涉及的问题包括现有各政府间组织处理的问题,以及目前尚无常设处理机构或牵涉若干国际或政府间机构的其他公共政策问题。私营部门和民间社会以观察员身份参加。

成立世界互联网指定名称号码管理公司负责"互联网在技术和经济领域的发展"(同互联网指定名称号码管理公司现有职能相似),属私营部门主导的机构,由经过改组、国际化、并同联合国有联系的互联网指定名称号码管理公司构成。在这一机构中,政府将发挥两种各不相同的职能。针对在全球一级负责互联网技术和业务运作的机构(互联网指定名称号码管理公司)实行监督职能,这是美国商务部目前行使的职能。这一职能将由政府间机构(全球互联网政策理事会)任命、并对其负责的监督委员会行使。监督职能将不具业务或管理性质。第二个职能是目前由互联网指定名称号码管理公司政府咨询委员会行使的咨询职能。政府和民间社会均以观察、咨询身份参加,世界互联网指定名称号码管理公司将签订东道国协定。

成立全球互联网治理论坛负责"协助有关互联网的公共政策问题的协调(和讨论)",由政府、私营部门和民间社会平等参加。

WGIG发布其工作报告后,在国际社会引起了广泛的讨论。很多国家及国际组织对该报告进行了认真的评论。

(1)美国认为,虽然制定和执行公共政策是政府职能,但与私营部门和大众的充分磋商和合作才能更有效、更有效率、更有代表性地制定政策。美国愿意持开放态度,与所有利益相关者一起探讨改善互联网的方法。美国强调目前互联网架构运行良好,不仅强大,而且在地理上是分散的。互联网的安全和稳定是必须保证的。美国提出WGIG报告缺少了一项重要公共政策的描述,那就是建立一个适合互联网发展和传播的环境。美国认为,如果要将互联网的社会和经济效益最大化,每个国家都必须在立法、管理和政策上鼓励私有化、竞争和自由发展。

(2)日本互联网治理工作组(IGTF-JP)认为,目前由下而上、分散、开放的互联网架构运转良好，没有必要建立一个新的架构，而应完善现有架构。过分强调政府作用可能造成过度管理并限制互联网的积极发展。私营机构仍应是互联网治理的主体，而政府应该是一个总体协调人。

(3) 欧盟认为互联网治理的国际化中最主要问题就是域名系统、IP地址和根服务器管理的国际化。欧盟认为目前的互联网治理机制应建立在一个更民主、更透明和多边基础上，各国政府的意见应发挥更重要的作用。因此提倡一个新的国际合作模式，国际组织和国际政府间组织的作用范围应得到明确。欧盟仍支持现有由下至上的管理模式。

(4) 互联网名称与数字地址分配机构(ICANN，the Internet Corporation for Assigned Names and Numbers)于2005年8月15日正式对WGIG报告发表官方意见：①ICANN赞同报告中对治理的定义，即互联网治理不只是关于ICANN和DNS管理；②声明报告中定义的绝大多数互联网治理工作和议题与ICANN无关；③强调互联网治理必须包含所有利益相关者，并应建立相应机制，以便能快速解决目前面临的各类问题；④ICANN感谢该报告肯定了ICANN的使命和重要性；⑤ICANN充分认识到不断提高、完善的重要性，尤其是在其组织结构和工作效率方面。

2.3 信息社会世界峰会第二阶段会议

2005年11月16日至18日，信息社会世界峰会第二阶段会议在突尼斯的突尼斯市召开，主旨是：为全球范围内信息社会的协调发展制定规划，利用信息通信技术(ICT，Information and Communication Technology)的潜力，推动实现联合国千年发展目标以及各国经济社会可持续发展，促进全人类进步。会议重点在于：

(1) 数字鸿沟的融资机制，特别注重最不发达国家所面临的挑战问题；

(2) 互联网治理及相关问题，审议互联网治理工作组的报告并采取适当行动；

(3) 峰会日内瓦阶段和突尼斯阶段所作各项决定的落实和跟进工作。

峰会共举行了8次全体会议。在全体会议上，来自不同国家的政府高层领导、政府官员、公司代表、专家教授等对互联网治理所涉及的问题发表讲话，阐明各自观点。

峰会分别于16日和17日举行了两场圆桌会议和一次高级专题讨论会。圆桌会议旨在使国家或政府首脑有机会就“从承诺到行动：突尼斯会议之后的落实工作”为主题，与出席峰会的国际组织、工商实体和民间团体的领导人开展互动式讨论。高级专题讨论会的主题为“ICT 促发展”。

关于备受关注的互联网管辖权问题，峰会中的主要不同观点包括：

(1) 美国希望继续管理全球互联网，早在 2005 年 7 月 1 日美国政府发表声明，美国商务部将继续与 ICANN 签订合约，保留对 13 台域名根服务器的监控权；

(2) 欧盟提议建立一个“互联网络治理论坛”，既不应该由美国一国控制，但同时也表示不能让各国政府过多参与；

(3) 包括中国、伊朗在内的一些发展中国家呼吁建立一个隶属于联合国的机构监管 ICANN，但这个机构不一定是联合国国际电信联盟(ITU)；

(4) ITU 提出由其直接监管 ICANN。

峰会最终通过了《突尼斯承诺》和《信息社会突尼斯议程》两个文件。关于数字鸿沟问题，峰会参与各方认可建立“数字团结基金”，为改善数字鸿沟提供坚实的资金支持。在关于改变目前美国主导互联网管理的问题上，并没有取得实质进展。各方在峰会上达成妥协，由美国继续掌管互联网，但各方同意通过国际论坛(IFG)逐渐解决互联网管理问题，其前提是该论坛不得履行监督职能，不取代现有安排、机制、机构和组织，不参与互联网日常工作和技术运行。

2.4 互联网治理论坛第一次会议

在 WSIS 第二阶段会议上，各国提请联合国秘书长召集一个“利益相关多方新的对话论坛”，即互联网治理论坛(IGF，the Internet Governance Forum)。该论坛的任务是进一步讨论涉及互联网治理的主要公共政策问题，以便加强互联网可持续、安全、稳定地发展。

2006 年 2 月 16 日、17 日和 5 月 19 日在日内瓦举行了两次向所有利益相关方开放的公开会议。经过协商，与会者对 IGF 的运作以及应当处理的问题等达成共识，一致认为，互联网治理论坛应当以发展和能力建设作为涵盖一切的大目标；同时确定，该论坛应当遵循规定的任务，努力为有关互联网治理方面的问题提供知识资助；论坛应当每年举行一次会议，为期 2～5 天，就互联网治理中的公共政策问题进行专题讨论。

2006 年 10 月 30 日，IGF 在雅典召开第一次会议，来自政府、国际组织、其他实体及媒体的 1 500 多名代表参加了会议。这次论坛的主题定为“互联网治理促进发展”，以能力建设问题作为贯穿各方面讨论的优先事项。本次论坛 4 天设立了 4 个主题论坛：

(1) 互联网的开放性，包含言论自由，信息、理念和知识的自由流通；

(2) 互联网的安全性，包含通过协作，尤其是保护用户不遭受垃圾邮件、网上仿冒和病毒的侵扰，同时保护隐私；

(3) 多样性，包含鼓励多语种、国际化域名及本地网页内容；

(4) 便于利用，包含互联网的连接情况、政策和费用、互联网的普遍提供和降低费用、互联费用、互可操作性以及开放标准问题。

论坛围绕组委会事先确定的主题，由坐在台上的十多名来自各利益相关方的发言人回答与会者的自由提问，台上台下进行充分自由、开放、互动的辩论和讨论；同时，全世界的网民也都可以通过互联网以电子邮件、视频等方式同步实时参与讨论。

除了以上 4 个在主会场举行的主题论坛外，IGF 同时还举行了由国际互联网协会、互联网名称与数字地址分配机构（ICANN）、联合国科教文组织、经济合作与发展组织等其他民间社团主办的约 20 个不同议题的分论坛。

IGF 第一次会议还专门就"互联网框架公约"的形式和内容以及候选方案进行了讨论，建立一套要求全球互联网参与者共同遵守的"互联网框架公约"是进行互联网治理的一项重要基础。

通过 IGF 第一次会议，各利益相关方达成一些共识，具体包括：促进发展中国家的网络能力建设和缩小数字鸿沟是全世界的共同目标和任务；互联网语种的多样化是大势所趋；各国政府以及国际组织之间开展合作，共同抵制垃圾邮件势在必行；有必要通过内容管制来界定"有害"的互联网内容，以保护未成年人上网安全。

2.5 其他相关国际性组织

1. 互联网任务工作组

互联网任务工作组（IETF，Internet Engineering Task Force）是一个由为互联网技术工程及发展作出贡献的专家自发参与和组织的国际民间机构，其主要任务是负责互联网相关技术规范的研发和制定。IETF 在互联网安全协议以及相关领域开展了大量研究工作。IETF 在网络安全领域共有 21 个工作组，主要负责研究 IP 网络中的授权、认证、审计等与私密性保护有关的协议与标准。从 1995 年起，IETF 陆续公布了许多网络安全的相关技术标准。

除去 IETF 以外，还有其他一些组织，如北美网络运营者组（NANOG，North American Network Operators' Group）、亚太互联网信息中心（APNIC）、欧洲 IP 资源网络协调中心（RIPE）。这些组织通过制定网络协议以及推广最佳的实践方式，研究以及应对危害互联网稳定与安全的各种攻击。

2. 亚太经济合作组织

亚太经济合作组织（APEC，Asia Pacific Economic Cooperation）下设的电信和信息工作组（Telecommunications and Information Working Group）主要在反垃圾邮件、网络信息安全和反网络犯罪 3 个领域开展工作。电信工作组成立了电子安全专案小组（E-Security Task Group），该小组的任务主要是协调各区域在网络安全以及相关方面开展的互联网治理工作。目前该小组正在开展研究的项目主要有反间谍软件、无线网网络安全、公开密钥体系（PKI，Public Key Infrastructures）、协同工作能力、网络犯罪立法机制以及加强各国网络能力建设以促进经济发展等。同时 APEC 电信和信息工作组也正在寻找加强区域内各国计算机紧急应对组织（CERT，Computer Emergency Response Team）之间协同治理的途径。APEC 下设的电子商务指导小组（ECSG，Electronic Commerce Steering Group）开展了关于消费者保护以及个人隐私保护的研究，已发布了 APEC 线上消费者保护指导方针以及一整套 APEC 个人隐私保护草案。

3. 经济合作与发展组织

经济合作与发展组织（OECD，Organization for Economic Cooperation and Development）组建了大量工作小组，以期帮助其成员国对垃圾邮件有更深入的认识。为此，OECD 还成立了一个由众多专家组成的工作组，专门从事反垃圾邮件的立法、技术以及自我治理的研究工作。2003 年 6 月，该组织出台了关于保护消费者避免跨国诈骗的政府指导方针，其中虽然没有明确提及垃圾邮件问题，但却呼吁 OECD 组织的 30 个成员国（包括美国、日本、德国和英国等）联合反对国际间诈骗行为，而且清楚地暗示到那些不受欢迎的商业电子邮件。在 2006 年 IGF 会议上，OECD 发布了“反垃圾邮件工具箱”方案。方案中包括 8 个相互关联的模块：寻址管制措施、相关执行问题、行业驱动倡议、技术解决方案、教育和宣传工具、反垃圾邮件合作伙伴、垃圾邮件度量、改进的跨行业合作。

在保护个人隐私和个人数据方面，OECD 也作了很多工作。1980 年出版了《保护个人隐私和跨国界个人数据流指导方针》；1985 年出版了《跨国界数据流宣言》；最近，OECD 在征求私营部门意见基础上，开始考虑如何在国际网络上实施 1980 年指导方针中提出的保护个人隐私的基本原则。

2006 年 IGF 会议通过的《在全球网络上保护个人隐私部长宣言》再次确认了保护个人隐私的重要性。该宣言认为，1980 年 OECD 指导方针中拟定的原则继续为在任何媒体上保护个人隐私提供了国际性基础，各国应当共同工作并联合私营部门，以确保这些原则能在一个开放的全球网络环境下得到有效的贯彻执行。其背景报告"全球网络的个人隐私保护"为"宣言"设定了框架，并就跟踪 OECD 未来工作的进展和方向的各项活动提出了建议。OECD 一直在国际上讨论与消费者相关问题方面起带头作用。

OECD 于 1999 年通过的关于《电子商务消费者保护指南》中规定，电子商家应对消费者利益予以应有的关注，并应根据公平商业原则进行交易；不应有虚假陈述欺骗误导等欺诈行为和其他导致消费者利益损害的不合理风险分配行为；不论何时，电子商家均应以清晰、明显、准确及易于获知的方式向消费者提供自己的名称、地址、电子信箱及其他电子联系方式或电话号码、注册号或许可证号，与企业进行迅速、简便、有效的交流方式，以及有关争议解决方式、途径、法律等重要信息，而不应利用电子商务的特质隐瞒真实身份或地址，或不提供前述信息；电子商家应提供充分的有关交易的条款、条件、成本、交付或履行期限、正确使用的说明、有效的售后服务、有关担保、撤回、终止、返还、调换、退款及使用的货币等事关消费者决定是否交易的重要信息；应遵循消费者保护的法律机制，不应使用不公平的合同条款。

4. 国际消费者保护与执法网络

国际消费者保护与执法网络（ICPEN，International Consumer Protection and Enforcement Network）是一个国际性消费者保护组织，其成员多为 OECD 的会员。ICPEN 的使命为共享关于可能损害消费者利益的跨国界商业活动的信息，鼓励各国法律执行部门国际合作。该组织每年开展一次旨在打击网络诈骗的年度清扫行动。

5. 欧洲理事会

1989 年，欧洲理事会（Council of Europe）部长委员会通过了关于与计算机有关犯罪的第 R(89)9 号建议，要求各成员国在国内立法中增加相应条款或另立新法以防范计算机犯罪。各成员国也大多推行过本国的肃网风暴，然而实践使他们意识到，预防和惩治网络犯罪不可能靠单个国家的力量。

1995 年，欧洲理事会部长委员会通过了有关信息技术与刑事程序问题的第 R(95)13 号建议，提出缔结一个共同公约的构想。其后，欧洲理事会成立了一个网络空间犯罪专家委员会，专门负责缔结一项囊括刑事实体法、程序法和国际合作 3 方面内容的公约。

1997年4月到2000年12月间，网络空间犯罪专家委员会举行了10次全体会议，起草了《公约草案及其说明备忘录》，并发布到互联网上征求有关专家、网络经营者和广大用户的意见与建议。其后草案经过多次修改。欧洲理事会还召开咨询会议对公约草案进行广泛讨论，美国、加拿大、日本、南非等非欧洲国家也积极参与了公约的起草和修改活动。

2001年11月8日，欧洲理事会部长委员会正式批准了《网络犯罪公约》文本，并决定于同月23日在匈牙利布达佩斯召开成员国大会，将公约提交给各成员国及观察员国美国、加拿大、日本、南非，进行签署。

作为第一部防治网络犯罪的国际条约，欧洲理事会的《网络犯罪公约》在打击网络犯罪方面既吸收了各国的既有经验，又有许多创新之举；最为重要的是，创造了一种崭新的、超前的司法文化。该公约以欧洲理事会成员国为主，但不限于欧洲，对其他非欧洲国家也同样开放签署，使其影响遍及全世界。

6. 国际电信联盟

国际电信联盟(ITU)成立了反垃圾邮件工作组，对国际社会已开展的反垃圾邮件行动展开调查，同时责令其标准化部门与其他组织(如IETF)在反垃圾邮件领域开展合作。

在网络安全领域，ITU开展的一些工作已经成为网络安全和保护网络安全措施的基础，如公开密钥体系(KPI)等。

除了ITU的标准化部门在网络安全领域开展技术研究工作外，ITU的发展部门(ITU-D，ITU Development Sector)也在各个国家开展网络安全的教育工作。ITU发展部门发布了大量关于互联网管制的国家政策与管制资料，全面覆盖了国家相关管制的活动，包括频谱管理、编码事宜、资费政策、争端解决。

7. 国际刑警组织

国际刑警组织(Interpol)成立于1923年，其前身是“国际刑事警察委员会”，1956年更名为国际刑事警察组织，简称国际刑警组织。国际刑警组织的主要任务是汇集、审核国际犯罪资料，研究犯罪对策；负责同各成员国之间的情报交换；搜集各种刑事犯罪案件及罪犯指纹、照片、档案；通报重要案犯线索，通缉追捕重要罪犯和引渡重要犯罪分子；编写有关刑事犯罪方面的资料，供成员国参考。

在打击网络犯罪方面，国际刑警组织有大量的基于各个地区的工作小组，这些小组在打击信息技术犯罪领域开展交流与合作。

2.6 中国参与互联网国际治理

中国政府和民间组织从一开始就加入到互联网治理的国际活动中，为互联网的健康发展作出了自己的贡献。积极参与互联网国际治理是一个崛起中的大国负责任的体现，中国有必要也有能力做到。

在信息社会世界峰会第一次政府间筹备会议上，中国代表团团长沙祖康就峰会筹备工作发言谈到："信息基础设施是建设信息社会的物质基础。未来的信息基础设施应能满足人们对智能化、多样化、个性化、多媒体化、全球化发展的要求，同时还要满足普遍服务的要求。峰会及筹备工作应切实研究加快信息通信技术广泛应用的政策措施，推进网络的结构调整和升级换代，使其逐步演进成为一个融语音、数据、图像为一体的宽带高速信息网，全方位、多层次地满足多种业务需求。信息基础设施薄弱已成为广大发展中国家落后于发达国家的一个重要制约因素，严重影响了这些国家建设信息社会的能力。因此，峰会及筹备工作应高度重视研究和探讨发展中国家加快信息基础设施的建设和发展战略目标，重点包括制定政府宏观调控与市场管制政策，建立符合本国国情的信息通信管制体系；处理好技术与市场的关系，规避市场风险，建立创新的融资机制，实现资金的多元投入等。"沙祖康还特别指出信息通信与网络安全意义重大，特别是"九一一"事件以后，受到各国政府高度关注。网络通信安全与否，直接关系到能否避免或减少通信的风险和损失，增加用户的信心，从而进一步促进信息通信技术和网络的应用。信息通信与网络安全涉及技术、法律法规和世界范围的合作。峰会和筹备工作应研究和考虑在世界范围内成立相应机构和体系，确保通信和网络的安全可靠，严防病毒侵害，打击网络犯罪；同时研究、开发和利用先进的安全技术，如应急系统、PKI 等，建立稳固的通信与网络系统，确保网络上传输的信息受到保护，并通过法律法规手段加强对网络安全的监管，保护通信和网络安全。

以当时信息产业部部长王旭东为团长、中国驻联合国日内瓦办事处及瑞士其他国际组织大使沙祖康为副团长的中国政府代表团，出席了在日内瓦的信息社会世界峰会第一阶段会议。中国在本次会议上被选为大会副主席。王旭东部长在信息社会世界峰会上作了"加强合作，促进发展，共同迈向信息社会"的主旨发言，提到：推动信息网络建设，加强网络和信息安全，是建设信息社会的重要保障；应加强信息基础设施建设，扩大应用信息技术，大力发展互联网；同时，应积极有效地防范利用信息技术和资源进行色情、暴力和恐怖，以及危及国家安全的犯罪活动，以保证信息化建设健康发展。

作为中国行业组织代表，中国互联网协会也组团参加了在日内瓦举行的信息社会世界峰会第一阶段会议，及时了解互联网在全球的发展，掌握最新的信息动态。加强国际间的合作与交流，与其他国家的相关行业组织进行更广泛、更深入的接触，如与以色列互联网协会取得了初步联系，交流了在今后开展更广泛的国际交流与合作的意愿。

在信息社会世界峰会第一阶段会议之后的互联网工作小组筹建过程中，中国互联网协会理事长、中国科协副主席、中国工程院胡启恒院士被选为 WGIG 小组成员之一，对互联网治理相关的技术问题、政策问题进行专题研究，提出了我国的具体对策，有力地支撑了我国政府参加 WGIG 历次会议，发挥了重要的作用。在 WGIG 的报告征求过程中，中国政府和机构组织也多次表达了中方意见和建议，如中国互联网协会对垃圾邮件的中国现状和针对措施提交了详细的报告文件。

在信息社会世界峰会突尼斯阶段会议上，当时的国务院副总理黄菊发表了"加强合作，促进发展，共创信息社会美好明天"的讲话，最后他强调："推进信息社会建设，加强网络与信息安全是重要保障。随着社会信息化程度不断提高，信息技术应用领域不断拓展，但网络和信息安全问题所带来的负面影响，也日益突出。互联网的管理，应遵循政府主导、多方参与、民主决策、透明高效的原则，建立有效的沟通、协商机制，加强各国及相关国际组织、民间机构在这一领域的合作，防范、打击利用信息技术和资源进行经济欺诈、暴力、恐怖，以及危害国家安全等犯罪活动，以保障信息社会建设健康发展。"

在这次 WSIS 会议上，中国互联网协会不仅仅是旁听参与，还举办了题为"Governance for Development"的主题论坛。

在互联网治理论坛这个相对民间化的平台上，自然也少不了中国的身影。中国互联网协会率代表团于 2006 年 10 月 30 日至 11 月 2 日在希腊雅典参加互联网治理论坛第一届会议。中国互联网协会和中国科学技术协会联合国信息技术咨询委员会(CCIT)还在 IGF 论坛召开期间，共同组织了一个分论坛，主题为"构建全球多元文化下的网络安全"(Global Culture for Cyber Security)。

2007 年 5 月 17 日的世界电信和信息社会日，当时的中国信息产业部提出了当前中国参与互联网国际治理发展工作中的重点是："推动区域性、国际性互联网交换中心等基础设施建设，进一步改善我国互联网络通信和安全等性能。积极参与世界各国和有关国际组织在互联网发展、资源分配与管理、互联网治理等方面的交流与合作，并在其中发挥应有的作用。组织作好互联网国际治理相关工作。"

3 互联网基础设施

3.1 OSI 和 TCP/IP

3.1.1 OSI 七层模型

国际标准化组织(ISO,International Organization for Standardization)为了解决计算机网络设备之间的兼容性问题,帮助各个厂商生产出可以互相兼容的网络设备,于 1984 年提出了开放系统互连参考模型(OSI/RM,Open System Interconnection Reference Model),如图 3-1 所示。

图 3-1 OSI 参考模型

OSI 参考模型划分为七层结构，从下到上分别是：物理层、数据链路层、网络层、传输层、会话层、表示层和应用层。

物理层传输数据的单位是比特，其主要功能是在传输信道上传输原始比特流，将数据从一个节点传送到另一个节点。

数据链路层传输数据的单位是帧。其方法是将来自物理层的原始比特流，按照一定格式分割为若干帧，依靠帧中的检验信息对整个数据帧进行检验，以便把一条可能出差错的实际链路转变为网络层看来不出差错的链路。其主要功能就是通过数据链路层协议，在不太可靠的物理链路上实现可靠的数据传输。

网络层传输的数据单位是分组（数据包）。其主要任务是依据特定的原则和算法，在网络中选择通往目标结点的最佳路由。互联网所采用的 TCP/IP 协议中的 IP 协议就属于网络层协议。

传输层位于七层模型的中间，是模型下三层（通信子网）和模型上三层（资源子网）的分界层；其主要功能是分割和重组数据、提供网络节点之间可靠的端到端服务，以及进行网络的流量控制。互联网所采用的 TCP/IP 协议中的 TCP 协议（传输控制协议）就属于传输层协议。

会话层是用户应用程序与网络的接口，它允许不同机器上的用户建立、管理和同步会话进程关系，以完成正常的数据交换。

表示层关注于所传输信息的语法和意义，它把来自应用层与计算机有关的数据格式处理成与计算机无关的格式，以保障对端设备能够准确无误地理解发送端数据。同时，表示层还负责数据加密、解密和压缩、解压等功能。

应用层是 OSI 参考模型最高、最靠近用户的一层，是计算机网络与最终用户之间的界面。OSI 模型下面六层是解决通信和信息表达格式问题，以实现网络通信服务，而应用层则提供特定网络服务所需的各种应用协议。应用层的一个主要功能就是提供虚拟终端协议，将原本不同类型的终端设备通过虚拟终端协议与网络主机互联。应用层还提供文件传输协议（FTP）、电子邮件等功能。

20 世纪 80 年代，一些国家的政府机构和许多大公司都表示支持 OSI 模型标准，但到了 90 年代初，尽管整套 OSI 模型标准已经制定出来，却几乎没有符合这个标准的商用产品；反之，TCP/IP 协议得到了广泛流行。

3.1.2 TCP/IP

TCP/IP 实际是一个协议族，包括很多协议，其中最著名的就是传输控制协议(TCP,Transmission Control Protocol)和互联网协议(IP,Internet Protocol)。TCP/IP 最早开发始于 20 世纪 60 年代后期,后由互联网工程任务组(IETF)于 1979 年确定。由于该协议在全世界范围内的广泛应用,它已经成为计算机网络的事实上的国际标准。

1983 年,TCP/IP 被 Unix 系统采用,逐步成为 Unix 机器的标准网络协议。互联网的前身阿帕网(ARPANET),最初使用 NCP(Network Control Protocol),由于 TCP/IP 具有跨平台特性,阿帕网的实验人员在经过对 TCP/IP 改进以后,规定连入 ARPANET 的计算机都必须采用 TCP/IP。随着阿帕网逐渐发展成为互联网,TCP/IP 也就逐渐成为互联网的标准协议。

TCP/IP 的制定基于三大原则,即分组交换、端到端网络和网络强健。分组交换原则是互联网区别于传统电路交换网络的一大特点。在分组交换的互联网上,一台计算机发出的数据信息首先被分割为许多数据包,分别通过互联网络传送,在到达目的计算机后再重新按顺序组合。由此,传统电路交换的电信网络被比喻为铁路交通网,而分组交换的互联网则被比喻为公路交通网,数据包相当于公路上的汽车,信息则是汽车上货物。传统电信网络的传输能力取决于传输通路——“铁路轨道”的数量,而互联网络的传输速率则取决于其传输通路——“公路”的宽度。端到端网络原则是指,互联网络相对于网络的边缘端点是中立的,所有复杂的任务、智能和创新的功能都被放到网络的边缘,而不会受到原网络设计、规划和运营的限制,从而使互联网充满创新活力。网络强健原则是出自于互联网前身的 ARPANET 的要求,要建立一个能够承受潜在核打击的可靠通信网络,其解决方案是引入动态路由设计。

与 OSI 七层参考模型类似,TCP/IP 分为 4 个层次:网络接口层、网络层、传输层和应用层。TCP/IP 与 OSI 参考模型有清晰的对应关系,如图 3-2 所示。其网络接口层对应着 OSI 参考模型的数据链路层和物理层,应用层对应着 OSI 模型的会话层、表示层和应用层。

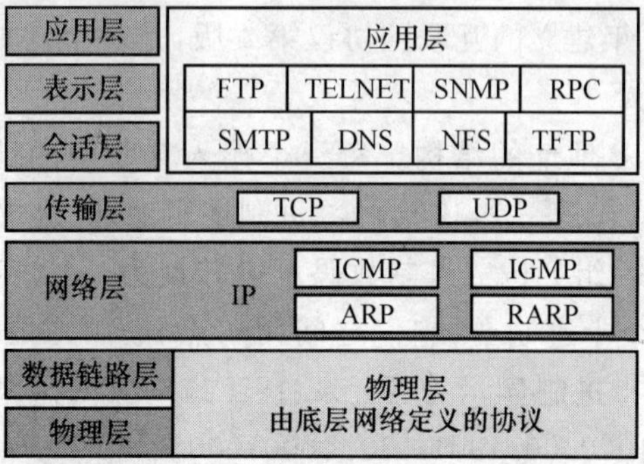

图 3-2　TCP/IP 分层模型 与 OSI 参考模型的对比

TCP/IP 并没有对网络接口层给出具体的规定，其支持的局域网技术有以太网和令牌环网等，其支持的广域网技术有帧中继和 ATM 等。

网络层负责将来自传输层的数据分组，通过必要的路由算法将分组数据传向目标。它包含了几个主要协议：网际协议（IP）、控制报文协议（ICMP）、组播管理协议（IGMP）、地址解析协议（ARP）和逆地址解析协议（RARP）。IP 协议主要负责分组寻址和路由选择。ICMP 通过提供网络测试手段，当路由器或端系统出现故障时，向信源端发送错误报告，以保证信息传送。IGMP 用于组播应用。ARP 的功能是查找 IP 地址相对应的主机物理地址。

传输层包括两个主要的协议：面向连接的传输控制协议（TCP，Transmission Control Protocol）和无连接的用户数据报文协议（UDP，User Datagram Protocol）。TCP 的功能是提供可靠、无误的数据传输服务，使用 TCP 通信前，在信源机和信宿机之间建立一个虚拟链接；而 UDP 的功能是尽最大努力实现数据传输，但不保证传输的正确性，在使用 UDP 协议通信前，不需要在信源机和信宿机之间建立链接，其特点是灵活、方便、快捷，只适用于传送少量零星的报文。

应用层包含所有的高层协议，如虚拟终端协议（Telnet）、文件传送协议（FTP）、简单邮件传送协议（SMTP）和域名服务协议（DNS）等。

3.2 IP 地址

IP 地址是连接到互联网上每一台计算机的唯一数字地址，即是这台计算机的唯一标识码。网上不同计算机不能使用相同的数字地址，因而 IP 地址是互联网的有限资源。

3.2.1 IPv4

IPv4 是 1982 年建立的互联网协议第 4 版，是一个构成当今互联网技术基石的协议。

IPv4 规定了 IP 地址的结构。每一个接入互联网的计算机都有一个用来通信的“地址”。它是一个 32 位的二进制逻辑地址，这 32 位二进制被分为 4 组，8 位一组，每一组 8 位二进制数码可以转换为 0～255 之内的 1 个十进制数，4 组就是 4 个十进制数；它们之间用句点分开，形成一个 IP 地址。如果一个 IP 地址的十进制显示为 59.64.155.136，其对应的二进制显示地址就是 00111011.01000000.10011011.10001000。

为便于分类管理，IP 地址又分为不同的几类：特大型网络（A 类）地址、中等网络(B类)地址和小型网络(C类)地址,以及特殊地址类的D类地址(用于多点传送)和E类地址(用于实验室或研究)。

每一个IP地址又被分为网络地址和主机地址两部分。

A类地址的第1组8位二进制作为网络地址,后面3组24位作为主机地址。如果第1组8位二进制数中的最高位是0,则属于A类地址。A类的网络地址仅为8位,且第1位必须是0,故A类中仅有126个网络。剩余的主机地址数字可以有24位,相应的每个A类网络可以有16 777 214个主机。

B类地址的前二组数字都是网络地址,即有二进制16位,为主机地址也分配了16位。B类地址的第1组头两位必须是10,除去这两位,网络地址还剩二进制14位,可以组合产生16 384个网络;每个网络可用16位的主机地址,即可包含65 534个主机。

C类地址为网络地址留下24位,为主机地址留下8位。C类地址的第1组头3位为110,剩下21位可以使用,则共有2 097 152个可用的网络;最后1组8位数字用于主机地址,故限制了每个网络最多仅有254个主机。

D类地址以1110开始,它们并不用于标准的IP地址,而是指一组主机。它们作为多点传送小组的成员而注册。可以通过多点传送地址将数据发送给一组主机。

E类地址的第1组前4位设置为1111,它们也不是传统的IP地址,有时用于实验室或研究。

IPv4并不区分作为网络终端的主机和作为网络中间设备的路由器。每台计算机可以既做主机又做路由器。

3.2.2 IPv6

IPv4可容纳的IP地址大约有40多亿。随着互联网的急剧扩张,上网计算机数量激增,IP地址在使用上又存在浪费现象,以及由于移动电话、个人数字助理、家用电器等装备也开始具备上网功能等原因,IP地址已经不能满足实际需要。

为解决IP地址资源稀缺的问题,不外乎采取两种方式:其一是合理、有效地利用现有的IP地址库,为此,引入了网络地址转换(NAT)技术,通过使用NAT,可以只使用一个IP地址,便可将一个内部网络(政府单位、企业、学校等)连接到互联网,而不需要给该内部网络的每一台计算机都分配一个IP地址;其二是扩大IP地址的数码位数,于是产生了IPv6协议。

1992年就提出要制定下一代的IP,由于IPv5被用于面向连接的网络层协议,下一代IP就被称为IPv6。1995年以后已经陆续公布了一系列有关IPv6的协议、编址方法、路由选择和安全等问题的征求意见文件。

IPv6将原来IPv4的32位地址编码增大到128位,可以产生2^{128}个,即430 000 000 000 000 000 000个IP地址。因为地址要分层使用,故实际可用的地址空间要小一些。即使如此,采用IPv6地址后,未来的移动电话、冰箱等信息家电都可以拥有自己的IP地址。

IPv6地址将包括3种类型:其一是单点传送地址,发送的信息包只会送到该地址接口;其二是任意点传送地址,这是一组接口的地址,发送的信息包根据路由距离的远近进行选择,发送到这组地址中的一个;其三是多点传送地址,这也是一组接口的地址,发送的信息包会传送到属于这个组的全部接口。

与IPv4相比,IPv6在地址量、安全性、移动性以及服务质量等方面都有巨大优势。

(1) IPv6地址由IPv4的32位二进制编码扩大到128位。2的128次方形成了一个巨大的地址空间。从目前人类能够想象的应用来看,这个地址空间是不可能用完的。

(2) IPv6提供更为灵活的分层结构,提供新的地址分配方案,从而更有利于寻址,可减少路由表的大小,加快路由器和交换机的数据处理速度,扩展了任意点传送地址和多点传送地址。

(3) 提供互联网统一的地址方案,IPv6通过邻居发现机制可为主机自动配置接口地址和缺省路由器信息;大容量的地址空间可以实现无状态地址自动配置,使基于IPv6的终端能够快速连接到网络,而无须人工配置,真正实现终端的即插即用。

(4) 简化报头格式,从而有效减少路由器或交换机对报头的处理要求。

(5) 加强对扩展报头和选项部分的支持,这除了让转发更为有效外,还对将来网络加载新的应用提供了充分的支持。

(6) 使用流标签,使得为数据包所属类型提供个性化网络服务成为可能,并有效保证了相关业务的服务质量,可用于具有服务级别选择的新计费系统。

(7) IPv6要求强制实施互联网安全协议(IPSec,Internet Protocol Security),并已将其标准化。IPSec在IP层可实现数据源验证、数据完整性验证、数据加密、抗重播保护等功能;支持验证头协议(AH,Authentication Header)、封装安全性载荷协议(ESP,Encapsulating Security Payload)和密钥交换协议(IKE,Internet Key Exchange),这3种协议将是未来互联网的安全标准。

(8) 在移动网络和实时通信方面有很多改进,特别是具备了强大的自动配置能力,可简化移动主机和局域网系统的管理。支持"实时在线"连接,防止服务中断以及提高网络性能方面将有很大提高。移动网络的标准化组织3GPP已经采纳了IPv6。

当然IPv6还必须能够支持和处理IPv4体系的遗留问题,IPv4向IPv6的过渡还需要相当长的时间。IETF(the Internet Engineering Task Force)已经成立专门工作小组,研究IPv4到IPv6的转换问题。目前IPv6的地址分配工作仍由互联网编号分配机构(IANA)负责。IANA已经委派3个地方组织来执行IPv6的地址分配任务,即欧洲的RIPE-NCC(RIPE Network Coordination Centre)、北美的INTERNIC(Internet's Network Information Centre)和亚太平洋地区的APNIC(Asia Pacific Network Information Centre)。

3.3 域名系统

为了方便用户对所有计算机IP地址的查询,1983年,互联网开始采用分层次结构的域名系统(DNS,Domain Name System)。

互联网信息通常是通过包含有双方计算机IP地址的数据包来传递的。有了域名,就可以不用输入复杂的IP地址,而是输入容易记忆的域名,例如要连接雅虎,就可以直接输入其域名"www.yahoo.com"。

域名系统是一个联机分布式数据库系统,它提供主机域名和IP地址之间的动态映射,以实现互联网域名和IP地址之间的转换。该转换过程由若干个域名服务器程序完成。

当某一个应用进程需要将主机域名映射为IP地址时,域名系统DNS就将其待转换的域名放在请求报文中发给本地域名服务器。本地域名服务器在查找域名后,将其对应的IP地址放在回答报文中返回。该应用进程获得了目的主机的IP地址后便可进行通信。也就是说,当某个用户在联网计算机上键入想要访问的主机域名时,用户的计算机程序就会申请当地的域名服务器提供所需的主机IP地址;如果当地的域名服务器没有找到所需信息,便会和上级域名服务器联系,直至找到相应的地址信息。

域名并不等同于主机的IP地址。若代表主机物理位置的IP地址发生了变化,域名也可以保持不变。域名系统能够把域名翻译成新的IP地址,用户通过同一个域名仍然可以访问该主机所在的系统。

3.3.1 域名

域名(Domain Name)是互联网上主机的名称,是特定组织或个人在互联网上的名称标志。

域名由若干个分量组成，各分量分别代表不同级别的域名，它们之间用句点隔开。每一级的域名都由英文字母或数字组成，不超过63个字符，不区分字母大小写。级别最低的域名写在最左边，级别最高的域名写在最右边。完整的一个域名不超过225个字符。

域名级别分为顶级域名、二级域名、三级域名等。顶级域名（TLD，Top Level Domain）又分为3层，即国际顶级域名（iTDL）、国家顶级域名（nTDL）和通用顶级域名（gTDL）。国际顶级域名采用“int”，国际性组织可以在“int”下注册。国家顶级域名采用ISO3166的规定，各个国家都被分配了相应的顶级域名，如法国是“fr”，英国是“uk”，中国是“cn”。通用顶级域名表示的是域名注册人的类别和功能，如“com”表示商业性用户，“net”表示网络服务提供者，“org”表示非营利性组织，“edu”表示教育机构，“gov”表示政府部门，“mil”表示军事部门，“firm”表示公司企业，“shop”表示销售公司和企业，“Web”表示万维网活动单位，“arts”表示文化和娱乐活动的单位，“info”表示提供信息服务的单位，“nom”表示个人等。

二级域名（SLD）一般指域名注册人选择使用的网上名称，例如雅虎“yahoo”。上网的商业组织通常使用自己的商标、商号或其他商业性标志作为自己的网上名称，如微软“Microsoft”。

我国在国际互联网络信息中心（InterNIC）正式注册并运行的顶级域名为“cn”。在顶级域名“cn”下，再采用分层次结构设置各级域名。

我国互联网络的二级域名分为“类别域名”和“行政区域名”两类。类别域名分别为：“ac”适用于科研机构，“com”适用于工、商、金融等企业，“edu”适用于教育机构，“gov”适用于政府部门，“net”适用于互联网络、接入网络的信息中心（NTC）和运行中心（NOC），“org”适用于各种非营利性的组织。行政区域名有34个，对应于我国各省、自治区和直辖市，分别为：“bj”代表北京市，“sh”代表上海市，“tj”代表天津市，“cq”代表重庆市，“he”代表河北省，“sx”代表山西省，“nm”代表内蒙古自治区，“ln”代表辽宁省，“jl”代表吉林省，“hl”代表黑龙江省，“js”代表江苏省，“zj”代表浙江省，“ah”代表安徽省，“fj”代表福建省，“jx”代表江西省，“sd”代表山东省，“ha”代表河南省，“hb”代表湖北省，“hn”代表湖南省，“gd”代表广东省，“gx”代表广西省，“hi”代表海南省，“sc”代表四川省，“gz”代表贵州省，“yn”代表云南省，“xz”代表西藏自治区，“sn”代表陕西省，“gs”代表甘肃省，“qh”代表青海省，“nx”代表宁夏回族自治区，“xi”代表新疆维吾尔自治区，“tw”代表台湾，“hk”代表香港，

"mo"代表澳门。

上述域名分层结构可以表示为域名树，如图 3-3 所示。树根下面的一级节点是顶级域名节点，顶级域名结点下面是二级域名节点，逐级细分，最下面节点就是单台计算机。图 3-3 中，顶级域名"com"下注册的单位就可获得一个二级域名，如中央电视台"cctv"、IBM 公司"ibm"、惠普公司"hp"等；在顶级域名中国"cn"下的二级域名，可以有北京市"bj"、香港"hk"、江苏省"js"等行政区域名，以及我国规定的 6 个类别域名：政府"gov"、社会团体组织"org"、网络运营商"net"、教育"edu"、科研机构"ac"、商业公司"com"等。在某一个二级域名下还可注册三级域名，图中给出在"edu"下面的三级域名有清华大学、北京大学、复旦大学、上海交通大学等。一旦某个单位拥有了一个域名，它就可以自己决定进一步划分其下属的子域名，并不需要报告上级机构批准。如图 3-3 所示，北京邮电大学就可继续下分出"mail"、"ep"等，并根据自己的需要将其作为邮件服务器或用于其他用途。

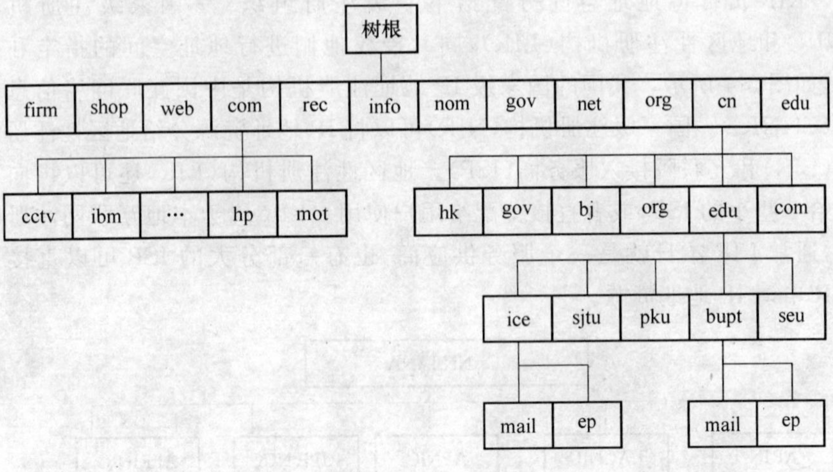

图 3-3　域名树

由于我国对中国顶级域名"cn"之下的二级域名作了限定，因此域名注册人的网上名称只能在三级或三级以下的域名中出现，例如北京邮电大学的域名是"bupt. edu. cn"，其中"cn"是顶级域名，"edu"是二级域名，"bupt"才是代表北京邮电大学的网上名称。

3.3.2　域名注册

1. 域名注册管理体制

国际 IP 地址最初由美国政府和互联网编号分配机构（IANA，Internet

Assigned Numbers Authority)签署协议，授权IANA负责IP地址分配规划以及对TCP/UDP公共服务的端口定义；后改由一个非营利性国际组织互联网名称与数字地址分配机构(ICANN，Internet Corporation for Assigned Names and Numbers)统一负责进行分配管理，要负责互联网协议(IP)地址的空间分配、协议标识符的指派、通用顶级域名(gTLD)以及国家和地区顶级域名(ccTLD)系统的管理、根服务器系统的管理，但具体由其下属机构IANA执行。

IANA并不直接面向最终用户，而是先把地址分配给地域性的IP地址管理机构(RIR，Regional Internet Registry)。RIR按地区分为5个互联网地址注册中心，包括ARIN美洲互联网号码注册中心(American Registry for Internet Numbers)负责美洲和非洲的一部分业务；LACNIC主要负责拉丁美洲业务；RIPE主要负责欧洲地区业务；AFRINIC主要负责非洲地区；APNIC管理亚太地区国家的IP地址分配。

RIR负责将地址空间分配给下一级注册组织——国家级注册机构(NIR)和地区性注册机构(LIR)，同时授权他们进行地址空间的指定和分配，如图3-4所示。我国的国家级IP地址注册机构是中国互联网络信息中心(CNNIC)。国家级注册机构(NIR)可以将IP地址资源分给地区性注册机构(LIR)和互联网接入服务商(ISP)。地区性注册机构(LIR)还可以再向下分给一些小的ISP，或者直接分配给用户使用。LIR属于本地互联网注册中心，通常LIR本身就是一个服务供应商，也有一部分大的ISP可以直接向RIR申请IP地址资源。

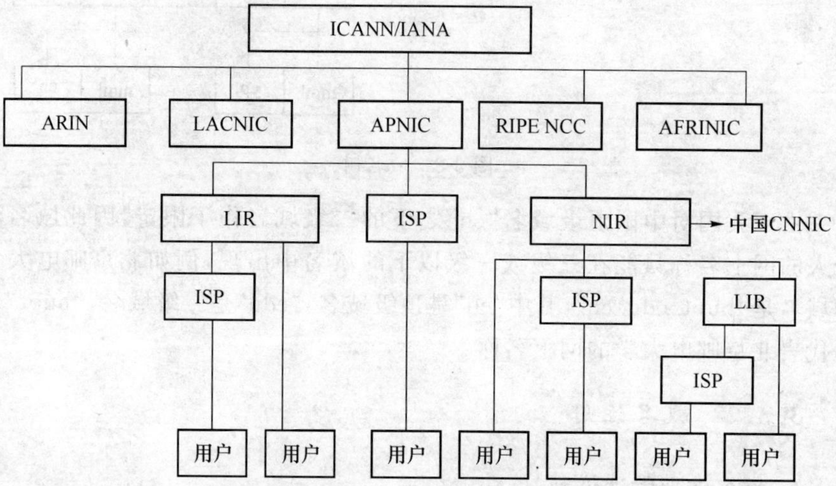

图3-4　互联网IP地址分配机构的组织结构

1990 年,我国正式向总部设在美国的互联网信息中心(interNIC)注册了域名“cn”,并于 1994 年开通了互联网服务。按照 ISO3166 的标准,若顶级域名为地理域名,其下的二级域名则一般由该国的网络中心(NIC,Network Information Centre)负责管理运行。我国的二级域名除“edu”由教育网单独运行外,其他域名都由中国互联网信息中心负责管理运行。

CNNIC 是国内提供域名注册服务的唯一合法单位,负责管理和运行中国顶级域名“cn”下域名的注册。二级域名管理单位必须定期向 CNNIC 提交三级域名的注册报表。为方便用户注册域名,CNNIC 还认定了一批域名注册申请授权代理单位,并根据规定,简化授权代理单位的域名注册申请代理程序。互联网用户申请注册域名时,既可以直接在 CNNIC 办理,也可以通过这些代理单位代为办理。

到 2007 年 6 月底,我国大陆地区域名总数已经达到 918 万个。近年我国域名数量呈爆炸式增长,如图 3-5 所示,其中采用“cn”国家顶级域名的域名数量到 2007 年 6 月底已达到 615 万个,约占我国域名总数的 6 成(58.9%),第一次全面超越通用顶级域名在中国的注册量,如表 3-1 所示。

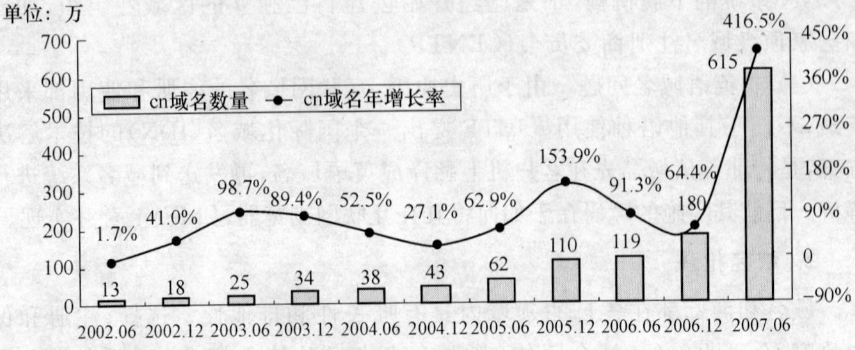

图 3-5　2002—2007 年 cn 下注册的域名数量

表 3-1　中国分类域名数

域名	数量/个	占域名总数比例
cn	6 149 851	67.0%
com	2 301 912	25.1%
net	553 372	6.0%
org	174 304	1.9%
合计	9 179 439	100.0%

数据来源:2007 年 7 月《中国互联网络发展状况统计报告》。

域名注册目前尚存在以下问题。

(1) 域名抢注问题。从互联网发展以来,域名注册一直实行"先到先得"的原则。由于域名是有限资源,其潜在价值导致了"域名抢注"的现象。尤其是提前抢注具有巨大潜在价值的域名,如知名品牌的相似域名,然后待适当时机超值转售。域名抢注导致了注册权利的争议,涉及商标权的保护和争议解决。目前,相对于国家域名之外的"com"、"net"、"org"等域名,引入了"统一域名争议解决政策"(UDRP),可以大大减少"域名抢注"的问题。所谓统一域名争议解决政策是域名注册商(或者某些国家顶级域名的注册机构)和其客户(域名持有人或注册人)之间的一种约定,旨在为域名注册引发的有关争议设定解决条款。该政策由 ICANN 于 1999 年 8 月 24 日通过,10 月 24 日实施。

(2) 国家域名的管理。国家域名的注册管理目前还是一个较大的问题。许多国家一直都在争取获得本国域名的控制权,因为他们认为国家域名是国家的资源。

(3) 域名管理机构的独立性。有一些国家的域名管理机构不愿意成为 ICANN 系统的下属机构,于是已经开始创建自己独立的区域性组织,如欧洲国家顶级域名注册商委员会(CENTR)。

(4) 非英语域名问题。由于历史原因,互联网域名的注册和使用都采用英语,不便于其他语种使用。IETF 提出一个国际化域名(IDN)的技术解决方案,是将非英语域名先在客户机上翻译成英语域名,再发送到域名系统进行解析。目前其实施的障碍在于如何将其在互联网浏览器(如 IE)上合并实现。

2. 域名抢注

域名和商标都在各自的领域内具有唯一性和排他性。选择、注册和保护政府、企事业单位、社会团体,甚至个人自己独特的域名,已经变得和设计、注册及保护商标一样重要。随着互联网的发展,域名已被誉为"网上商标"。

很多组织在定位自己的网站时,都希望使用多年沿用至今的名称或商标作为网上域名,但很可能却发现已被人抢先注册,这就是域名抢注,是域名注册管理中最常见也最有争议的问题。

世界知识产权仲裁与调解中心仅 2006 年就受理了 1 823 件域名抢注投诉案件,为 2000 年以来数量最多的一年。2007 年初世界知识产权组织公布的一份报告显示,2006 年全球向世界知识产权组织提交的域名抢注争议案件,比上一年增加了 15%。

域名抢注问题的产生根源主要在于以下一些因素。

(1) 域名的国际性。互联网的国际性决定了域名的国际性。不同于一般的商标注册,域名一旦注册,便可在互联网上不受地域限制、不受商品或服务类别限制,全球通行。

(2) 域名的唯一性和排他性。域名一经抢先申请注册,就排除了全球范围内相同域名再一次被注册的可能性,即域名的唯一性和排他性。这就使得一些著名的企业商标或名称被他人抢先注册域名后,商标的真正持有人或企业只能出资赎回,而无法重新注册。

(3) 巨大的投机利益。域名作为企业的“网络商标”,对企业业务的开展、企业形象的树立至关重要。为了夺回自己的域名,企业常常不计血本。根据《中国互联网络信息中心域名争议解决办法》的规定,域名注册期限已满两年的,域名争议解决机构不予受理。即使争议得到受理,其一般的仲裁程序也要数十天,还要花费不菲的费用。如果进行诉讼,需要的时间和精力将会更多,最终,域名也不一定能要回来。以致于很多企业都选择向已注册者直接赎买,于是手中握有域名的抢注者就可以坐收滚滚财源。还有的域名抢注者利用计算机软件自动注册已失效的域名,并将域名“停放”在门户网站上,建立链接和索引,通过采用“点击付费”的方式,注册人和停放服务商共享网络交通流量创造的收入。正如世界知识产权组织负责争议解决工作的副总干事弗朗西斯·加利所说:“别有用心的做法使域名系统变成了一个极具投机性的市场,域名已成为纯粹的商品,用于投机性营利。这些域名转手很快,而跟踪这些大量自动注册的情况十分困难,这对商标持有人追查域名流失带来挑战。”

(4) 打击竞争对手。既然域名可以作为企业在全球的唯一网络商标,那么抢占竞争对手的域名无疑能够极大打击对方的市场竞争力。早在2000年,广东一家专业生产陶瓷洁具用品的企业就在给自己注册域名后,将20多个主要竞争对手的名称或商标的域名也全部注册,并将他们的域名全部指向自己的产品主页,同时在各大搜索引擎上注册,在网上大规模推广。由此,用户如果希望在互联网上了解有关陶瓷洁具用品生产企业的资料,无论其访问该企业还是该企业的竞争对手,其结果都是访问同一个网站,了解同一个企业的产品。

(5) 域名注册管理体制有漏洞。目前世界各国的域名注册管理机构多为民间组织,缺乏域名注册的行政管理权;同时他们一般不负责商标注册和检索,对域名注册大多采取不审查政策,只在技术层面上加以规定,而且普遍采取“先到先得”的原则。这样主要是技术管理的域名注册机构,不可能负责相应知识产权的审查和保护责任。如果增加域名审查环节,域名注册流程就将如同商标注册一样繁琐，其效率和互联网发展速度不相匹配。当然这样的注册管理方式也使域名抢注成为可能。

(6) 企业域名观念不强，注册滞后。我国许多企业，特别是绝大部分传统行业的企业不了解域名的重要意义及其管理规则和注册方式，造成我国许多著名企业的名称和商标名称被国内外其他企业或个人抢先注册。据《泉州晚报》2006 年 6 月 2 日报道，由于支持中文域名的 IE7.0 浏览器发布在即，大量著名企业的中文域名被抢注，仅泉州市就有 70%以上的企业中文域名被抢注，其中不乏安踏、七匹狼、九牧王、恒安等著名品牌。即使是国外著名的互联网企业，在抢注风盛行之下也难逃一劫。2005 年 4 月 29 日，Google 以百万美元赎回了被抢注的“cn”域名“google.com.cn”和“google.cn”，创下了“cn”域名有交易历史以来的最高纪录。另外，域名有有效期限制，在有效期内须按期缴纳费用，否则就会被删除。域名注册费按年度缴纳，每次可缴纳一年或者数年的费用，超过有效期域名就失效了。有的企业不了解该管理规则，未能及时续费，为域名抢注留下了机会。

(7) 恶意抢注的界定不清晰。尽管 ICANN 的《统一域名争端解决规则》提出了恶意抢注的概念，人们也普遍反对恶意抢注的行为，但恶意抢注的概念界定不清晰也为域名投机者留下了可乘之机。

3. 国际域名抢注问题的解决方案

1992 年末，美国网络解决方案公司(NSI，Network Solution Incorporation)获得互联网络中不涉及军事用途的根域名服务器维护权与开放性通用顶级域名(.com、.net 与.org 3 类域名)的登记权，事实上就垄断了主要国际通用顶级域名的管理权。

在 NSI 制定和执行的《域名争端规则》(Domain Name Dispute Policy)中规定，若有争议的域名同某商标完全一致，而该商标持有人先前已合法注册，或依据美国以外国家或地区的法律已注册，则该商标持有人可以对该域名注册提出异议。商标持有人在书面方式通知域名注册人并向 NSI 提交商标已注册的证明文件后，便可要求启动 NSI 规则。若域名注册人无法提交其有争议域名的相应商标注册文件，且域名注册日确实在商标注册生效日之后，NSI 将冻结存有争议的域名，直至域名注册人和商标持有人的争端得以协商解决。

这一方案的不足主要在于：

(1) 尽管对与现实商标完全一致的域名抢注有所限制，但对于变形或故意误拼、混淆视听的域名抢注没有有效的约束；

(2) 争议双方在“冻结”期内都无法使用受争议的域名；

(3) NSI 规则是非司法性程序，缺乏强制力。实际域名争议的解决取决于当事人间的协商结果或诉诸法律后的法院判决结果。

1998 年 11 月，互联网络名称及编码公司(ICANN, Internet Corporation for Assigned Names and Numbers)正式成立，并与美国商务部及 NSI 于 1999 年 9 月签订了一揽子备忘录及协议，从 NSI 手里接管了域名主服务器的管理权。

ICANN 会同美国政府和世界知识产权组织(WIPO)征求对于域名系统的改革意见，最终制定了《统一域名争端解决规则》(UDRP, Uniform Domain Name Dispute Resolution Policy)。

UDRP 提供了强制性行政程序的统一争端解决程序。依据 UDRP，域名注册人在申请域名注册时要承诺，发生域名抢注争议时，愿意将争议提交经 ICANN 指定的行政性争端解决服务提供者，依据 UDRP 及其执行细则和争端解决者自身的域名抢注争端解决补充程序规则，进行处理。

UDRP 及其执行细则目前已成为通过非司法手段解决全球各类顶级域名抢注争议所依据的最重要规范性文件，并已通过平稳的运作，在国际社会中取得了良好反响。UDRP 的成功可以归结为以下 4 点：

(1)《统一域名争端解决规则》的域名争议仲裁程序简便、快捷、廉价。通过司法解决，时间和金钱上的耗费往往令争议双方难以忍受。而依据 UDRP 解决域名争议最长仅需 42 日，收取的最低争议解决费用仅为 750 美元。UDRP 及其执行细则简洁明了，明确规定了申请书与答辩书的格式、内容及相应制作要求，相应争端解决者在其网站主页上提供文书范本供当事人参阅，整套程序便捷。

(2) ICANN 引入行政性“争端解决者”，使 UDRP 能够有效协调跨国域名争议中可能发生的管辖权问题和适用法问题。

(3) 尽管争端解决者依据 UDRP 对域名争议的裁决并不具有终结性，但为法院裁决提供了十分重要的证据依据。依据 ICANN 已经公布的案件统计资料，当事人都尊重和接受争端解决者的裁决意见，极少缠讼。

(4) UDRP 中最具新意的部分是对恶意抢注的定义。原告要同时证明域名注册人属于恶意注册和恶意使用之后，才能获得胜诉。何谓“恶意”，UDRP 第 4 节 b 款规定：“域名注册人注册或使用域名是为了出售、出租或以其他方式转让该域名以获取不法收入；或在从事同类业务情况下，注册域名是为了阻止商标持有人利用对应域名反映其标记的目的；或注册域名主要是为了破坏某一竞争者业务的目的；或通过注册及使用域名，将其自有网站及其产品或服务在来源、主办关系、从属关系或批准关系等方面，同申请人的标记故意制造混淆，从而为牟取商业利益目的，将网络用户引诱到其自有网站。”

4. 国内域名注册的管理

1999年6月北京市第一中级人民法院审理石家庄某公司诉北京某公司的商标侵权案，应是我国首例域名抢注案。案中，原告于1997年3月获得小秘书（PDA，Personal Data Assistant）商标注册并从事电脑销售。被告于1998年10月注册了域名“pda. com. cn”，并通过网络推销其他厂家的电脑产品。当原告准备以该商标作为域名注册时，发现被告已注册在先，遂诉被告恶意抢注，侵犯其商标权，请求判令被告停用域名。被告认为域名已经合法注册，且PDA是计算机行业领域中的通用名称（个人数据助理，英文为Personal Digital Assistant），原告不应享有专有权。法院认为，原告商标不是驰名商标，也缺乏因被告使用域名而给消费者带来误认并导致经济损失的依据，被告行为不构成我国商标法规定的侵权行为。由于当时并无直接适用域名抢注的法律，该案以《商标法》和《反不正当竞争法》为法律依据，驳回原告诉讼请求。

该案引发了学者和法律工作者对域名抢注、如何使用《商标法》和《反不正当竞争法》的广泛探讨，甚至出现了两种完全不同的意见。理论界的代表性观点认为，擅用他人商标作为域名，可根据《商标法》第38条第1项“擅自在同种或类似的商品或服务上使用与注册商标相同或近似的商标属假冒商标的行为”的规定，认定该域名注册行为构成商标侵权。实务界的代表性观点则完全不同，将商标注册为域名并不在《商标法》规定的侵权范围之内，无论《商标法》第38条还是《实施细则》第41条，对商标侵权行为的规定均是列举式的，并非开放式的，因而排除了依法律明文规定认定侵权的可能。

域名抢注是否违法，首先应该区分“抢注”和“恶意抢注”的区别。同样是抢注行为，关键要看注册者是否有恶意，是否会引起混淆，能否对其域名作出合理解释。域名的注册规则是先注册、先拥有、先使用，抢注域名本身并不是非法行为。

我国2006年3月17日新修订施行的《中国互联网络信息中心域名争议解决办法》规定，抱有出售、出租目的注册互联网域名，不再是判断恶意的标准，而被投诉的域名持有人具有下列情形之一的，其行为构成恶意注册或者使用域名：一是注册或受让域名的目的是为了向作为民事权益所有人的投诉人或其竞争对手出售、出租或者以其他方式转让该域名；二是多次将他人享有合法权益的名称或者标志注册为自己的域名；三是注册或者受让域名是为了损害投诉人的声誉；四是其他恶意的情形。如此明确界定了“恶意抢注”的范畴。

新修订的办法还特别规定，非商标所有人照样可享有相关域名的所有权，即是否拥有商标不能成为简单衡量域名归属的标准，被投诉人虽未获得相应商标或有关服务商标，但所持有的域名已经获得一定的知名度，便可以享有合法的域名权。这条法规保护了域名注册者的权益，保护了域名注册者的积极性；同时也提醒企业要注意保护好自己的商标和域名。

新办法还首次限定了域名争议受理的时效，即所争议的域名注册期限满两年的，域名争议解决机构将不予受理相关争议申请，以保护域名注册人权利的稳定性。

3.3.3 根服务器

互联网上的域名服务器系统是按照域名的层次来安排的。每一个域名服务器只对整个域名体系中的一部分进行管辖。域名系统中最顶级的域名服务器为根服务器。

根服务器是管辖顶级域名的域名服务器。根服务器并不直接对顶级域下面所属的所有的域名进行转换，但根服务器一定能够找到下面的所有管理二级域名的域名服务器。

根服务器通常有3类：主服务器、从服务器和镜像服务器。主服务器负责维护根区文件，并且定期向从服务器下发该根区文件。镜像服务器是从服务器的镜像。通常这些分布在各地的从服务器和镜像服务器配置成为一个IPv4的组播组或一个IPv6的任播组，这样用户便可以就近获得域名系统的解析服务，从而提高域名解析的性能。另外，通过这种组播或任播技术，可在一定程度上避免网络单点故障，以提高网络的可靠性。

由于历史原因，美国一直保持着对互联网域名及根服务器的控制。处于全球互联网最顶端的有13台域名根服务器，均由互联网名称与数字地址分配机构统一管理。其中1个主根服务器，在美国弗吉尼亚州；其余12个为辅根服务器，9个在美国，2个在欧洲的英国和瑞典，1个在亚洲的日本。

主服务器上的根区文件是由IANA(ICANN)提供，并由美国商务部批准，一旦存入主服务器，便会自动复制到其他全部根服务器上。因此，从理论上讲，存在美国政府单方面修改域名系统的可能性；或者说，美国掌握着全世界互联网域名的分配大权，也就是掌握着互联网的生杀大权。只要美国通过技术手段删去某一个他认为的"非友好国家"的国家域名，该国家就会成为"网络孤岛"，与世隔绝。

2005年7月1日，美国政府宣布，美国商务部将无限期保留对13台域名根服务器的监控权。2006年8月，ICANN宣布，已经同美国商务部达成新的协议，美国政府对ICANN的控制权将维持到2011年。该协议再次引发了国际社会对于互联网控制权的争论。一些发展中国家认为，互联网已经成为全球经济的一部分，不应当由美国一个国家来控制。ICANN总裁保罗·特沃尼表示："同美国政府签署的新协议确定了ICANN在互联网管理方面独一无二的地位，意味着ICANN未来将继续负责重要的互联网功能。”这一协议再次表明了美国政府继续保留互联网控制权的强硬立场。

互联网到底应该由美国一家管理，还是由世界各国共同管理？这是互联网国际治理中需要讨论的重要问题。很多国家呼吁制定“根协定”，改由国际社会负责监管根服务器，或者至少授权各国自己管理本国域名。

鉴于我国互联网用户的迅速增加，有必要在我国自行设置根服务器。2006年12月，我国设立了自己的根域名镜像服务器，从此我国网民访问“com”和“net”网站时，域名将不再经由境外域名服务器解析，提高了访问的安全性。中国互联网中心还专门设置了多台域名服务器，专门用于我国国家顶级域名“cn”下的行政、科研及国防网站的域名解析。

3.4 Web标准

TCP/IP提供了互联网传输层和网络层的标准，而Web标准则是互联网应用层的标准。Web标准不是一个标准，而是一系列标准的组合。

建立互联网网页要涉及3个方面，即结构、表现和行为。对应有3方面标准，即结构化标准语言、表现标准语言和行为标准。结构化标准语言主要指可扩展标识语言XHTML①(the eXtensible HyperText Markup Language)和扩展标记语言XML②(eXtensible Markup Language)；表现标准语言如CSS③；行为标准主要包括对象模型，如W3C DOM④、ECMAScript等。

---

① HTML是Web的重要基础之一。所有互联网上显示的信息内容必须首先应用HTML。HTML一直在不断升级。W3C于1997年12月推出首个版本，1999年12月推出4.01版，2000年1月推出XHTML 1.0版。XHTML是对HTML4.01版的扩展，在其中可以使用XML的语义功能。2001年5月推出XHTML的模块化版本1.1版。

② 1998年2月发布的XML1.0是W3C最具前瞻性和最有影响的标准之一。XML作为下一代Web的第一块重要基石，为分布式的、异构的数据交换提供了强大的功能，并将数据本身和数据的表现分离，同时将数据的值和语义也适当分离。XML已经发展为一族技术，包括2001年5月发布的XML Schema、1999年1月发布的XML Namespaces、1999年11月发布的用于处理XML转换的XSLT和用于在XML文档中定位的XPath，以及2001年6月发布的XLink和XML Base等。此外，XML的出现为程序能够自动地处理Web数据和信息，以及Web服务提供了公共基础。

③ CSS负责为网页设计人员提供丰富的款式空间来设计网页。CSS所提供的网页结构内容与表现形式的分离机制，大大简化了网站的管理，提高了开发网站的工作效率。CSS可用于控制任何HTML和XML内容的表现形式。CSS1.0于1996年12月推出，1998年5月CSS2.0发布。

④ DOM为HTML、XML等数据载体和信息载体在内存中的处理提供了一种基本的对象模型，可提供连接到文件的结构、格式、事件等。由于不依赖于任何程序设计语言和网页描述语言，它为有效处理HTML和XML数据提供了一种标准的、独立的接口。DOM先后经历了3个版本，分别是1998年10月发布的DOM Level 1、2000年11月发布的DOM Level 2和2003年发布的DOM Level 3。

Web标准大部分由万维网联盟W3C起草和发布,也包括部分其他标准组织制定的标准。目前,Web标准的网页已经成为网页设计的主流。

2003年以前互联网依据的是Web1.0版本,2003年以后开始探索Web2.0版本(参见表3-2),目前还缺乏Web2.0的统一定义。2004年国际Web2.0大会提出:"Web将成为一个平台。"Wiki百科全书说,"Web2.0是对于感知到的World Wide Web正在进行的变化:WWW从网站的集合转变为向终端用户提供Web应用的计算平台的统称"。尽管还难以说清Web2.0是什么,但可以说哪些是Web2.0。有人如此总结:Web2.0是在现有网站的基础上,增加了博客Blog[①]、关键词标记Tag[②]、社会化网络SNS[③]、简易供稿RSS[④]、维客系统Wiki[⑤]等应用,依据六度分割、XML、AJAX等新理论和技术实现的互联网的新一代模式。目前Web2.0的一个典型应用就是博客,它可以提供用户良好的互动平台。

目前很多大型网站已经采用Web2.0概念重构自己的网站,可以大大减少浏览访问对服务器的负担。

---

① Blog或Weblog,中文称网志或部落格,或者称为博客,是网上一个共享空间,以日记的形式在网络上发表自己的个人内容的一种形式。

② Tag也可以说是一种关键词标记,利于搜索查找。Tag可以将文章中根本没有的关键词作为Tag来标记,便于查找。

③ 社会化网络软件(SNS,Social Networking Service)是Web 2.0体系下的一个技术应用架构。SNS基于六度分隔理论运作,这个理论的通俗解释是:"在人脉网络中,要结识任何一位陌生的朋友,中间最多只要通过6个朋友就可以达到目的。"放在Web 2.0的背景下,每个用户都拥有自己的Blog、自己维护的Wiki、社会化书签或者Podcast。用户通过Tag、RSS或者IM、邮件等方式连接到一起,"按照六度分隔理论,每个个体的社交圈都不断放大,最后成为一个大型网络,这就是社会化网络(SNS)"。

④ RSS为Really Simple Syndication(简易供稿)的缩写,是某一站点用来和其他站点之间共享内容的一种简易方式,也叫聚合内容。RSS的原意是把网站内容如标题、链接、部分内文甚至全文转换为可延伸标示语言(XML,eXtensible Markup Language)的格式,以向其他网站供稿,使用者可以用一般的浏览器观看,也可以用特殊的"阅读器"软件来阅读。网络用户可以在客户端借助于支持RSS的新闻聚合工具软件(如SharpReader NewzCrawler、FeedDemon RSSReader),在不打开网站内容页面的情况下阅读支持RSS输出的网站内容。网站提供RSS输出,有利于让用户发现网站内容的更新。在高速高质高效成为主流呼声的互联网时代,RSS无疑推动了网上信息的传播,提出了另一种看世界的方式。

⑤ Wiki一词源自夏威夷语"wee kee wee kee"("快点快点")。Wiki是一个开放的系统,人们可以任意选择匿名或实名方式编辑或添加内容。Wiki系统是一种超文本系统,人们可以在Web的基础上对Wiki文本进行浏览、创建、更改,而且这种创建、更改及发布的代价远比HTML文本小;维客系统还支持那些面向社群的协作式写作,所以,Wiki的写作者自然构成了一个社群,Wiki系统为网络社群提供了简单的交流工具。与其他超文本系统相比,Wiki有使用简便且开放的优点,所以Wiki系统可以帮助人们在一个社群内共享某个领域的知识。

表 3-2 Web1.0 与 Web2.0 的对比

	Web1.0（1993—2003 年）	Web2.0（2003 年至今）
功能	通过浏览器浏览网页	网页及通过 Web 分享的其他内容，更为生动，更像是有应用功能，而不仅仅是一个网页
模式	读	写与共享
主要内容单元	网页	发表/记录的信息
形态	静态	动态
浏览方式	互联网浏览器	各类浏览器、ISS 阅读器、其他
体系结构	Client Server	Web Services
内容建立者	程序员	人人
应用领域	初级的“滑稽”运用	大量的成熟运用

我国已经成为 Web 用户增长最快的国家，为此，最近两年 W3C 高层人物相继出访我国，进行广泛交流，并在香港特别行政区设立了办事处；我国研究人员也对 W3C 的草案工作投入了极大关注。

讲到 Web 标准，就不能不提 W3C 联盟。1994 年 10 月，后被称为 Web 之父的 Tim Berners-Lee 敏锐地意识到，互联网不应该是科研和高等教育机构少数人专用的网络，而应该是提供给全社会使用的公共信息资源平台；而要达到这个目标，就必须规范相关技术标准，以指导软件产业对相关技术进行开发、普及和推广。为此，Tim Berners-Lee 联合 CERN、DARPA 和欧盟倡导并组织成立了万维网联盟 W3C(World Wide Web Consortium)。

W3C 最初设于 Tim Berners-Lee 供职的美国麻省理工学院计算机实验室，随后吸收了大量志同道合者，开设了多家研究中心和相关办事机构。目前，W3C 全球会员机构已经超过 450 家，并与其他国际标准化组织建立了广泛的合作关系。

W3C 最初开发 Web 技术标准有以下 7 点宗旨。

(1) 推进 Web 普及。希望未来任何人，应用任何设备，在任何地点和任何时间，都可以方便地使用 Web 和 Web 上的合法资源。

(2) 解决语义网络问题。不仅要使人能够阅读和理解 Web 上的信息，同样计算机和其他硬件设备也能理解并处理 Web 上的信息。

(3) 互联网应该是可信任的网络。Web 上的信息应该有安全保证。

(4) 组织协同工作。W3C 应该是一个中立的技术组织，应鼓励开放式讨论，以形成共识和统一规范的技术标准。

(5) 可持续发展。所有设计都应该遵循简易性、可调节性、兼容性和可扩展性。

(6) 权利分散。W3C 的工作应该分散处理，以避免人为和客观上造成的瓶颈和技术失衡。

(7) 支持多媒体。多媒体信息处理领域内的规范是 W3C 的一个重要研究方向。

W3C 还提出了更为长远的目标：

(1) 建立一个普遍的、全社会易于使用的公共网络环境；

(2) Web 上的语义可管理和正确使用；

(3) Web 是安全、可信的。

到目前为止，W3C 已有工作成果和工作框架如图 3-6 所示。已开发的规范中，包括人们现已熟悉的超文本链接标示语言(HTML，HyperText Markup Language)、超文本传输协议(HTTP，HyperText Transfer Protocol)、统一资源定位符(URL，Uniform Resource Locator)、扩展标记语言(XML，eXtensible Markup Language)等，以及针对语义的资源描述框架(RDF，Resource Description Framework)和网络本体语言(OWL，Web Ontology Language)等。

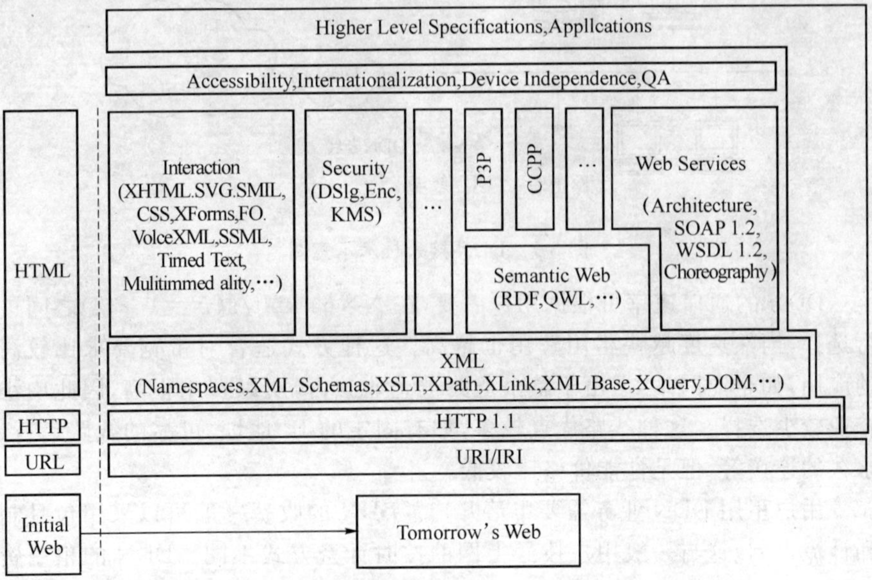

图 3-6　W3C 工作框架及已有工作成果

3.5 互联网接入技术

3.5.1 有线接入技术

有线接入技术，通常也统称为“固定接入技术”，是指从网络交换节点到用户驻地网或用户终端之间，全部采用有线接入互联网的相关技术，具体包括以下几种。

1. DDN专线接入

DDN是英文Digital Data Network的缩写。DDN的主干网传输介质有光纤、数字微波、卫星信道等，用户端多使用普通电缆和双绞线。DDN将数字通信技术、计算机技术、光纤通信技术以及数字交叉连接技术有机地结合在一起，提供了高速度、高质量的通信环境，可以向用户提供点对点、点对多点透明传输的数据专线出租电路，如图3-7所示。

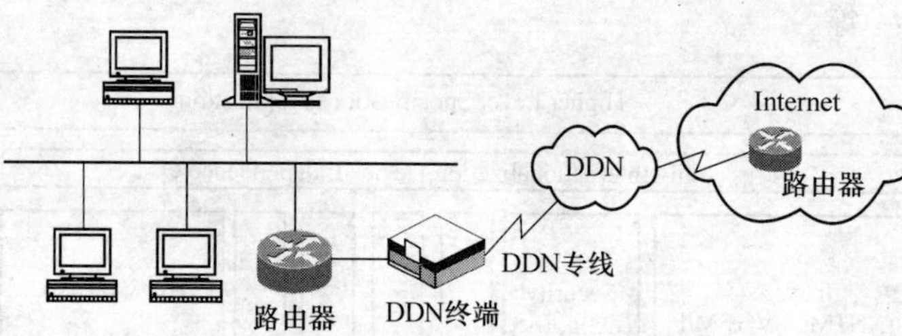

图3-7 DDN接入技术示意图

DDN的通信速率可根据用户需要，在$N \times 64$ kbit/s($N=1 \sim 32$)之间进行选择，当然速度越快租用费用也越高。这种方式适合对带宽要求比较高的应用，如企业网站，但由于整个链路被企业独占，所以费用很高，因此中小企业较少选择。这种线路优点较多，如有固定的IP地址、可靠的线路运行、永久的连接等，但是性能价格比较低。

用户租用DDN业务需要申请开户。DDN的收费一般可以采用包月制和计流量制，这与一般用户拨号上网的按时计费方式不同。DDN的租用费较贵，普通个人用户负担不起，DDN主要面向集团公司等需要综合运用的单位。我国DDN网络建设起步于1994年，目前仍是我国提供数据服务的重要形式之一。

2. xDSL接入

数字用户线技术(DSL，Digital Subscriber Line)是以普通市话电缆作为传输介质，在不影响原有话音业务的情况下，为用户提供高达数十兆比特每秒的宽带互联网接入技术,这使得传统电信运营商可以充分利用现有市话网中大量的铜缆线路资源。目前,DSL 技术包括 ADSL、VDSL 等多种接入方式。

(1) 非对称数字用户环路

非对称数字用户环路(ADSL,Asymmetrical Digital Subscriber Line)是一种能够通过普通电话线提供宽带数据业务的技术,也是目前广泛使用的一种接入技术,如图 3-8 所示。

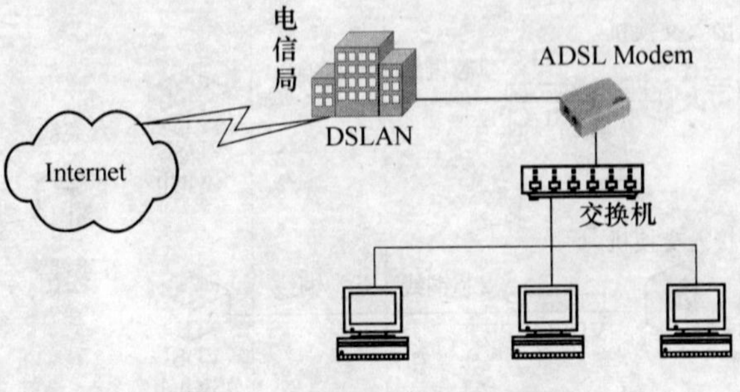

图 3-8　ADSL 接入技术示意图

ADSL 方案的最大特点是可以直接利用原有的普通铜质电话线路作为传输介质,配上专用的调制解调器便可实现数据高速数据传输。ADSL 支持上行速率 640 kbit/s～1 Mbit/s,下行速率为 1～8 Mbit/s。通过 ADSL 接入方式,每个用户都有独自的线路与 ADSL 局端相连,形成一种星形结构。每个用户独享各自的数据传输带宽。

(2) 甚高速数字用户环路

甚高速数字用户环路(VDSL,Very-high-bit-rate Digital Subscriber Loop)是比 ADSL 速率更快的宽带接入方式。使用 VDSL,短距离内的最大下传速率可达 55 Mbit/s,上传速率可达 19.2 Mbit/s。但 VDSL 技术仍还需要进一步完善。

目前有一种基于以太网方式的 VDSL 接入技术,使用 QAM 调制方式,通过铜线传输介质,在 1.5 km 范围内可达到双向对称 10 Mbit/s 传输。如果这种技术用于社区接入,可大大降低成本。这种基于以太网的 VDSL 接入方式,如图 3-9 所示,机房端需增加 VDSL 交换机,用户端放置用户终端设备(CPE),二者之间通过室外五类线连接。一栋楼放置一个 CPE,连接室内的综合布线系统,可以节省接入设备和提高端口利用率。

(3) 其他 DSL 技术

① 高速率数字用户环路(HDSL,High-data-rate Digital Subscriber

Line)是一种对称的高速数字用户环路技术,上行和下行速率相等,采用回波抑制、自适应滤波和高速数字处理技术,一般采用两对电话线进行全双工通信。HDSL 无中继传输距离为 3～5 km。每对电话线传输速率为1 168 kbit/s,两对线传输速率可达到 T1/E1(1.544 Mbit/s /2.048 Mbit/s)。其典型的应用是代替光缆连接远程办公室或办公楼,为企事业网络用户提供低成本的 E1 通路。

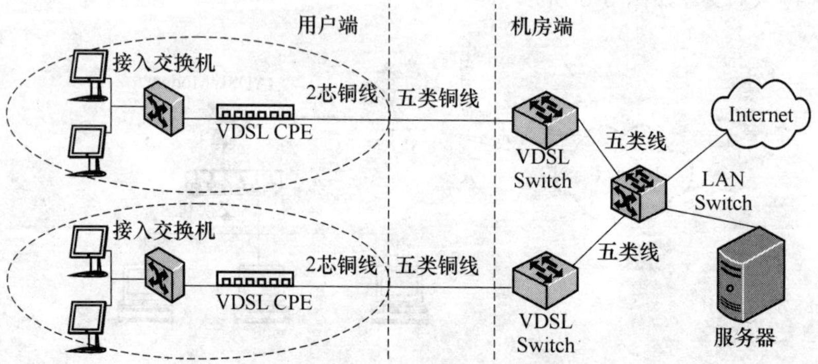

图 3-9 基于以太网的 VDSL

② 速率自适应数字用户线路(RADSL,Rate Adaptive DSL)是 ADSL 的一种变型。工作开始时,调制解调器先测试线路,把工作速率调到线路所能处理的最高速率。这是一种以信号质量为基础,调整速度的 ADSL 版本。

③ 以太数字用户环路(EDSL,Ethernet Digital Subscriber Line)利用 DSL 技术的基本概念,利用电话铜线频带的 30 kHz～3 MHz 部分,将其分割为 12 个小频段,其中最小模拟频带带宽为 62.5 kHz,最大模拟频带带宽为 1.667 MHz。根据线路状况,EDSL 用智能频谱管理技术采用其中某一段频谱,以避开其他用户环路产生的干扰,同时也避免影响其他用户环路。其调制方式采用 QPSK 或 QAM,其最大传输距离约 8 km,最高速率为 10 Mbit/s,未来预计可以达到100 Mbit/s。与 ADSL 产品相比,EDSL 没有 ATM 与 IP 之间的转换,直接采用 IP 端到端设计,因此传输效率大大提高,同时网络结构更加简洁,被称为下一代 DSL 技术。

④ 消费者数字用户环路(CDSL,Consumer Digital Subscriber Line)是由 Rockwell 所制定的一种不需要语音分离器的 DSL 技术。其速度比 ADSL 慢,最高有 1 Mbit/s 的下载速度和 16～128 kbit/s 的上传速率。其优势在于用户端不需要安装分离器,方便用户安装和技术实现。

⑤ UDSL 是欧洲一家公司提出的一项建议,它是 HDSL 的单向版本。

由于今后的DSL宽带网络将是ADSL、ADSL2/2＋、VDSL等并存，很好地兼容这些技术将对运营成本和建设成本的降低至关重要，UDSL就是出于这种要求而问世的。它是一项新型DSL技术。这一技术通过一条DSL线路，支持吞吐量总计为200 Mbit/s的超高速速率。该DSL线路可用于提供100 Mbit/s的对称或非对称服务，并同时与所有基于当前ADSL与VDSL的离散多频音(DMT)标准保持向后兼容性。

3. 线缆调制解调器接入技术

线缆调制解调器(Cable Modem)是利用现成的有线电视网进行数据传输，如图3-10所示。因为目前大多数有线电视网采用的还是模拟传输协议，因此需用调制解调器协助完成数字数据的转化。调制解调器将数据调制后通过电缆传输，接收端再进行解调。

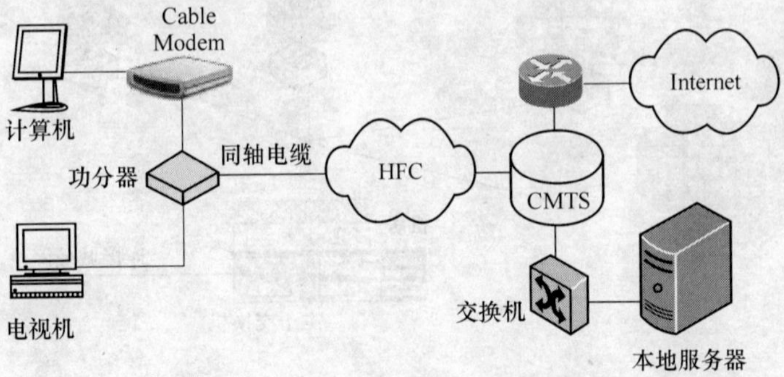

图3-10　Cable Modem接入技术示意图

Cable Modem连接方式可分为两种：对称速率型和非对称速率型。前者的数据上传速率和下传速率相同，都为500 kbit/s～2 Mbit/s；后者的数据上传速率为500 kbit/s～10 Mbit/s，数据下载速率为2～40 Mbit/s。

这种方式的缺点在于其相对落后的总线型网络结构，网络用户要共同分享有限带宽；另外购买Cable Modem的费用和初装费也都不便宜，但毕竟有线电视网非常普及，用户众多。

4. 局域网LAN接入技术

从功能而言，LAN是一组物理地址彼此相隔不远的台式计算机和相关设备，为了方便用户之间相互通信和共享如打印机和存储设备之类的资源，而用线路互连在一起的系统。这种定义适用于办公环境下的局域网、工厂和研究机构中使用的局域网。从技术而言，LAN被定义为，由特定类型的传输媒体(如电缆、光缆和无线媒体)和网络适配器(网卡)互连在一起的计算机,并受网络操作系统监控的网络系统。

局域网名字本身就隐含了这一接入技术在网络地理范围上的局域性,但是 LAN 通常要比广域网(WAN)具有更高的传输速率,例如目前标准以太网的传输速率是 10 Mbit/s,快速以太网可达 100 Mbit/s;而广域网主干线速率国内目前仅为 64 kbit/s～2.048 Mbit/s。

目前社区 LAN 方式是利用以太网技术,从社区机房敷设光缆至住户单元楼,楼内采用五类双绞线敷设至用户家,双绞线总长度一般不超过 100 m;而社区机房出口是通过光缆或其他介质接入城域网,如图 3-11 所示。采用 LAN 方式接入可为居民提供 10 M 以上的共享带宽,并可根据用户的需求升级。

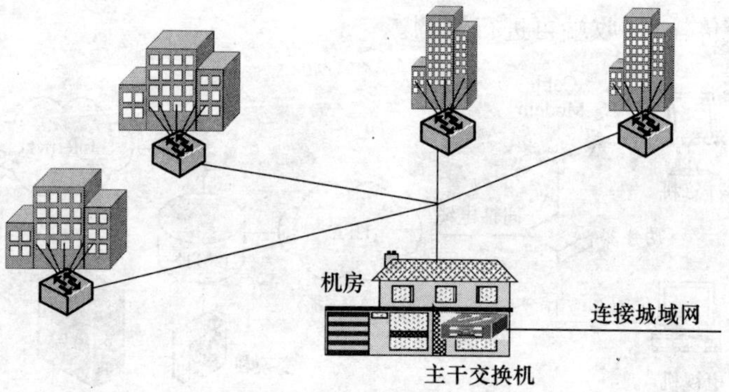

图 3-11　LAN 接入技术示意图

3.5.2　无线接入技术

无线接入是指从网络交换节点到用户驻地网/用户终端全部采用无线技术手段接入,具体可分为固定无线接入和移动无线接入。

(1) 固定无线接入技术(Wireless Access Technology)。接入终端主要是台式电脑或笔记本电脑。终端可以在有限的范围内(如办公室、会议室、家中等),以有限的速度进行移动,无须刻意的移动控制和基站越区切换等相关移动接入技术。固定无线接入技术传输距离较近,带宽较大,传输速率较快。目前主要由固网运营商提供服务。

(2) 移动无线接入技术(Mobile Access Technology)。主要以手机或笔记本电脑为终端,传输距离较远,能够支持高速移动状态下的接入。移动无线接入需要移动控制和越区切换功能,可以支持大范围的漫游服务。目前主要由移动通信运营商提供服务。

需要说明的是,这两类无线接入技术对于传输距离、带宽及终端移动性的功能标准并非严格界定。固定无线接入技术在向长距离、高速移动的方向发展，而移动无线接入技术也在向宽带化方向发展。2007 年 10 月，一度被认为是固定无线接入技术的 WiMAX 被列入移动通信的 3G 标准。另外，兼具高带宽和高速移动性特征的移动宽带无线接入（MBWA，Mobile Broadband Wireless Access）技术正在加速研究。

1. WLAN 技术

WLAN 是目前在全球重点应用的宽带无线接入技术之一。IEEE 于 1990 年 11 月成立无线局域网标准委员会，并于 1997 年 6 月制定了全球第一个无线局域网标准 IEEE802.11。目前市场上特别是国内一些主流的产品都是基于 IEEE802.11 标准，工作在 2.4 GHz ISM 频段（2.402～2.480 GHz，共 79 个信道，间隔为 1 MHz）。标准中有跳频和直扩两种工作方式。跳频方式速率较低在 2 Mbit/s 左右，但抗干扰能力较强，并可通过多个系统、采用不同跳频序列实现同址复用以增加容量。直扩方式可实现较高吞吐速率，但抗干扰性能较差，且多套系统同址使用受到限制。

目前已获批准 4 个涉及物理层的标准：802.11、802.11a、802.11b 和 802.11g。后 3 个标准是 802.11 的升级，其中 802.11b 是全球 WLAN 设备市场的主流，而 802.11a 和 802.11g 设备的市场份额也在逐步增加。

除上述物理层标准外，IEEE 还根据 WLAN 的应用需求，提出了针对安全、QoS 和提高速率等方面的标准，如 802.11c、802.11d、802.11e、802.11f、802.11h、802.11i 等。欧洲通信标准协会（ETSI）也制定了 WLAN 领域的标准 HiperLAN1/HiperLAN2。HiperLAN1 与 802.11b 整体上相当，HiperLAN2 则是 HiperLAN1 的第 2 版本，对应于 IEEE 的 802.11a。2004 年 6 月，IEEE 又批准了两个新标准：802.11e 和 802.11i。

WLAN 在应用方面比较成熟，但需求的增加也引发了一些新的研究热点。例如，将移动电话和 WLAN 相结合，以方便用户在移动网络和 WLAN 网络之间的无缝切换；提高传输速率，研制 100 Mbit/s 以上传输速率的 WLAN 产品；增强移动性，努力寻求通过 WLAN 实现更高的移动性。

2. 超宽带技术

超宽带（UWB，Ultra WideBand）技术是一种无载波通信技术，利用纳秒至微微秒级的非正弦波窄脉冲传输数据。有人称它为无线电领域的一次革命性进展，将成为未来短距离无线通信的主流技术。

除了超过 1 G 的惊人带宽和数百兆比特每秒至 1 吉比特每秒的超高传输速率，UWB 的突出特点是其无载波传输方式。它不像传统的无线电载波传送信号方式，而是以基带传输，通过发送脉冲信号传送声音和图像数据，每秒可发送多至10亿个代表“0”和“1”的脉冲信号。这些脉冲信号的时域极窄(0.1～1.5 ns),而频域极宽(数赫兹到数吉赫兹,可超过10 GHz),其中的低频部分可以实现穿墙通信。UWB脉冲信号的发射功率十分低,仅相当于一些背景噪声,不会对其他窄带信号产生任何干扰。由于UWB系统发射功率谱密度低,因而被截获概率和被检测概率都很低,有较好的电磁兼容性和频谱利用率。传统无线通信需要连续发出载波,消耗不少电能;而UWB只是在需要时发出脉冲电波,因而大大减少耗电量。

3. WCDMA

WCDMA(宽带码分多址)是国际电信联盟标准,是从CDMA(码分多址)演变而来、基于GSM MAP核心网、UTRAN(UMTS陆地无线接入网)为无线接口的第三代移动通信系统,能够为移动和手提无线设备提供更高的数据传输速率。目前的WCDMA有Release 99、Release 4、Release 5、Release 6等版本。WCDMA采用直接序列扩频码分多址(DS-CDMA)、频分双工(FDD)方式,基于Release 99/ Release 4版本,载波带宽为5 MHz,可提供最高384 kbit/s的用户数据传输速率。WCDMA能够支持语音、图像、数据以及视频通信,速率可达2 Mbit/s(对于局域网而言)或者384 kbit/s(对于宽带网而言)。

高速下行链路分组接入(HSDPA, High Speed Downlink Package Access)技术是WCDMA Release 99的强化版本,可大大加强下行链路传输的能力,提供的最大数据传输速率达到10 Mbit/s,实际平均速率为4～8 Mbit/s。HSDPA的目标是提供更高的数据速率和一致的QoS(服务质量)。

4. CDMA2000

作为3G移动通信标准之一的CDMA2000,发展分两个阶段:其一是CDMA2000 1xEV-DO(Data Only),采用话音分离的信道传输数据,美国高通公司提出的HDR(High Data Rate)已成为该阶段的技术标准,平均速率为650 kbit/s,峰值速率可以达到2.4 Mbit/s;其二是CDMA2000 1xEV-DV (Date and Voice),即数据信道与话音信道合一,这是一种针对分组数据业务进行优化高频谱利用的CDMA技术,可在1.25 MHz带宽内提供峰值速率达到2.4 Mbit/s的高速数据传输服务。

CDMA20001xEV-DO是CDMA系列的演进技术,目前正式发布的有O版本、A版本和B版本,C版本正在技术征集。CDMA1xEV-DO系列标准后向兼容,发展重点在于提升数据速率、提高服务质量、增强业务能力。

5. TD-SCDMA

时分同步的码分多址技术(TD-SCDMA, Time Division-Synchronous

Code Division Multiple Access)是第一个由中国提出的第三代移动通信标准，以我国知识产权为主，被国际上广泛接受和认可。

TD-SCDMA 的无线传输方案灵活地综合了 FDMA、TDMA 和 CDMA 等基本传输方法，其关键技术包括智能天线技术、联检监测技术、同步技术、动态信道分配技术、软切换技术、无线网络技术、功率控制技术、软件无线电技术、信道估计与补偿技术等，在提高传输容量、改善系统性能、消除干扰等方面表现非凡。TD-SCDMA 通过最佳自适应资源分配和最佳频谱效率，可支持速率为 8 kbit/s～2 Mbit/s 的语音、数据信号传输。

TD-SCDMA 终端的移动速度最高可允许 240 km/h；基站覆盖半径 15 km以内时的频谱利用率和系统容量最佳，在用户量不是很大的区域内，基站最大覆盖可达 30 km。

6. WiMAX

2007 年 10 月 19 日，国际电信联盟（ITU）在日内瓦举行无线通信全体会议，与会国家通过投票正式通过，无线宽带技术 WiMAX 成为 3G 标准。

微波存取全球互通（WiMAX，Worldwide Interoperability for Microwave Access）技术是目前国际上极具影响力的宽带无线接入技术。该技术基于 IEEE802.16 标准，包括 IEEE802.16d(2004)和 IEEE802.16e(2005)两个空中接口规范：前者是固定宽带无线接入系统空中接口规范（频段在 10～66 GHz），于 2004 年通过，不支持移动环境；后者是固定和移动宽带无线接入系统空中接口规范（频段＜6 GHz），于 2005 年通过，支持便携和移动环境，移动速度可以达到 120 km/h。

英特尔公司是 WiMAX 技术的鼎力支持者。2006 年 7 月，英特尔与摩托罗拉公司联合注资 9 亿美元，以推动 WiMAX 无线宽带技术的发展。同年 10 月，英特尔发布支持移动网络的第一代 WiMAX 芯片——LSI WiMAX Connection 2250，并宣布立即进入批量生产阶段。美国、英国、法国、德国、俄罗斯等国家的一些电信运营商也都提出或正在实施 WiMAX 计划。美国五大移动通信运营商之一的 Sprint Nextel 就斥资 30 亿美元，计划 2007 年年底开始运营 WiMAX 服务，到 2008 年年底，覆盖美国 100 个城市的 85％区域，并拥有 1 亿用户。

4 骨干互联网和互联互通

4.1 我国骨干互联网和互联互通

我国的互联网骨干网通常指互联网中跨省、跨城市连接起来的网络部分，一般都是广域网，作用范围在几十千米到几千千米。骨干网经国家批准可以直接和国外互联网相连接。骨干网通常要描述清楚其网络拓扑结构，而不是具体的传输方式或协议。

目前我国拥有十大骨干网，具体如下。

(1) 中国公用计算机互联网(CHINANET)，由中国电信集团公司运营，始建于1994年，最初只有北京、上海两个网络节点，其间用2 M带宽线路相连。2003年优化整合后，网络结构调整为骨干网和城域网两级，骨干网覆盖约300个节点，路由器约800台。

(2) 宽带中国CHINA169网，由中国网络通信集团公司运营。2003年，中国电信集团公司实施拆分后，以原中国电信集团公司的CHINANET北方十省的互联网络为基础，经过大规模扩建，中国网络通信集团公司正式推出了宽带中国CHINA169互联网骨干网。

(3) 中国联通计算机互联网(UNINET)，由中国联合通信有限公司运营，始建于1999年4月，开通于2000年7月，是中国联通公用计算机互联网的网络名称，是经国务院批准可直接进行国际联网的经营性网络，其上网接入号码为165，面向全国公众提供互联网络服务。

(4) 中国移动互联网(CMNET，ChinaMobile NET)，由中国移动通信集团公司运营。2000年1月，经国务院同意，原信息产业部批准中国移动作为我国计算机互联网络的国际互联单位，由此中国移动组建了我国又一个独立的公用计算机互联网平台——中国移动互联网。中国移动互联网是一个全国性、独享国际出口带宽、以移动光纤传输骨干网为传输平台的互联网基础网络。

(5) 中国教育和科研计算机网(CERNET),是由国家投资建设,教育部负责管理,清华大学、北京大学、北京邮电大学等高等学校承担建设和管理运行的全国性学术计算机互联网络,成立于1995年11月,主要面向教育和科研单位,是全国最大的公益性互联网络。

(6) 中国科技网(CSTNET),是在北京中关村地区教育与科研示范网和中国科学院计算机网络的基础上建设和发展起来,覆盖全国范围的大型计算机网络;是我国最早建设并获国家承认的,具有国际信道出口的中国互联网络之一。中国科技网始建于1989年,于1994年4月首次实现了我国与国际互联网络的直接连接,同时在国内开始管理和运行中国顶级域名"cn"。中国科技网为非盈利的公益性网络,也是国家知识创新工程的基础设施,主要为科技界、科技管理部门、政府部门和高新技术企业服务。中国科学院计算机网络信息中心经国家主管部门授权,管理和运行中国互联网络信息中心,向全国提供网络域名注册服务。

(7) 中国国际经济贸易互联网(CIETNET),是经国务院批准,信息产业部2000年1月正式下文,中国国际电子商务中心成为中国计算机网络国际联网的互联单位负责组建的。该网主要向企业用户、特别是为中小企业提供网络专线接入和安全的电子商务解决方案,同时提供虚拟专网和数据中心业务。

(8) 中国长城网(CGWNET),建于2000年1月,属公益性互联网络,是我国军队唯一的专用互联网络。

(9) 中国铁通集团互联网(CTTNET),由中国铁通集团有限公司运营,建于2000年12月。

(10) 中国卫星集团互联网(CSNET),由中国卫星通信集团公司运营,建于2000年10月。

为了保证我国互联网与国际互联网的连接,我国先后启用了多个国际光缆系统,已经建成并投入使用的有中日、中韩、环球海底光缆系统、亚欧陆地光缆系统、亚太2号海底光缆、中美海底光缆、亚欧海底光缆等。我国上述互联网骨干网的国际出口带宽如表4-1所示。中美之间首条海底高速直达光缆也将在2008年完成,将可支持中美之间同时拨打6 200万个电话,是中美之间重要的沟通要道。

表 4-1　我国主要互联网骨干网出口带宽

骨干网	国际出口带宽数/Mbit·s^{-1}
中国公用计算机互联网(CHINANET)	155 705
宽带中国 CHINA169 网	122 066
中国科技网(CSTNET)	17 710
中国教育和科研计算机网(CERNET)	4 796
中国移动互联网(CMNET)	8 260
中国联通互联网(UNINET)	3 807
中国国际经济贸易互联网(CIETNET)	2
合计	312 346

数据来源:2007 年 7 月《中国互联网络发展状况统计报告》。

与传统的电信网一样,互联网也具有全程全网特征。覆盖不同区域的互联网运营商必须互相连接,才能为用户提供跨区域、跨国界的信息传输服务。

2001 年 5 月 10 日信息产业部公布了《公用电信网间互联管理规定》,明确了网间互联互通的定义:网间互联互通是指建立电信网间的有效通信连接,以使一个电信业务经营者的用户能够与另一个电信业务经营者的用户相互通信或者能够使用另一个电信业务经营者的各种电信业务。互联包括两个电信网网间直接相联实施业务互通的方式,以及两个电信网通过第三方的网络转接实现业务互通的方式。文件同时指出:上述定义同样适用于骨干互联网。

骨干互联网之间只有通过网络互联互通,才能为用户建立四通八达的信息传递线路。互联网用户不但包括接受互联网服务的终端用户——企业和个人,也包括提供其他各种互联网服务的互联网服务提供商(SP)。下游 SP 企业通常要向上游互联网骨干网运营商购买转接服务,而实现与其他互联网和终端用户的通信。

按照 2001 年 10 月 8 日信息产业部发布的《互联网骨干网间互联管理暂行规定》,互联网骨干网间可通过交换中心或直接电路两种方式实现互联,通过交换中心互联可实现多边对等互通和双边互通,通过直接电路互联可实现双边互通。

对等互通指互联网间平等地交换路由信息,并据此实现业务流量互通的特定的互联网互通关系。对等互联还可进一步分为公共对等互联(Public Peering)和专用对等互联(Private Peering)。前者指多个网络之间的对等互联关系,由各骨干网经营者签署并遵守多边互联协议,其互联方式一般发生在公共交换点。后者则指两个网络之间的对等互联关系,由两个骨干网经营者签署并遵守的双边协议,这种互联方式既可以在公共交换点上进行,也可以是两个经营者通过自己的电路直接相联。

转接互通是指一个互联网向另一个互联网提供自己所知的互联网路由可达信息,后者通过前者而获得互联网的通达性。

双边互通包括双边对等互通和转接互通。双边互通可以通过直接电路互联方式实现,也可以在互联网交换中心建立连接。

目前我国在北京、上海和广州开通了 3 个国家级的互联网交换中心(NAP),以实现几个国家级互联网骨干网互联。按照我国《互联网骨干网间互联管理暂行规定》,互联网骨干网间必须在国家级交换中心进行多边对等互通。如有特殊需要,需报经工业和信息化部批准,互联网骨干网间也可在自愿、互利基础上,选择直接电路互联方式或在交换中心实现双边互通,但不得影响国家级交换中心多边对等互通的正常运行。在这种网络交换结构下,所有跨网流量都要经过 3 个 NAP 点中转,而不是在各地区交换互联解决。一个用户如果要访问本地但属于其他互联网骨干网的网站,都必须绕道北京、上海或广州。由于这样大量的绕行流量都要经过 3 个国家互联网交换中心,就要占用大量的网络带宽;同时一些互联网内容服务提供商为了增加用户和提高质量,被迫在不同的网络上都设立设备,进一步形成网络资源的浪费和网络拥塞,从而降低网络通信质量。2006 年 5 月,信息产业部披露,不少用户通过电信用户申诉中心和信息产业部部长信箱等渠道反映我国互联网网间通信质量不高,其中因为骨干网之间的带宽瓶颈导致的用户投诉占到了总投诉量的 90%。

4.2 美国骨干互联网和互联互通

1986 年,美国国家科学基金会(NSF)建立了国家科学基金网(NSF-NET)。该网络连接全美 5 个超级计算机中心,实现了长距离传输,传输速率为 56 kbit/s。

1987 年,Merit 网络公司及其合作伙伴 IBM 公司、MCI 公司开始经营国家科学基金网,到 1988 年成为连接 13 个城市的 Tier1 网络。这是美国当时唯一的骨干网络,也是世界上第一个骨干互联网,归国家所有,其他专用网络都需通过这个网络进行信息传输。

在商业网络的发展初期,美国相关法规禁止通过国家科学基金网进行商业活动。包括 PSINet、UUNET 和 CERNET 等在内的商业骨干网运营商便自发建立了商业性质的网络交流中心,用以互相连接,并为彼此的终端用户提供传输通道。

1993年,国家科学基金会决定通过竞争机制管理国家科学基金网,即将其转变为商用骨干网。为了迅速形成有助于竞争的骨干网络结构,国家科学基金会设计了一个类似商业网络交流中心的系统——网络接入点(NAP)。每个网络接入点都由一个共享交换系统或者局域网组成,用来交换业务量。骨干网可以选择其中任何一个或所有的网络接入点与其他骨干网互联。

1995年,商用骨干网和网络接入点取代了国家科学基金网接入点。

由于每个骨干网在同一个地方与尽可能多的骨干网互联的方式效率最高,因此最初的各个骨干网大多以对等互联方式集中在网络接入点交换网络流量,而不是与其他每个骨干网都建立独立的连接线路。然而互联网的迅速发展使得互联网信息流量迅速增长,很快引起网络接入点拥塞,导致信息包传送延迟和丢失。因此,为了减少拥塞,保证传输质量,一些新的商用网络接入点相继出现,在一定程度上缓解了原国家科学基金网接入点的压力。

NAP上越来越严重的拥塞带来的另一个结果就是,许多骨干网运营商开始直接与其他运营商互联。为区别于公用对等互联,这种骨干网之间直接互联的机制被称为专用对等互联,这是一种不仅能缓解公用NAP点的拥塞,而且更加经济有效的互联方式。如果骨干网只在网络公用接入点实现互联,当信息发起者和接受者在同一个城市而归属于不同骨干网时,该信息流量却必须传至位于另一个城市甚至另一个国家的NAP点进行交换;而有了专用对等互联,就可能在同一个城市完成交换。据估计,现在80%的互联网业务流量是通过专用对等互联方式完成交换的。

互联网骨干网运营商一方面想通过和其他运营商的合作,使自己的用户能够连接所有其他互联网运营商的用户,并享受其他网络的信息;另一方面,又要和其他运营商竞争用户。这时各骨干网在互联中的收益大小就取决于互联双方的规模对比。如果这两个骨干网规模相近,他们就更愿意进行合作以获取更大的网络外部性,而不是相互竞争。不合作反而使双方受损。早期的商业骨干网规模相差不大,一般都愿意选择对等互联的方式。当时美国有几家顶级的骨干互联网,它们之间通过对等互联进行信息交换。

随着互联网的进一步发展,美国最初的几家私有骨干网最后发展成为美国的顶级骨干网。这些骨干网在不断兼并重组的过程中,受到美国司法部和反托拉斯法的严格监督,最终形成几个实力相当的顶级运营商,通过对等互联构成美国互联网的第一层级。同时美国又出现了一些新的网络运营商,它们需要和这些骨干网进行互联,以发展自己的用户和业务;而顶级骨干网则更愿意将其视为购买传送服务的客户,从而出现不对称互联。

对等互联的双边协议仅仅允许在互联双方的用户之间进行连接，因此每个运营商都需要很多对等互联协议才能使自己的网络和整个互联网相联。而在不对称互联中，请求连接的骨干网只需向顶级骨干网购买穿透服务[①]，便和其他互联网建立了互联。这种不对称互联方式更有利于一些小骨干网，并逐渐得到他们的认可。

相对较小的骨干网之间有时也需要直接互联。当两个较小的骨干网之间流量很大时，为避免双方同时向上游骨干网缴纳大量互联费用，也会通过谈判形成对等互联。这些较小的骨干网既与顶级骨干网实行非对等互联，互相之间又实行对等互联，逐渐形成了美国互联网的第二层级。

美国骨干互联网运营商不仅为其国内用户提供服务，同时也为世界各国的 ISP 提供不对称互联或对等互联，成为世界级的骨干网运营商。

美国 6 家一级骨干网运营商包括 AT&T、Sprint、UUNet、Qwest、C&W 和 Level3，构成全网状网对等互联结构的一级互联网，构成了美国竞争性的互联网市场，也是世界互联网的核心和枢纽。美国互联网系统的层级结构如图 4-1 所示。第一级骨干网互相提供免费信息传输，并向第二级骨干网出售非对称互联，提供穿透服务。二级骨干网必须向一个或多个一级骨干网购买不对等互联，才能与整个互联网连接。第二级骨干网之间形成部分网状网对等互联结构。最下面一层的 ISP 和内容提供商之间通常不建立对等互联，只向上级（可以是一级骨干网，也可以是二级骨干网）购买不对称互联。由于竞争激烈，不对称互联结算价格下降很快。

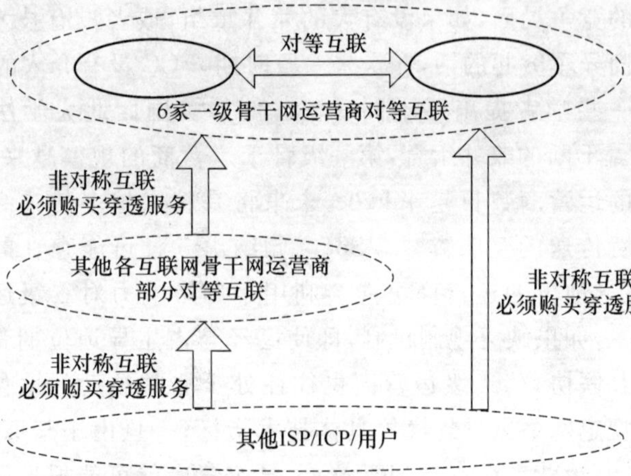

图 4-1　美国互联网层级结构

① 穿透，即骨干网 A 能够通过骨干网 B 与骨干网 C 进行连接；在没有“穿透”服务的情况下，骨干网 A 必须分别与骨干网 B、C 分别连接。

美国是互联网的发源地，美国的顶级运营商无论是网络规模还是所承载的流量都是全球首屈一指，美国政府对于互联网互联互通的监管思路和政策对全球互联网的发展有着重要的影响。

美国联邦通信委员会的计划与政策办公室互联网政策主任 Kende 在 2000 年发表的一篇文章中，以个人身份概述了联邦通信委员会对互联网规制政策的主要思路。

Kende 认为，尽管顶级互联网骨干网运营商在对等互联的条件上有着越来越苛刻的趋势，但并不意味着存在反竞争的行为，相反有其合理性的一面，主要表现在以下两个方面：其一是顶级运营商可能担心小运营商通过对等互联的方式免费搭车，主要指全国性运营商和地区性运营之间的互联；其二是网络流量差异悬殊的运营商之间也很难达成对等互联，主要指提供用户接入服务的运营商往往拒绝与拥有大量内容提供商的运营商对等互联。

Kende 认为，如果骨干网运营商出于以上两方面考虑，拒绝为小运营商提供对等互联，从某种意义上讲，也许并不是坏事，因为会鼓励小运营商加速网络建设，以尽快达到对等互联的条件，最终会出现更多的骨干网运营商。Kende 还指出，骨干网运营商拒绝与小运营商对等互联，并不意味着它们完全拒绝与小运营商互联互通，小运营商仍然可以通过不对称互联的方式接入骨干网。而不对称互联是骨干运营商的重要利润点，骨干运营商之间也存在激烈的竞争，以争取不对称互联客户，在一定程度上保证了市场的公平和公正。文章乐观地认为，全美主要的五家互联网骨干运营商之间存在着相对平衡的竞争局面，如果没有大的兼并重组，或者没有技术上重大突破使某一运营商异军突起的话，在未来一段时期，FCC 没有介入的必要。

也有其他一些学者提出了不同看法。例如美国西北大学法学院教授 Speta 指出，随着不断的兼并组合，第一级骨干运营商的规模越来越大，能够与之对等互联的运营商数目越来越少，未来将有越来越多的二级运营商将不得不接受付费传送的互联方式。Speta 归纳出 3 种可能存在的反竞争行为。其一，占主导地位的运营商可能会利用市场影响力对二级运营商收取高额费用。其二，如果缺乏规制机制，即使已经与占主导地位的骨干网运营商签订了对等互联协议，二级运营商也往往处于非常被动的地位。对等互联协议一般会规定网络流量规模等具体技术指标，一旦由于某原因，比如社会经济下滑，二级运营商没有达到要求，主导运营商就可能根据协议解除对等互联。其三，出于市场细分需要，主导运营商往往缺乏维持对等互联的热情，反之往往更加注意维护能够为其带来收益的付费传送线路，以及他们自己的网络。为此，Speta 提出，互联网骨干网的互联互通应该采取传统公众业务运营商的政策。没有互联互通,互联网就失去价值。人们在购买互联网接入时,实际上购买了接入整个互联网的权利,而不是哪个具体的ISP网络,故需要相应法规来保障消费者的权益。互联网本质上就具有公众业务运营商的特点。互联网之所以发展到今天,并不完全是市场作用的结果,其早期的骨干网就是由政府投资建设,现所使用的许多技术成果也是政府投资研发的。因此,互联网有公共产品的属性,其完整性应当得到保证。

美国政府通常通过《反垄断法》监控市场,控制大型企业利用所掌握的市场份额来掌控市场和损害消费者的利益。1999年10月,美国WorldCom和Sprint公司向美国联邦通信委员会、美国商务部和欧盟提出了价值高达1 290亿美元的合并申请。WorldCom和Sprint公司当时是美国排名第一和第二的互联网骨干网运营商;在其他业务上,包括国际、国内长途电话和专用网等方面,与AT&T公司形成三足鼎立的市场格局。美国司法部反垄断机构审核该合并申请后,决定通过法律诉讼来阻止这次交易。司法部主要表达了以下几点忧虑。其一,市场高度集中。合并后的企业将占有全美53%的互联网网络流量,这是第二位互联网骨干网运营商的5倍;市场集中度指数将由1 850上升到3 000,标志着市场高度集中。其二,竞争性市场结构将会被打破。合并将会产生一个市场份额超过50%的超级运营商,原来数强对峙的局面将不复存在。其三,互联互通质量将会受到影响。在竞争性的市场环境里,各运营商都有强烈的动力,搞好网络升级和维护互联点,以保证传输通畅,留住和吸引更多客户;但如果存在一个占绝对地位的主导运营商,从其战略上讲,质量较低的互联互通对其更为有利,以便吸引竞争对手的客户。其四,互联网骨干网络还没有其他替代产品,一旦形成垄断,如果主导企业有反竞争行为,将会极大损害消费者的利益,其影响很难在短时期内恢复。其五,互联网骨干网市场进入门槛高,要求投资巨大,建设周期长,特别是对第一等级的骨干运营商,如果要建立对等互联,需要积累一定数量的用户和网络流量;如果市场中存在一个绝对主导的运营商,进入门槛就会更高。

在方方面面的压力之下,WorldCom与Sprint在2000年7月13日向联邦通信委员会主动撤回了申请。

4.3 其他部分国家互联网架构

日本的一级Internet骨干网运营商包括NTT、Japan Telecom、KDDI和Power Edcom 4家。目前日本有两个互联节点:一个在东京,另一个在大阪。

其一级 Internet 骨干网运营商都在这两个节点交换所有的网络流量。日本的运营商基本采用双边谈判方式以达成互联协议。日本互联网的普及率达到 39%,其中大部分是宽带用户;80%的互联网网络流量集中在日本国内,国际流量较小;日本二级骨干网供应商的网络规模比较大,特别是软银的 Yahoo! Broadband 达到了 48 Gbit/s 的容量;日本的宽带应用比较普及,视频点播、网络电视等服务非常流行;本地环路价格相对比较便宜,在东京等大都会地区,光纤价格由于竞争激烈而比较低廉。

韩国的互联网是两层架构,如图 4-2 所示。一级运营商是 Korean Telecom 和 Dacom,他们之间通过 27.5 G 的电路对等互联。二级运营商基本都是通过向一级运营商购买传输交换以接入互联网。2004 年 12 月,韩国政府开始实行"互联网互联系统"措施,规定一级运营商必须向小运营商提供路由信息,一定程度上保护了小运营商的利益;同时还规定,一级运营商不得实施捆绑销售。

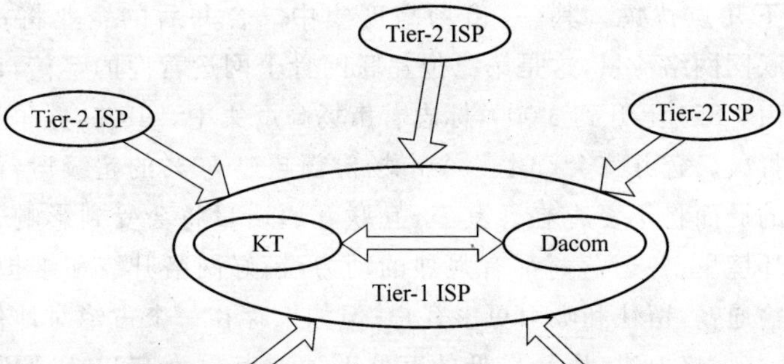

图 4-2 韩国骨干网互联结构示意图

澳大利亚的一级骨干网运营商有 4 家,分别是 Telstra、MCI(原来是 OzeMail)、Optus(现为 Singtel 拥有)和 Connect. com(新西兰电信拥有),其中只有 Telstra 为澳大利亚政府拥有(国有股份达 51%),在网络规模、用户规模和信源占有率上都远大于其他 3 家。Telstra 在固定通信领域有超过 80%的市场占有率,处于垄断地位。目前在澳大利亚各互联网区域内都有一个或多个互联网交换中心,称为 BSP。这些交换中心由中等 ISP 组成的协会成员出资建立并经营,交换局之间通过租赁的传输链路连接,大多允许小网廉价交换国内业务量。但是 4 个一级骨干网运营商都没有接入这些交换中心，而在专用的互联点上互联，它们之间的流量互通只通过对等互联电路实现，如图 4-3 所示。

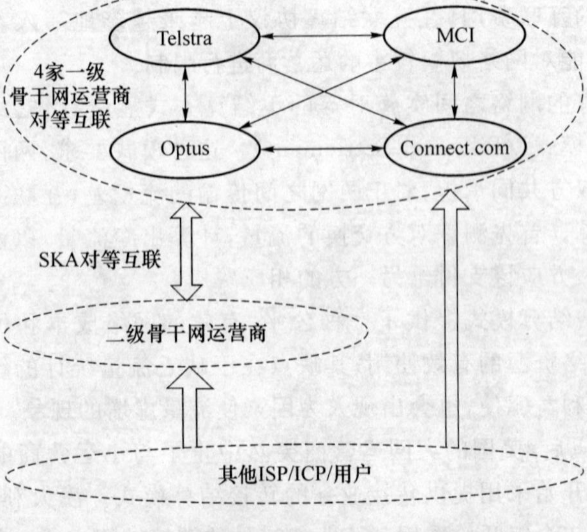

图 4-3　澳大利亚骨干网互联结构

4.4　互联费用结算

骨干互联网互联后必然需要进行结算，但目前还缺少统一认可的结算方式。不同国家和不同公司以不同的方式收取转接费、连接费或流量费。

最早的互联网互联结算方式出现在 1996 年，称为“对等结算”，又称为“互不结算”，简称为 SKA(Sender Keep All)，是一种非商业性的结算方式。这种方式被限于网络容量相等、地理区域差别不大、用户规模相当从而流量也基本相当的两个网络之间的互联。既然流量相当，因而也就没有必要真正进行结算。两个网络之间通过建立专用线路，直接进行完全免费的流量交换，不需要按时间或流量进行计费和结算；但是不能实现穿透访问。穿透访问是指一方可以通过对方网络去访问第三方的信息资源。如果允许穿透访问，有可能破坏两个网络之间的流量平衡，也就破坏了不结算的对等基础。

当互联双方在网络规模、用户规模、流量规模上存在较大差距时，即大运营商和小运营商网络互联时，小运营商的大部分业务流量通常发生在大运营商的经营范围，意味着大运营商是在免费向小运营商提供部分网络和用户资源，如果实行不结算，大运营商就“吃亏”了。

随着互联网规模的指数增长，大批的小运营商不断涌现，尽管他们对于骨干互联网的投资实在有限，但却享受到大运营商为他们提供的免费服务。于是，骨干网运营商开始考虑建立“对等”标准，逐渐开始要求小 ISP 交付以流量为基础的互联费用，在互联结算协议上越来越多地写入基于使用的收费条款，希望能对网络规模较小的运营商进行限制。

规模不等的网络之间实施对等的不结算方式显然有失公允，于是出现了“双边付费模式”(Bilateral Settlement)。这种模式要求，两网的物理连接成本由互联双方共同承担；对于两网之间传输的流量差，互联双方按照实际流量进行结算。首先测算双方交换的流量，计算出净流量，以谈判价格和净流量计算出一方应该支付给另一方的相应费用。

双边付费结算模式提供了一种公平、有效的网络成本和价值的分配方法，有利于网络资源的有效使用；其缺点在于缺乏流量统计的统一标准和手段，同时出于利益驱使，也会出现人为因素使流量虚增的现象。

1996 年以后，美国的大网运营商突然中止了与小运营商的“零成本”对等结算模式，开始采用提供转接业务的转接结算模式。澳大利亚 Telstra 通信公司也于 1996 年开始采用基于业务流量的转接结算方式。新的结算模式要求，如果小运营商希望使用大运营商的网络，必须向大运营商支付基于业务流量的互联“转接费”。所谓转接费是指，当两个网络之间不能直接互联时，可以通过第三方网络实现转接，因而应该向第三方网络运营商支付转接费。通常转接业务都由骨干网运营商提供，但从技术上来说，任何“多连接”的 ISP 都可以提供转接业务。由于互联网上路由很难预料，业务流量可能会经过十几个转接才到达目的地；同时目前互联规程还不具备业务转接的统计功能，所以很难确定哪个运营商应该支付某组数据的转接费用；再加上“丢包”等因素，现实中，转接费就被看成另一种形式的互联费用。

新的互联网协议 IPv6 已经考虑到结算问题，基于流量的结算将成为潮流。流量测量可有多种方式，依据最大带宽、平均使用带宽、数据传输速率、在线时间等。

不论是双边付费结算还是转接结算，都以业务流量为基础，但流量的精确测量和路由的准确判断很难实现。为了避免这些繁琐的工作，一些骨干运营商简单地根据和小运营商连接的互联点数来结算互联费用。例如，美国的 Sprint 公司根据与其他小互联网之间的互联点数量收取互联费，互联点越多，费用就越高。也有的运营商干脆基于网络物理连接的线路容量，采用计时制或包价形式收取互联费，包括一次性的连接费(端口费)和每月固定的月租费等。这种模式承接了传统电信网互联费用的收取模式，容易理解和接受。

我国骨干互联网之间的结算主要依据是 2004 年 5 月 1 日起实施的《互联网骨干网互联结算办法》，其中规定中国电信集团公司和中国网络通信集团公司的互联网骨干网之间实施对等结算方式，互不结算，如图 4-4 所示；其余 8 家骨干互联网运营单位之间也对等互联，互不结算；但要与中国电信或中国网通互联的网络均属于非对称互联，应当依据其网络与这两家骨干网的数据交换速率，按照文件附录的结算费率表确定的标准，单向支付结算费用；而非经营性的互联单位结算费用减半。另外，各骨干网之间不可进行“穿透”连接，也不可以通过国外互联网“转接”连接。

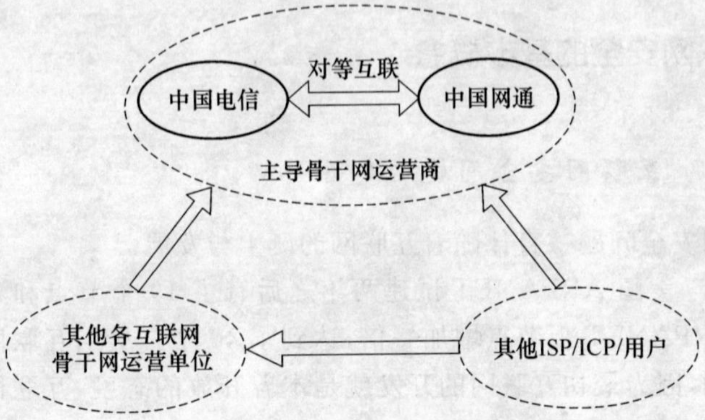

图 4-4　中国互联网骨干网

5 互联网安全

5.1 互联网安全的基本概念

5.1.1 互联网安全问题的起源

互联网安全问题一直伴随着互联网的诞生与发展。

1971 年,美国 ARPANET 试建两年之后有了 19 个节点和 30 个网站。1973 年,ARPANET 上节点增加一倍,达到了 40 个。早期互联网的使用是无序状态的,因为最初互联网的开发就是本着开放的态度,互联网安全基本上依靠使用者自律和君子协议。

Robert M. Bob Metcalfe(以太网开发者之一)曾于 1973 年 12 月指出,ARPANET 存在着几个基本问题:单独的远程用户站点没有足够的控制权和防卫措施来保护数据免受授权的其他远程用户的攻击,密码结构和格式存在缺陷,拨号连接到 ARPANET 缺少用户验证和授权,电话号码分布广泛,黑客很容易访问 ARPANET 网。

1978 年有一个公开的著名研究报告《保护性分析:最终报告》,针对 ARPANET发现网络操作系统存在的安全缺陷。

20 世纪 80 年代以来,互联网的迅速膨胀更是带来了一系列的安全问题,其中"莫里斯事件"被认为是互联网安全遭受的第一次严重挑战。这是在 1988 年 11 月 2 日的晚上,美国国防部 C4I① 系统的计算机主控中心和各级指挥中心相继遭到计算机"蠕虫"病毒的攻击,共约 8 500 台军用计算机受影响,其中 6 000 台无法正常运行,这一情形持续长达 24 小时之久,美军的

① C4I 系统是指指挥(Command)、控制(Control)、通信(Communications)、计算机(Computers)和情报(Intelligence)的集成,以前一直被运用在军事领域,它以计算机为核心,综合运用各种信息技术,对军队和武器进行指挥与控制。

通信和指挥陷入混乱状态；同时“蠕虫”病毒以闪电般的速度迅速自行复制，大量繁殖，10 小时之内就从美国东海岸横窜到西海岸，损害了众多的美国军用计算机网络，直接经济损失达上亿美元。后经查明，这第一次渗透军事网络的“恶作剧”是年仅 23 岁的美国康奈尔大学计算机系研究生莫里斯制造的。

此后，人们认识到，如果不采取措施建立严密的安全防范体系消除计算机系统及互联网本身的漏洞，互联网安全问题将造成巨大的经济损失。因此，科学家们开始从控制理论角度出发，把研究计算机和互联网的安全问题摆在了与提高计算机及互联网性能同等重要的地位。

5.1.2 互联网安全的重要性

美国著名未来学家托夫勒在《第三次浪潮》一书中深刻指出：“电脑网络的建立与普及将彻底改变人类的生存与生活方式，而控制与掌握网络的人就是人类未来命运的主宰，谁掌握了信息就控制了整个网络，谁就拥有了整个世界。”

互联网安全涉及全球政治、经济、文化、军事、社会生活等多个层面的问题，关系到个人权益、企业生存、社会稳定、国家安全和全球发展。中国工程院院士、国家 863 计划专项研究专家组组长何德全曾经说过：“没有信息安全，就没有真正的政治安全、军事安全和经济安全，也没有完全意义上的国家安全。”增强互联网安全对于减少经济损失、维护社会政治稳定、保卫国家安全有着非常重大的意义。随着互联网全球用户数量的迅速增加，随着互联网在人类社会生活中的全面渗透，互联网安全已经迅速成为全球社会共同关注的焦点。

据统计，1998 年美国联邦调查局(FBI)调查到的入侵计算机事件共 547 件，结案 399 件；1999 年则调查到 1 154 件，结案 912 件。根据 2005 年美国计算机安全协会(CSI)和联邦调查局进行的“计算机犯罪与安全调查(CSI/FBI 2005 Computer Crime and Security Survey)”数据，2005 年 639 家被调查的机构估计，网络安全问题导致的经济损失高达 130 亿美元，但这只是一部分能够评估并将损失上报的机构，如果加上未能准确评估以及隐瞒损失的情况，这个数字将大大增加。《金融时报》报道说，目前全球平均每 20 秒就发生一次网络计算机入侵事件，超过 1/3 的网络防火墙曾被攻破。

美国 STCore 网站 2006 年评出了自 1986 年起，20 年来破坏力最大的 10 种计算机病毒；其中名列第一的 CIH 病毒于 1998 年 6 月在中国台湾省爆发，在全球范围内造成了 2 000 万～8 000 万美元的损失，被公认为有史以来最危险、破坏力最强的计算机病毒之一。1999 年 3 月 26 日爆发的梅利莎(Melissa)病毒在短短数小时内，即传染了全球数百万台计算机和数万台服务器，感染了 15%～20%的商业电脑，给全球带来了 3 亿～6 亿美元的损失。2000 年 5 月 3 日爆发于中国香港的“爱虫”病毒，给全球带来的经济损失则更高达 100 亿～150 亿美元。近年来爆发的“冲击波”、“贝革热”、“大无极”等计算机病毒，以及 2007 年年初爆发的“熊猫烧香”病毒，都造成了数千万美元到数十亿美元的经济损失。

2006 年年底，《Information Week》研究部和埃森哲咨询公司合作进行了第九年度的“全球安全调查”，全面揭示了商业计算环境所面临的各种威胁。在被调查者中，有 57%的美国公司表示在过去一年中曾遭受病毒攻击，34%曾受到“蠕虫”病毒的攻击，18%经历了拒绝服务的攻击，另外，网络攻击和身份窃取发生的比例分别为 9%和 8%。中国的情形似乎更差一些，有 23%的公司表示其客户数据安全受到威胁，27%的公司遭受了身份窃取形式的攻击。受访的 2 193 名安全专家和商业科技经理中，有 48%的人表示对安全的复杂性进行管理已成为当务之急。不过，与 2005 年的调研结果相比，2006 年美国企业对其系统安全显示出更强的信心，89%(2005 年为 84%)的美国企业认为，其 IT 系统的安全性并没有降低，或者与一年前大致相同。其他国家的 IT 专家则表现得更为谨慎，欧洲有 13%、中国有 16%、印度有 24%的受访者表示，与前一年相比，他们的公司面临着各种风险，IT 系统也更易受到攻击。

我国自 1986 年发现首例网络犯罪以来，利用计算机网络犯罪案件的数量迅猛增加。1986 年我国网络犯罪发案仅 9 起，到 2000 年增加到 2 700 余起。2000—2003 年，我国公安机关侦破网上盗窃、诈骗、制作传播非法内容和非法入侵破坏信息网络的各类案件高达 2.3 万多起。2005 年我国公安机关共处理网络安全犯罪案件近 3 万起，直接经济损失约 10 亿元人民币。我国 95%与互联网相连的网管中心都遭受过境内外黑客的攻击或侵入，其中，银行、金融和证券机构是黑客攻击的重点。中国公安部有关资料表明，利用计算机网络进行的各类违法行为在中国以每年 30%的速度递增，造成的经济损失数以亿计。

根据国家计算机网络应急技术处理协调中心 2007 年 4 月发布的《2006 年网络安全工作报告》数据，2006 年接收的网络安全事件报告 26 476 件，2005 年为 9 112 件，同比增长接近 3 倍。国家计算机网络应急技术处理协调中心捕获的新的漏洞攻击型恶意代码数量每天达 96 个，每天捕获次数高达 3 069 次。报告还指出：

(1) 我国大陆地区约 4.5 万个 IP 地址的主机被植入木马，同比增长 1 倍；境外攻击源约 2.7 万个，主要来自美国、韩国和我国台湾省；

(2) 我国大陆地区约 1 000 多万个 IP 地址的主机被植入僵尸程序，总数居全球第 2 位；

(3) 我国大陆被篡改网站总数达到 24 477 个，同比增长 1 倍，其中政府网站 3 831 个，占大陆地区被篡改网站的 16%。

来自中国互联网协会的数据则显示，2007 年上半年，新增计算机病毒样本超过 10 万种，与上年同期相比增加了 23%，其中木马病毒新增数占总病毒新增数的 68.71%，高达 76 593 种。

5.1.3 互联网安全的研究范畴

国际标准化组织(ISO)给网络安全的定义为："为数据处理系统建立和采用的技术和管理的安全保护，保护计算机硬件、软件和数据不因偶然和恶意的原因遭到破坏、更改和泄露。"

ISO7498-2① 文献中将互联网系统中需要保护的内容分为 3 类：设备与设施、通信和数据处理服务、信息与数据(包括软件以及与安全措施有关的被动数据，如口令)。

Eduardo Gelbstein 和 Jovan Kurbalija 在《互联网治理，问题 角色 分歧》一书中，将互联网安全问题划分为 3 种类型：行为类型、犯罪者类型和目标类型。行为类型包括数据窃取、数据干涉、非法侵入、间谍软件和身份盗取，犯罪者类型包括黑客、网络罪犯、网络战士或网络恐怖分子，目标类型包括个人、私营企业和公共机构到关键基础设施、政府和军事设施。

另有人认为，从本质上讲，互联网安全就是网络信息安全，即信息的存储安全和信息的传输安全。确保信息安全是互联网安全研究的目标，凡是涉及互联网信息的保密性、完整性、可用性、真实性和可控性的相关技术和理论都是互联网安全的研究领域。也有人把整个互联网安全细分为物理安全、网络拓扑结构安全、网络系统安全、应用系统安全和网络管理安全等。

我国全国人大常委会在 2000 年通过的《全国人大常委会关于维护互联网安全的决定》中认为，维护互联网安全包括：(1)保障互联网运行安全；(2)维护国家安全和社会稳定；(3)维护社会主义市场经济秩序和社会管理

---

① 由国际标准化组织(ISO)1989 年 2 月 15 日颁布，全称为《信息处理系统开放系统互连基本参考模型第 2 部分安全体系结构》。该标准为开放系统互连(OSI)描述了基本参考模型，为协调开发现有的与未来的系统互连标准建立起了一个框架。其任务是提供安全服务与有关机制的一般描述，确定在参考模型内部可以提供这些服务与机制的位置。

秩序;(4)保护个人、法人和其他组织的人身、财产等合法权利。

综上所述,可以将互联网安全所涵盖的内容划分为网络物理安全、网络运行安全和网络信息安全 3 个层面,如图 5-1 所示。网络物理安全是整个互联网系统安全的基础,包括互联网终端设备、传输线路、存储设备的安全,以及各种设备的存放、管理设施等。网络运行安全是指互联网运行管理体系的安全。由于 TCP/IP 协议本质上的开放性,一方面可以提供灵活开放的网络资源,促进互联网的应用和发展;另一方面也使非法侵入成为可能,入侵者可以轻易通过网络漏洞进入未经授权访问的系统,扰乱系统正常运行,甚至控制整个系统。英国黑客 Gary McKinnon 于 2002 年 11 月被指控非法侵入美国军方 90 多个电脑系统,美国要求将其引渡,如果罪名成立,Gary McKinnon 将在监狱度过长达 45 年的时间。经过长达 4 年多的审理,仍未就“引渡”问题达成最终裁决。2007 年 4 月,英国黑客 Gary McKinnon 又提起上诉,反对引渡,但法庭将最终裁决其罪名成立,引渡到美国受审。据美国官方证词,Gary McKinnon 在 2001—2002 年间共侵入了美国政府部门的 97 台电脑,造成了高达 70 万美元的直接或间接损失。网络信息安全是指网络系统中信息存储、传输和交换过程中信息本身的保密性、完整性、真实性、可靠性、可控性和不可抵赖性。信息保密性主要指系统中有密级要求的信息只能通过特定的方式传输给特定的对象,确保合法用户对该信息的合法访问和使用。信息完整性是指系统中存储、传输的信息要保证准确和完整,不会在存储或传输过程中被非法存取或改变(如偷窃、篡改、删除等),以及不因意外事件而发生信息丢失。信息的有效性是指接收信息者能证明所接收信息的产生时间、发送时间、内容和顺序是真实的,能证明信息过时与否或是某种信息的重复发送。信息可控性是指系统对信息的传播及其内容具有控制能力的特性。信息不可抵赖性是指信息交换双方不可否认信息收发的事实,且不可对信息作出任意非法操作,接收方能够按照发出方要求提供回执。

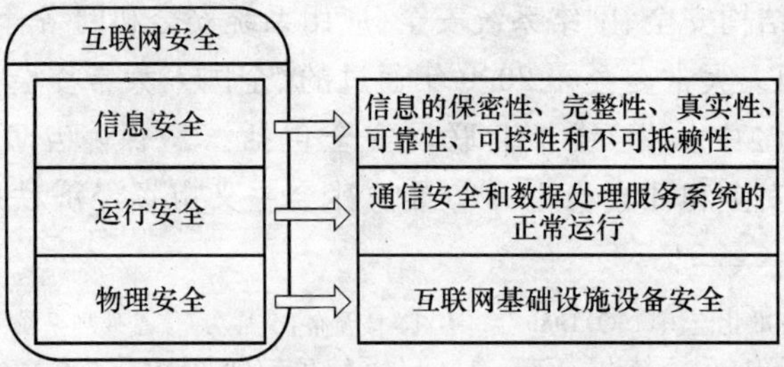

图 5-1　互联网安全的三层次模型

5.2 互联网安全技术

互联网安全技术研究主要集中在网络运行安全和网络信息安全两个层面。网络运行安全技术包括防火墙技术、入侵检测技术、防病毒技术，网络信息安全技术主要包括加密技术和容灾备份技术。这些技术构成了一个完整的“预防—检测—恢复”的安全体系，以提供互联网从防止入侵到修复损失全过程的安全保障。

5.2.1 防火墙技术

防火墙原指古代房屋之间修建的隔墙，用以阻止火灾时火势的蔓延。互联网防火墙是指将本地网络与外界网络隔离的一道防御系统，通过它可以隔开本地安全区域（被保护的内部网络）与外部风险区域（外部公共网络），同时又不会妨碍人们通过安全区域对风险区域的访问，如图 5-2 所示。

图 5-2　防火墙示意图

防火墙可以监控进出本地安全网络的数据信息，抵制构成威胁的数据，仅让安全的、已经核准的信息进入本地安全网络。一般防火墙均可达到以下目的：一是限制他人未经允诺随意进入内部网络，过滤掉不安全的服务和非法用户；二是防止入侵者接近防御设施；三是限定用户访问特殊站点；四是为监视互联网安全提供方便。由于防火墙假设了网络边界，因此更适合相对独立的网络。

防火墙是目前控制对网络系统访问的流行方法。互联网上超过 1/3 的 Web 网站都是由某种形式的防火墙保护的，这是对黑客防范最严、安全性也较强的一种方式。任何关键的服务器都应放在防火墙的后面，以防备侵犯。

防火墙又可分为网络层包过滤防火墙和应用层代理服务器防火墙。

(1) 包过滤防火墙：根据系统内设置的过滤逻辑，即访问控制表（Access Control Table），查看所流经的数据包的包头，由此决定该数据包的取舍以及可能执行的其他更复杂动作。

（2）代理服务器防火墙：内部用户访问外部网络都要通过一个作为中转的专用服务器，即代理服务器，以实现防火墙内外计算机系统的隔离。代理服务器防火墙可应用于实施较强的数据流监控、过滤、记录和报告等功能。

5.2.2 入侵检测技术

防火墙系统意在互联网入口处对外严密防守和抵制未经授权的访问，但却难以抵御专业黑客或恶意授权用户，以及内部人员对系统的攻击。入侵检测技术（ID，Intrusion Detection）正是对防火墙的有益补充，是防火墙之后的第二道安全线。

入侵检测是对入侵行为的检测。它通过实时地收集和分析网络或系统中的关键点信息，检查网络或系统中是否存在违反安全的行为和被攻击的迹象，在不影响网络性能的情况下能对网络进行实时监听，从而抵御内部攻击、外部攻击和防止误操作。

詹姆斯·安德森1980年在为美国空军做的题为《计算机安全威胁监控与监视》的技术报告中，第一次详细阐述了入侵检测的概念。他将计算机网络和系统面临的威胁分为外部渗透、内部渗透和不法行为3种，并提出了利用审计跟踪数据监视入侵活动的思路。

Denning在1987年发表的论文中，认为入侵检测系统应包含3个必要功能的组件。

（1）信息来源组件（Information Source）：为检测可能的恶意攻击，信息来源收集组件必须能够提供足够的信息给检测系统。

（2）分析引擎组件（Analysis Engine）：该组件要利用统计或规则的方式找出可能的入侵行为并将事件提供给响应组件。

（3）响应组件（Response Component）：该组件要能够根据分析引擎的输出来采取应对的行动，如主动通知系统管理员、中断入侵者的连接和收集入侵信息等。

相对于入侵检测技术的发展，入侵技术也在规模、手段和方法上产生“进步与发展”，主要反映在下列方面。

（1）入侵或攻击的综合化与复杂化。

（2）入侵主体的间接化，即掩盖攻击主体的源地址及主机位置，使之无法直接确定攻击的主体。

（3）入侵或攻击的规模扩大，特别是信息战，无论其规模与技术都与一般意义上的网络入侵与攻击不可相提并论。

(4) 入侵或攻击技术的分布化,单机执行的入侵与攻击行为在目前的防范技术下已难以奏效,于是采取分布式攻击成为最常用的攻击手段。

(5) 攻击对象的转移,入侵与攻击行为由攻击网络改为攻击网络的防护系统。现已有专门针对入侵检测系统进行攻击的报道,攻击者详细分析入侵检测系统的审计方式、特征描述、通信模式,找出其弱点,然后加以攻击。

针对入侵技术的"发展",今后的入侵检测技术大致可朝 3 个方向发展。

(1) 分布式入侵检测:针对分布式网络攻击的检测方法,其中关键技术是检测信息的协同处理和提取入侵攻击的全局信息。

(2) 智能化入侵检测:现常用的智能化方法,主要有神经网络方法、遗传算法、模糊技术、免疫原理等,常被用于辨识入侵特征。

(3) 全面的安全防御方案:使用安全工程风险管理的思想与方法来处理网络安全问题,将网络安全作为一个整体的系统工程来处理,从管理、网络结构、加密通道、防火墙、病毒防护、入侵检测多方位,对所关注网络作全面评估,然后提出全面解决方案。

5.2.3 防病毒技术

计算机病毒(Computer Virus)概念是美国加利福尼亚大学 Fred Cohen 博士于 1983 年 11 月在美国计算机安全学术会议上首次提出的。

病毒入侵计算机网络,可以导致计算机网络效率的急剧下降并破坏系统资源,短时间内可以造成网络系统的瘫痪。计算机病毒的分类方法有很多种,按照病毒传染方式可分为驻留型和非驻留型,按照破坏能力可分为无害型、无危害型、危险型和非常危险型,按照病毒的链接方式可分为源码型病毒、嵌入型病毒、外壳型病毒和操作系统型病毒,按照工作机理可分为引导型病毒、文件型病毒和混合型病毒。

此外,还有一类特殊的软件程序近些年广受关注,这就是恶意软件。网络用户在浏览一些恶意网站,或者从不安全的站点下载文件时,往往会将恶意程序带入自己的电脑,而用户本人对此毫不知情。恶意软件盗取用户的敏感资料,如银行账户信息、信用卡密码等,也被称为流氓软件。

目前一些反病毒软件厂商已经将部分恶意软件列入病毒行列予以查杀,但在我国目前的法律规定中,恶意软件被区别于通常定义的计算机病毒。中国互联网协会对恶意软件定义为:在未明确提示用户或未经用户许可的情况下,在用户计算机或其他终端上安装、运行侵犯用户合法权益的软件,但已被我国现有法律法规规定的计算机病毒除外。中国互联网协会定义的恶意软件的 8 个特征如下。

(1) 强制安装:在未明确提示用户或未经用户许可的情况下,在用户计算机或其他终端上安装软件。

(2) 难以卸载:未提供通用的卸载方式,或在不受其他软件影响、人为破坏的情况下,卸载后仍能活动。

(3) 浏览器劫持:未经用户许可,修改用户浏览器或其他相关设置,迫使用户访问特定网站或导致用户无法正常上网。

(4) 广告弹出:未明确提示用户或未经用户许可,利用安装在用户计算机或其他终端上的软件弹出广告。

(5) 恶意收集用户信息:未明确提示用户或未经用户许可,恶意收集用户信息。

(6) 恶意卸载:未明确提示用户、未经用户许可,或误导、欺骗用户卸载非恶意软件。

(7) 恶意捆绑:软件中捆绑已被认定为恶意软件的行为。

(8) 其他侵犯用户知情权、选择权的恶意行为。

为了应对计算机病毒带来的巨大危害,人们也开发了各种各样的防病毒技术。防病毒技术可以直观地分为病毒预防技术、病毒检测技术以及病毒清除技术。

(1) 病毒预防技术。计算机病毒预防包括对已知病毒和未知病毒的预防两部分。对已知病毒的预防可以采用特征判定技术或静态判定技术,对未知病毒的预防则是采用一种行为规则的判定技术,即动态判定技术。动态判定技术是对病毒的规则进行分类处理,凡是在程序运作中出现类似的规则就认定是计算机病毒。计算机病毒的预防是要阻止计算机病毒进入系统内存或阻止计算机病毒对磁盘的操作,尤其是写操作,具体技术包括磁盘引导区保护、加密可执行程序、读写控制、系统监控技术等。

(2) 病毒检测技术。计算机病毒的检测技术主要有两种:一种是根据计算机病毒的关键字、特征程序段内容、病毒特征及传染方式、文件长度的变化等,分类进行检测的技术;另一种是自身校验技术,即对某个文件或数据段进行检验和计算并保存其结果,以后定期或不定期地用保存的结果对该文件或数据段进行检验,若出现差异,表明该文件或数据段已遭破坏,即感染上了病毒。

(3) 病毒清除技术。清除计算机病毒是对计算机病毒传染的逆过程。目前,清除病毒大多依靠相应的软件。这种软件都是在某种病毒出现后,通过分析、研制而得,所以往往是被动的,带有滞后性和局限性,尤其对有些变种病毒更加难以对付。

在互联网上，防范病毒的问题尤为重要。病毒在互联网上可迅速蔓延，复制和繁衍呈指数型快速增长；而遭到病毒破坏的网络要进行修复却非常困难，甚至不可能恢复。因此采用高效可靠的网络防病毒方法和技术是一件非常重要的事情。目前，网络大都采用“客户端-服务器”的工作模式，需要从服务器和工作站两个方面结合解决防范病毒的问题，主要有以下 4 种基本方法。

(1) 基于网络目录和文件的方法。主要是对目录和文件访问权限与属性的两种安全性措施。根据用户对目录和文件的操作权限，分配给不同的访问权限和属性。得不到访问授权，病毒就无法对系统程序实施感染和寄生，其他用户也就不会感染病毒。该方法对防止病毒起到了一定作用，但存在局限性。现在市场上还没有一种能够完全抵御计算机病毒侵染的网络操作系统。

(2) 工作站防病毒芯片。这种方法是将防病毒功能集成在一个芯片上，安装在网络工作站上，以便经常性地保护工作站及其通往服务器的路径。工作站是网络的门户，只要将这扇门户关好，就能有效地防止病毒的入侵。

(3) Station Lock 网络防毒方法。Station Lock 是著名防病毒产品开发商 Trend Micro Devices 公司的产品，其防毒理念建立在“病毒必须执行有限数量的程序之后，才会产生感染效力”的基础之上。例如：引导型病毒必须使用系统的 BIOS 功能调用；文件型病毒必须将自己所有的程序代码复制到另一个系统执行文件后，才能复制感染；混合型病毒和多形体病毒也必须获取系统控制权，才能运行病毒体程序而实施感染等。Station Lock 就是通过这些特点，用间接方法观察，精确地预测病毒的攻击行为，其作用对象包括多型体病毒和未来型病毒。

(4) 服务器防毒技术。服务器是网络的核心，一旦服务器被病毒感染，就会使服务器无法启动，整个网络陷于瘫痪，造成灾难性后果。目前基于服务器的防治病毒方法大都采用了 NLM(NetWare Load Module)技术以 NLM 模块方式进行程序设计，以服务器为基础，提供实时扫描病毒能力。这一类防病毒产品的目的都是保护服务器，使服务器不被感染。这样，病毒也就失去了传播途径，因而从根本上杜绝病毒蔓延。

随着计算机网络技术的发展，网络防病毒技术也在不断更新，其发展的方向可以归纳如下。

(1) 成为网络操作系统和应用程序的集成防病毒技术。

(2) 由单一的预防、检测和清除病毒向集 3 种功能于一体的方向发展。

(3) 网络开放式防病毒技术将成为技术主流。这是一种能让用户自我更新的防病毒技术。它将病毒的结构用一个统一的数据结构加以描述，用户可根据病毒的一些特征进行分析，通过特征识别随时更新自己的病毒库，从而不断升级自己的防病毒产品。

5.2.4 加密技术

用某种方法伪装信息以隐藏其内容的过程称为加密，加密后的信息被称为密文，加密前就被称为明文，而把密文再转变回明文的过程就是解密。

理论上说，任何软件加密技术都可以破解，只是破解的难度不同，有的可能不费吹灰之力，有的即使是最高明的解密能手也要忙上很长时间。

技术上反盗版其实就是增加密文的破解难度。即使是解密能手，其解密成本也要高于破解后获利，从而使破解失去意义。

加密通常由算法以及所有可能的明文、密文和密钥组成。密钥是一组信息编码，它参与密码的“运算”，并对密码的“运算”即加密和解密过程起特定的控制作用。

基于密钥的算法通常有对称密码算法和公开密钥算法两种。

(1) 对称密码算法。对称密码算法又叫传统密码算法，就是加密密钥能够从解密密钥中推算出来，反过来也成立。在大多数对称算法中，加/解密钥是相同的。

(2) 公开密钥算法。该算法下，加密密钥不同于解密密钥，解密密钥也不能根据加密密钥计算出来（至少在合理假定的长时间内）。之所以叫公开密钥算法，是因为加密密钥能够公开，即陌生者能用加密密钥加密信息，但只有用相应的解密密钥才能解密信息。加密密钥就叫公开密钥（公钥），解密密钥叫私人密钥（私钥）。

当前流行的一些软件加密保护技术主要有以下几种。

(1) 序列号保护。用户从网络下载共享软件，必须到软件公司注册方能使用。用户须把自己的私人信息连同信用卡号码告诉软件公司，软件公司回复一个序列码。用户再按要求，在软件中输入注册信息和序列码，便可应用。这种方法比较简单，互联网上 80％的软件都采用这种方式保护。

(2) 光盘保护技术（CD-Check）。程序在启动时，首先判断光驱中的光盘上是否存在特定文件，如果不存在则认为用户没有正版光盘，拒绝运行。

(3) 软件狗。这是一种智能型加密工具，是一个安装在计算机并口、串口等接口上的硬件电路，同时有一套使用于各种语言的接口软件和工具软件。当被保护的软件运行时，程序向插在计算机上的软件狗发出查询命令，软件狗迅速计算查询并给出响应。如果没有软件狗，程序将不能运行。

(4) 将软件与机器硬件信息相结合。用户安装软件时，该软件将从用户计算机上取得相应的硬件信息，如硬盘序列号、BIOS序列号等，然后将这些信息和用户的序列号、用户名等按照事先编写的规则进行计算，转化为数字信息，用户将这些信息用E-mail、电话或邮寄等方法寄给软件提供商或开发商，软件开发商利用注册机（软件）产生该软件的注册号寄给用户。软件加密虽然加密强度比硬件方法较弱，但它具有非常廉价的成本、方便的使用方法等优点，非常适合作为采用光盘（CD-ROM）等方式发售软件的加密方案。这种加密方法的保密性好，用户获得一个密码只能在一台机器上注册使用软件。不同于目前大多数软件的注册方法，只要知道注册码，可在其他多台机器上同时安装注册。由于采用特别技术，解密者很难找到产生注册号码的规律。这种加密方法应用方便，价格低廉。

5.2.5 容灾备份技术

随着信息技术的发展和社会信息化程度的提高，海量的数据在计算机系统集中存储，一方面提高了信息和数据管理的自动化，提高效率，降低成本；但另一方面也意味着巨大的风险，一旦遭到网络攻击或灾难侵害，将造成海量数据不可逆转的丢失，导致极大损失。据IDC统计，美国在2000年以前的10年间，发生过这样灾难的公司中有55%当时倒闭，剩下的45%中有29%的公司因业务数据丢失也在两年之内倒闭，生存下来的仅占16%。尤其是在美国“九一一”事件之后，越来越多的企业认识到容灾的重要性。

“容灾”的概念是在20世纪90年代初期提出来的，当时受技术限制，人们是将数据用磁带定期备份，再用卡车运送到另一个地方保存，一旦出现问题再将这些备份磁带拉回来恢复；但一旦出现问题，仍然会丢失大量尚未来得及备份的数据。随着网络技术的发展和传输速率的提高，数据备份和数据恢复都可以直接通过网络进行数据传输，极大提高了容灾能力。

对于一个计算机系统而言，一切引起系统非正常停机的事件都称为灾难，大致上可以分为3种类型：其一是自然灾难，包括地震、台风、水灾、雷电、火灾等，破坏性很大，影响面较广；其二是设备故障，包括CPU故障、硬盘损坏、建筑物倒塌、电源中断以及网络故障等，影响范围较小，破坏性也较小；其三是人为操作故障，包括误操作、人为蓄意破坏、黑客攻击等。

容灾就是在灾难发生时，要能够保证数据尽量少地丢失，保证系统能够不间断地运行，或在最短时间内恢复正常。容灾一般依靠数据或者硬件的冗余来实现。灾难发生时，可以利用备用数据和备用系统来迅速恢复正常运行，将损失降到最低。依据备用数据和备用系统的距离，可分为本地容灾、近距离容灾和远距离容灾。从应用角度上看，容灾可以分为数据容灾和应用容灾。数据容灾是指建立一个备用的数据系统，实时复制和保存系统的关键数据，灾难时可由备用数据系统迅速恢复系统的数据。应用容灾是建立一套完整的备份应用系统，灾难时，备用系统可以迅速接替原系统运行。

一个完整的容灾系统通常应包括本地生产系统、本地备用系统、生产数据中心、本地备份数据中心、异地应用系统、异地数据中心 6 部分，其中，本地生产系统、本地备用系统、生产数据中心构成了本地高可用系统，再加上本地数据备份中心就构成了一个具有本地容灾功能的系统，如果再加上异地应用系统和异地数据中心，就构成了一个完整的异地容灾系统，如图 5-3所示。本地数据中心需要及时将数据复制到异地数据中心，并要保证数据的完整性和可用性。为使异地系统能够及时地发现本地系统的灾难，就需要进行灾难检测，保证异地系统能够及时发现灾难，并能及时地替换本地系统，以保证业务的连续性。

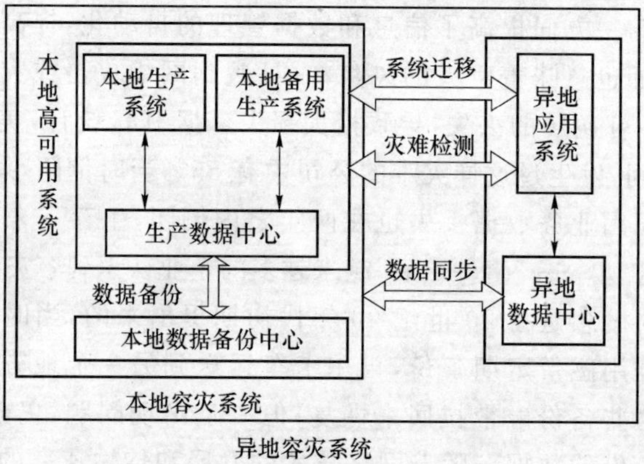

图 5-3　容灾系统的系统结构

容灾系统的关键技术有数据存储管理、数据复制、灾难检测、系统迁移和系统恢复 5 个方面。现在一般以数据丢失量和数据恢复时间作为标准来评价容灾系统。公认的评价标准是：数据恢复点目标(RPO，Recovery Point Objective)，指系统所能容忍的数据丢失量；恢复时间目标(RTO，Recovery Time Objective)，主要指系统所能容忍的业务停止服务的最长时间，也就是从灾难发生到业务系统恢复服务功能所需的时间周期。

5.3 网络战争

5.3.1 网络战

1995年9月18日，在美国“联合勇士”军事演习中，一名年轻的美国空军上尉利用一台普通计算机在众目睽睽之下拨号进入互联网，几分钟内便进入美国海军在大西洋舰队的指挥系统，在舰队司令懵然不知的情况下，轻而易举地控制了该舰队的指挥权，成为这个舰队的“秘密司令”。1996年8月17日，黑客入侵美国司法部的网络服务器，并将“美国司法部”的主页更名为“美国不公正部”，将司法部部长的照片换成了阿道夫·希特勒，将司法部徽章换成了纳粹党徽，并加上了一幅色情女郎的图片作为司法部部长的助手，还留下了很多攻击美国司法政策的文字。1996年9月18日，黑客又光顾了全球最大的谍报机构——美国中央情报局，将其主页的欢迎词改为“欢迎你访问中央愚蠢局”，并将该局局长的一张画像换成陌生人的面孔，还添加了不少黄色图像。

据英国《新科学报》报道，海湾战争中，美国中央情报局获悉伊拉克从法国购买了一批新型打印机供防空系统使用，并且准备借道约旦首都安曼偷运到巴格达，美方即派特工在安曼机场用一块内嵌了病毒的芯片与打印机中的同类芯片作了调包。美军在战略空袭发起前，以遥控手段激活病毒，使其从打印机窜入主机，造成伊拉克防空指挥系统程序错乱、工作失灵，致使整个防空系统中的预警和C^4I系统瘫痪，为美军的空袭创造了有利条件。

人口仅140万的爱沙尼亚享有两顶桂冠——网络化最彻底的欧洲国家和网络办公发展最迅猛的欧洲国家。然而在2007年5月的短短10多天时间内，在接连遭到3波大规模网络攻击后，爱沙尼亚全国网络瘫痪。受到攻击的总统府、议会、政府各部、主要政党、媒体、银行和各大公司的网站悉数瘫痪，被迫关闭了与外界的链接，遭受了巨大损失。爱沙尼亚向欧洲各国和北约伙伴紧急求助。北约派出顶级网络恐怖专家前往协助调查，并帮助爱沙尼亚政府加强网络安全。北约和欧盟官员私下里认定，这是一场真正意义上的“国家间网络战争”。

1999年的科索沃战争中，南联盟使用多种计算机病毒，组织“黑客”实施网络攻击，使北约军队一些网站被垃圾信息阻塞并且一度瘫痪。北约一方面强化网络防护措施，同时实施网络反击战，将大量病毒和欺骗性信息注入南军计算机网络系统，致使南军防空系统陷于瘫痪。

2002年夏天，一个名为“G力量”的巴基斯坦黑客组织侵入印度国防部网站实施篡改,假称印度国防部支持印控克什米尔地区独立,而且设立色情链接。事件发生后,印度国防部网络管理部门用了8个小时才破解了巴基斯坦黑客更改的密码。2003年元旦,印度和巴基斯坦两国黑客又以电脑病毒为武器展开激烈的网上"厮杀",结果殃及全世界100多个国家的数十万台电脑。

网络袭击的一个特点是:加密性和匿名性使侵入者难以被察觉。这种攻击既可能是来自个人或一小撮黑客的自我挑战性行为,也可能是为了某一集团的利益而实施的有目标的间谍行为,还有可能是直接有政治目的的行为,很难进行仔细区分;很难知道袭击来自何方,是国家、组织还是个人。

5.3.2 各国备战网络

网络战成为信息时代特有的新战争概念,网络成为未来战争中敌对双方打击和防护的重点目标,以计算机网络为主要攻防对象的全新作战形式应运而生。如果把一个国家比做人体,那么网络就好比是神经系统。网络战就是通过麻痹、瘫痪神经系统,使国家战争机器无法运转。美国著名军事预测学家詹姆斯·亚当斯在其所著的《下一场世界战争》中曾预言:未来战争中,计算机本身就是武器,前线无处不在,夺取作战空间控制权的不是炮弹和子弹,而是计算机网络里流动的比特和字节。

为此,美国、俄罗斯、印度等国都纷纷极力发展自己的网络战部队。另外由于网络的特殊性,也将导致未来战争的"平民化"趋势。广大民众也可以参与网络战争。任何人,只要精通计算机网络技术,并拥有一台入网计算机和网络设备,就能威胁网络的安全。

美国是网络最发达的国家,但美国总统网络安全顾问克拉克曾断言:"美国是最容易受到网络信息攻击的国家。"

1995年,美军第一代16名"网络战士"从美国国防大学信息资源管理学院毕业。美国国防部还把掌握高技巧的黑客和具有广博计算机知识的人组织起来,成立了信息战"红色小组",并参加了1997年6月由美国国家安全局举行的"合格接收者"秘密演习。几名黑客4天之内就成功闯入了美军驻太平洋司令部以及华盛顿、芝加哥、圣路易斯和科罗拉多州部分地区的军用计算机网络,并控制了全国的电力网系统。演习结果令美国国防部高级官员深感震惊。

据美国2006年发表的一项报告显示,美国国防部计算机系统2005年度遭受黑客袭击总计21 124次,平均每次抵御攻击耗资150万美元;为此,美国国防部每年要付出300多亿美元的代价,比当年制造原子弹的曼哈顿工程花费还要多。

为应付网络黑客的攻击，防止出现“网络九一一事件”，美国总统 2002 年就发布了第 16 号“国家安全总统令”，批准组建美军历史上第一支，也是世界第一支网络部队——网络战联合功能构成司令部（JFCCNW）。该部队已经正式编入作战序列，标志着此前黑客们进行的“网络游击战”正逐步向正规“网络部队”进行的“网络正规战”演变。这支部队由世界顶级电脑专家和“黑客”组成，包括美国中央情报局、国家安全局、联邦调查局以及其他部门的专家，甚至还可能包括盟国的顶级电脑天才，所有成员的平均智商都在 140 分以上，因此也被一些媒体戏称为“140 部队”。

2006 年年底，美国国防部又组建了一支全新的部队——网络媒体战部队。网络媒体战部队成员不仅具有较高的计算机水平，还具有深厚的新闻宣传理论知识；他们既是电脑高手，又是出色的“记者”。这支新军将全天候 24 小时鏖战互联网，“力争纠正错误信息”，使美军对抗“不准确”新闻、引导利己报道的能力大大增强。

2007 年 5 月，美国空军组建的第一个网络战司令部也已经形成。该司令部最终将升格为一个由四星空军上将领导的一级司令部，成为与空中作战司令部、空中机动司令部等其他 9 个一级司令部平级的单位。

按计划，整个美军的网络战部队将于 2030 年左右组建完毕，全面担负起网络攻防任务，以确保美军拥有全面的信息优势。

自 2002 年俄罗斯前总统普京批准了《俄联邦信息安全学说》以来，俄罗斯报刊出现了一大批关于网络信息战的文章。在俄军看来，网络战“实际上已成为一种变相的突击样式，起到了与火力突击效果相同的作用”，而网络电子战也已成为直接杀伤敌人的强大手段。网络信息战已经被俄军赋予了极高的地位，被称为“第六代战争”。他们认为，在未来信息化战争中，必须要夺取并掌握制信息权和制电磁权。值得一提的是，俄罗斯的黑客也在世界上具有极高的“声誉”。俄罗斯数学基础教育扎实，具有优良的“黑客”成长土壤，他们可以用相当有限的设备干出令人吃惊的事情，而且，俄罗斯的黑客们都有很强的编程技巧。

相对于其他军事强国，印度不但在信息战硬件上加大了投入，而且还充分发挥了自己软件开发水平高的优势来积极准备网络战。印度军方已同印度科学院、印度技术学院等地方信息技术专业机构进行技术合作，以提高网络战能力。

目前，印度军方组建了陆、海、空三军联合计算机应急分队，并计划征召“黑客”入伍。同时，印度军方也在位于新德里的陆军总部建立了专门负责网络中心战的网络安全部门，他们还将在所有军区和重要军事部门的总部建立网络安全分部，这些部门将负责审查印度军方现有网络的安全状况。

为弥补军方信息技术的不足，充分使用民间资源，印度军方希望私营部门能够积极参与网络安全先进技术的开发，减少军队对外国技术的依赖，并希望私营企业在密码技术、芯片技术、操作系统、全球定位系统、网络战以及网络和数据安全技术上与军方展开合作。

日本 2005—2009 年的《中期防卫力量发展计划》中，明确提出了新的作战理论——“瘫痪战”。日本防卫厅已经组建了一支由陆、海、空自卫队计算机专家构成的 5 000 人左右的网络战部队，专门从事网络系统的攻防。该部队的主要任务是进行反黑客、反病毒入侵的攻击，同时研制开发可破坏其他国家网络系统的跨国性“网络武器”，还负责自卫队计算机网络系统的防护、清除病毒、修复程序以及研究网络战的有关战术等。

以色列历来重视网络安全，为防止阿拉伯黑客对以色列军用电脑的入侵，以色列军方开始为功率强大的计算机配备电脑攻击防御系统，它能够有效防止陌生邮件和病毒入侵。以色列还重视从民间收集科技人才，招募黑客组建自己的网络战部队。1998 年 2 月成功侵入美国国防部及海军系统和空军系统的跨国“黑客邦”领袖——以色列青年埃胡德·特南鲍姆，就被以色列军队招收入伍，成为历史上第一位从民间被公开应征入伍的“黑客”。

以色列军队可能是除了美军之外网络战实践经验最为丰富的军队，因为在持续不断的中东冲突中，以色列的网络战部队早已同他们的网上对手交了火。在 2006 年的黎以冲突中，以色列国防军情报部门的黑客成功地对真主党电视台的直播节目进行了攻击，让真主党领导人纳斯鲁拉的漫画像出现在屏幕上，下面打着一串字幕：“你的末日来临了”、“纳斯鲁拉，你灭亡的时间提前了”。

5.4 网上恐怖主义与人权

5.4.1 网上恐怖主义

2001 年“九一一”事件之后，“反恐”成为世界各国关注的焦点。而随着互联网技术的发展，恐怖分子也把对互联网的利用从一个简单的宣传平台变成了一个有组织的联络站和资源库。互联网被恐怖分子加以利用而产生的危险不可低估。在“九一一”事件中，恐怖分子就曾利用美国公共图书馆的电脑上网进行联络、订饭店和订机票等。

英国军情五处反恐高级官员约翰·鲁伊尼表示，境外的恐怖分子目前要进入英国境内将面临非常大的困难，因为英国反恐和情报部门已经建立起了成熟而且完善的预防体系；但这一体系目前正在受到严峻的挑战，许多恐怖组织头目和极端伊斯兰分子正在通过互联网来扩张他们在英国的影响力。鲁伊尼认为，互联网正日益成为包括“基地”组织在内的各恐怖组织及其分支机构宣扬活动和招募成员的重要渠道。鲁伊尼说：“互联网被恐怖分子用于传播信息、恐吓和发动心理战，它有时还被用于筹集资金和招募成员。可以说，互联网正在为恐怖组织开展恐怖活动提供重要的帮助。比如，恐怖分子此前在互联网上散布关于劫持人质和斩首的视频片断，是为了制造强大的恐怖心理效应。在一系列人质事件中，他们先放出关于人质乞求释放和武装分子威胁斩首的视频，随后互联网和阿拉伯电视台出现人质遭斩首的视频片断。网络的分散特性使得调查人员很难追踪和阻止恐怖分子在网上发布信息，上网者可以通过论坛、聊天室或电子邮件发布视频文件地址。他们可以用网名在恐怖网站的论坛上留言，没有人知道他们的真实身份。”

伦敦警察厅前厅长劳德·史蒂文斯也透露，大约有 3 000 名在英国出生或生活的英国人曾经接受过本·拉登恐怖训练营的训练。在过去的 5 年中，曾经有至少 8 起针对平民目标的恐怖袭击阴谋被粉碎。他认为，伦敦恐怖爆炸案的实施人员都是在英国出生的人，他们“在这里长大，对英国的生活和价值观了如指掌”，英国的恐怖威胁应该是来自本国，而不是国外。

2006 年，德国挫败两起极端伊斯兰分子用“土炸弹”在火车上制造爆炸案的企图。德国联邦刑事警察局局长切尔克认为，应该通过立法使互联网运营商承担更多的义务，勒令他们必须删除有关制造炸弹的网页。按照德国现今的法律，互联网运营商没有这个义务。

有关专家估计，互联网上至少有 5 000 个极端伊斯兰主义者办的网站，而且这一数字还不包括极端分子和组织进行交流的聊天室。以色列海法大学交流科学专家、《互联网上的恐怖主义》一书的作者加布里尔·魏曼指出，1998 年互联网上的恐怖分子办的网站屈指可数，但自从 2001 年的“九一一”事件后，这一类的网站明显增多了。

5.4.2 互联网人权

“九一一”事件的直接受害者美国则在反恐高于一切的方针下，出台了被看做特殊时期互联网管理主要法律依据的《爱国法》(“九一一”事件后 6 周内颁布)，该法案与总统 2002 年 11 月签署的《国土安全法》都大大加强了对美国国内机构与人士的情报侦察，这在以前是不允许的。“九一一”事件调查结果显示恐怖分子利用互联网实施行动，使美国情报当局对互联网格外提高了警惕，同时对一些涉嫌进行恐怖活动的“基地”分子使用互联网的情况进行跟踪监控。政府和执法机构根据《爱国法》获得了很大权力，企业机密及民众隐私都不再确保，尽管政府打出反恐大旗，但还是引起了很大争议。据称，民众的不满主要是针对《爱国法》的第213条和第215条。前者声称，执法部门可在不通知当事人的情况下，暗中搜查其办公室和居所；后者规定即使没有什么嫌疑，政府也有权要求得到公民在图书馆、书店阅读和购买书籍等的详细信息，同时禁止服务商向客户透露他们的信息已受调查，类似的调查还可以扩展到公民的教育、医疗、投资、信用等各种个人档案性记录；另外，政府还可秘密要求网络和电信服务商提供客户详细信息。

《爱国法》中的漫游监听条款，授权政府或执法机构调查人员可以大范围地截取嫌疑人的电话通话内容或互联网通信内容，而监控目标并不局限于某一单个可疑电话，调查人员也无须说明要监听的具体嫌疑对象。《国土安全法》对互联网的监控更为严密。法案增加了有关监控互联网和惩治黑客的条款，在此情形下，互联网服务商的信誉和客户机密都只能让位于国家安全。

一般情况下，美国公司如果没有收到法庭批准的搜查证，通常是不大愿意为政府监控机构提供材料的。而《国土安全法》中“加强电子安全”部分的有关条款明确规定，提供互联网服务的公司，如微软的MSN和美国在线AOL，在有关调查机关的要求下，有义务向美国政府提供用户的有关信息和背景；在发生电子袭击时，如果可能出现人员伤亡的情况，这些公司必须提供有关用户的信息；警方也有权监视互联网上的信息来往，其中包括个人电子邮件。

但是正如民众所担心的，政府机构一旦获得法律授权，可以任意查阅个人信息资料、往来邮件，势必侵犯了个人的隐私权。目前在反恐战争的大背景下，虽然有部分公众对自己人权表示担忧，但美国仍然实施了对互联网个人信息的严密监控措施；尽管未来很难保证这种可能损害个人通信自由的授权不会产生恶果。

5.5 美国互联网安全国家战略

从20世纪80年代开始，美国政府发布了一系列涉及关键基础设施和信息安全的国家政策、通告、总统行政命令和国家计划，对如何维护关键基础设施和信息系统的安全提出了具体的要求。这些文件每隔几年就重新进行审定，以适应科技的发展趋势。与此同时，通过设立层层管理机构，逐步形成一整套信息安全防范体系。这一防范体系从关键基础设施和信息系统的脆弱性分析入手，要求各级政府和私营企业建立“预警—检测—反应—恢复”体系并制定完善的补救计划，同时强调推广安全意识的教育，加强保护基础设施的研发工作，并力图在收集和分析有关国家威胁美国基础设施的情报及开展国际合作方面有所建树。

1998 年 5 月美国政府签署的第 63 号总统令规定，拥有最关键系统的中央情报局、商务部、国防部、司法部、联邦调查局等部门被指定为第一批实施信息安全保护计划的要害部门。2000 年 1 月，美国政府制定了《信息系统保护国家计划》，将信息安全保护分为 10 项内容，涉及脆弱性评估、信息共享、事件响应、人才培养以及隐私保护、法律改革等，并计划在 2003 年 5 月以前建立一个具备初步运作能力的关键信息系统防备体系，力图实现准备和预防、侦查和反应以及建立牢固的基础设施 3 大主要目标。

2001 年 10 月，美国政府发布了《信息时代保护关键基础设施》的行政命令，组建了总统关键基础设施委员会，其成员包括国务卿、国防部长、司法部长、商务部长、行政管理与预算局局长、科学与技术政策办公室主任、国家经济委员会主席、总统国家安全事务助理、总统国土安全助理等官员；该委员会主席将成为总统网络安全事务的特别顾问，他有权了解各部/局内属于其管辖范围的所有情况，并召集和主持委员会的各种会议，制定委员会的议事日程，向相关官员提供保护关键基础设施的政策和方案，并向总统国家安全事务助理和国土安全助理汇报。

2002 年 7 月美国政府又公布了《美国国土安全的国家战略》。2003 年 2 月 14 日公布了《确保网络空间安全的国家战略》和《保护至关重要的基础设施和关键资产的国家战略》。这 3 份文件中，后者依次是前者的补充性文件。

美国互联网安全国家战略主要有 3 项总体战略目标和 5 项具体的优先目标。3 项总体战略目标是：阻止针对美国至关重要的基础设施的网络攻击；减少美国对网络攻击的脆弱性；在确实发生网络攻击时，使损害程度最小和恢复时间最短。5 项优先目标是：建立国家网络安全反应系统；建立一项减少网络安全威胁和脆弱性的国家项目；建立一项网络安全预警和培训的国家项目；确保政府各部门的网络安全；确保国家安全与国际网络安全合作。

《确保网络空间安全的国家战略》明确规定国土安全部是联邦政府确保网络安全的核心部门，在确保网络安全方面充当联邦政府与各州、地方政府和非政府组织，即公共部门、私营部门和研究机构之间的指挥中枢；其职责是确保美国关键资源和至关重要的基础设施的安全，包括向私营部门和其他政府机构提供危机管理、预警信息和建议、技术援助、资金支持等 5 项责任。

上述网络安全的一系列战略文件，表明了美国政府对网络安全的担心与重视，也显示出其在 21 世纪确保美国信息霸权和安全的长远战略目标。确保网络安全已经被提升为美国国家安全战略的一个重要组成部分。美国政府认为信息技术已成为 21 世纪美国发展的支柱，而互联网成为美国发展的神经中枢。以信息化方式运作的金融、商贸、交通、通信、军事等系统，已经成为美国国家经济与社会的基础。防止敌对组织或个人对美国的信息系统和全国性网络的破坏，已不再只是一个技术层面的概念，而成为与社会、政治、经济、文化等各个方面密切相关的重大问题。

继"九一一"事件之后，出于对恐怖分子发动网络袭击的担心，美国政府采取了一系列预防和打击网络恐怖活动的措施，其经费开支增加了两倍多；迅速成立了"国土安全办公室"(国土安全部的前身)，将打击网络恐怖作为其主要职责之一；任命网络反恐怖专家理查德·克拉克为总统网络安全顾问和出任"国土安全办公室"统辖下设立的"电脑信息网络安全委员会"主席，负责制定、协调全美政府机构网络反恐计划和实施；着手建立一个与互联网分离的政府网络(GovNet)，以保障政府通信信息网络的安全和保护美国国家信息基础设施；召集有副总统理查德·切尼、司法部长约翰·阿什克罗夫特和美国十大网络供应商的高官参加的"网络恐怖袭击对策"会议；在美联邦调查局内新设反网络犯罪局，专门负责打击网络犯罪；指令美军加强网络战准备，防范网络恐怖袭击，打击网络恐怖活动，打击支持网络恐怖的国家。美国总统还对美国指认的所谓纵容网络恐怖主义的国家发出警告："如果任何国家为网络恐怖主义者提供安全的避风港，国际社会将切断它与国际互联网的联系，把它排斥在互联网之外。"

发动社会力量对网络进行全民防御是美国政府的一项重要政策。美国政府早就意识到，仅仅依靠政府的力量是不够的，必须动员一切可以动员的社会力量，建立起一个全方位的互联网安全防御体系。美国政府十分重视与私营企业之间建立合作关系，重视发挥学术研究机构的优势，同时也重视培养美国公民的信息安全意识。2002 年 2 月，美国众议院通过《网络安全研究与发展法案》，同意在 5 年内为大学和研究机构提供 8.7 亿美元的资助，用来研究保护美国计算机网络不受恐怖主义分子和黑客袭击的技术。美国国防部高级研究计划局还出资在卡内基·梅隆大学软件工程研究所内设立了计算机应急处理小组协调中心(CERT)，该中心提供 24 小时紧急情况联络点，通过与世界范围内 IT 界和专家之间的交流，提高人们对计算机安全的认识。

美国政府认为，互联网安全必须依靠普通大众的参与和重视。《确保网络空间安全的国家战略》中包括：完善"网络公民计划"，对美国儿童进行有关网络道德和正确使用互联网和其他通信方式的教育；借助"关键基础设施安全伙伴"建立美国企业和信息技术精英间的合作关系；保证政府雇员具备保护信息系统安全的意识；在上述行动的基础上，把提高安全意识的活动推广到其他私营部门和普通公众。

6 互联网业务

自互联网诞生以来，各种各样的互联网业务如雨后春笋般不断涌现。2007年1月，中国互联网络信息中心(CNNIC)发布第19次中国互联网络发展状况统计报告，其中罗列的网民经常使用的网络服务中，收发邮件、浏览新闻和搜索引擎占据前3位，网民使用的比例依次为56.1%、53.5%和51.5%，如表6-1所示。

表6-1　网民经常使用的网络服务/功能

网络服务/功能名称	比例(%)	网络服务/功能名称	比例(%)
收发邮件	56.1	网上招聘	20.8
浏览新闻	53.5	网络聊天室	20.8
搜索引擎	51.5	个人主页空间	20.3
信息查询(产品、工作、医疗健康、政府)	41.0	电子杂志	17.1
论坛/BBS/讨论组等	36.9	网络教育	14.3
在线影视收看及下载	36.3	网络销售	13.3
即时通信	34.5	网络电话	11.2
在线音乐收听及下载	34.4	网络金融	10.5
文件上传下载(不含音乐、影视下载)	32.9	短信息/彩信服务	9.7
网络游戏	26.6	网上预订(酒店、票务、挂号等)	8.6
网上校友录	25.6	电子政务(网上投诉、审批、监督等)	7.7
博客	25.3	征婚、交友、社区俱乐部	6.4
网络购物	23.6	其他	6.4

6.1 VoIP 业务

6.1.1 VoIP 业务的起源和发展

1995 年 2 月以色列 VocalTec 公司研制出可以通过互联网打长途电话的软件，用户只要在计算机上安装该软件，就可以通过互联网和任何安装了同样软件的用户进行通话。这就是后来人们称之为 VoIP(Voice over Internet Protocol)，即互联网电话、网络电话或 IP 电话的雏形。

这项技术的突破引起全世界瞩目，其背后的无限商机使许多公司也开始研发并相继推出类似的软件，包括微软公司的 NetMeeting、IDT 公司的 Net2Phone、NetSpeak 公司的 WebPhone、英特尔公司的 Internet Video Phone 等。用户只需在计算机上安装这些客户端软件，并配合麦克风、声卡、耳机等设备，就可以与互联网上也安装了这些软、硬件的其他用户通话。刚开始时，互联网电话的语音质量基本还没有保证，技术不成熟。

1996 年开始，传统的电信公司也逐渐认识到互联网电话的巨大潜在市场，开始考虑互联网电话和传统电话网络 PSTN 的有机结合，以便为广泛的传统电话用户服务。由于利用互联网代替传统的长途电话线路可以大大降低成本，许多产品制造商和电信公司纷纷看好这一市场，并开始制造相关设备和提供服务。由于利用互联网实时传输语音还存在很多不足，难以保证语音质量，很多电信公司建立了专用的 IP 网，或在互联网上构建虚拟专网来提供 IP 语音业务，以实现较好的语音质量，这就促进了 IP 电话的快速发展。

2000 年开始，VoIP 业务得到了进一步发展，IP 电话也从当初的计算机到计算机(PC—PC)，扩展到计算机到电话(PC—Phone)、电话到电话(Phone—Phone)等多种形式，话音质量逐渐提高，应用范围不断扩大。

VoIP 业务之所以能得到非常迅速的发展，除了 IP 电话采用 IP 分组交换方式降低运营成本外，还有以下原因。

(1) 传统电话业务历来被各国政府严格管制，而对 IP 电话却大多采取宽容甚至扶持的态度。如美国政府将 IP 电话归为增值业务，不需遵守对长途电话公司的相关管制规定，不必向本地电话公司缴纳占长途电话费 40% 左右的接入费。

(2) 国际长途电话业务在很多国家都是垄断经营，新兴电信公司或互联网服务提供商通过 IP 电话，便可以进入这高利润的垄断市场。

(3) 国际长途电话费在各国之间的严重不平衡性。国际话费标准低的国家，其电信企业可通过 IP 电话，直接或间接进入国际话费高的国家的国际长途电话市场;而国际话费高的国家的电信企业则通过 IP 电话,与国际回叫业务争夺用户。

艾瑞市场咨询(iResearch)公司 2005 年 7 月整理的资料显示,2004 年全球 VoIP 服务市场规模已达 35 亿美元,随着各国相关扶持政策的出台,全球 VoIP 服务市场在未来两年仍将呈现高速增长的趋势,到 2008 年全球 VoIP 服务市场规模将达到 210 亿美元,如图 6-1 所示。

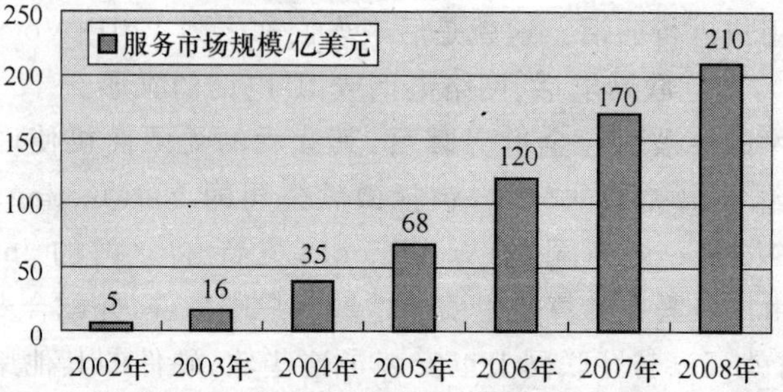

图 6-1　全球 VoIP 服务市场规模现状及预测

美国从 2001 年开始,就有部分公司利用 SIP 协议提供端到端 VoIP 服务,并得到了用户认可。AT&T 公司在 2004 年开始大举发展 VoIP 业务。TI 公司和该行业领头羊 Vonage 公司结成联盟,共同开拓 VoIP 市场。[①]

VoIP 业务在美国具有较高的知晓度和相当大的市场潜力。2004 年 3 月,AT&T 公司委托市场调查公司进行相关市场研究,发现 74%的受访者听说过 VoIP,63%的受访者认为 VoIP 将会改变通信方式,66%的受访者认为 VoIP 将会对他们的生活产生与数码音乐相近的影响。据 Analysys 公司预测,到 2008 年,将有 1 170 万宽带家庭用户享用 VoIP 服务,占美国家庭用户的 17%;届时还会有 80 万小型企业也将使用 VoIP 服务;个人和小型企业用户每年支付 VoIP 服务可达 57 亿美元,VoIP 运营商的总收入将增加 100 多倍。艾瑞市场咨询公司根据 Forrester Research 公司在 2005 年的研究数字整理发现,2005 年 7 月美国 VoIP 家庭用户数量已经达到 280 万,比 2004 年增长了两倍,到 2006 年就达到了 500 万用户,到 2010 年将有超过 1 000 万的 VoIP 家庭用户。

日本是世界上 VoIP 发展较快的国家之一。日本政府于 1997 年开放 IP 电话业务,于 2001 年 6 月成立了“IP 网络技术相关研究会”,2001 年年底公

① 包东智,VoIP 发展现状,技术广角,2005 年第 2 期。

布了 IP 网络技术相关报告书。2003 年 9 月，日本总务省规定提供前缀为“050”的电话号码给网络电话使用，“090”用于移动 IP 电话，到 2003 年年底就已经给业务提供商分配了 900 万个前缀为“050”的号码，从政策上全力支持网络电话的发展。

2002 年春季，日本软银公司率先推出基于高速 ADSL 接入的 IP 电话服务 BB Phone，凭借其低廉的服务费用和方便快捷的性能，BB Phone 轰动一时。BB Phone 对 xDSL 运营商、ISP 以及现有的电话公司形成巨大冲击。2002 年年底，BB Phone 的签约用户已超过 100 万人。仅 2002 年 11 月软银公司提供的 ADSL 线路就增加了 25.5 万条，占日本新增 ADSL 线路的 50%以上。

2003 年春季，Yahoo! BB、Nifty、NEC 等公司也在日本正式提供网络电话服务，用户可在一部电话上同时使用网络电话和普通电话服务。日本宽带移动通信公司(BMC)推出的网络电话服务“BC Phone”，可以供用户跨网络使用。Yahoo! BB 的 VoIP 业务在不到一年内就有了将近 300 万用户，抢占了 30%的宽带市场份额，并且吃掉了日本 NTT 公司 3%的长途电话业务。

到 2004 年年末，以 Yahoo! BB 为代表的大约 200 个互联网服务提供商，通过转售方式大力推广 VoIP 业务，日本 VoIP 个人用户已达约 782.9 万户，占电话用户总数的 12.7%，预计到 2007 年年末将达到 2 788 万户；而企业 VoIP 用户在 2004 年年初约为 13 850 家，占企业电话用户总数的27.8%，预计到 2007 年年末将达到 21 550 家。①

在我国，1999 年信息产业部批准电信企业可以经营 IP 电话业务。2001 年 5 月，信息产业部发布了《关于同意中国网通进行 PC2PHONE 方式 IP 电话业务试验的批复》。2004 年 5 月，信息产业部允许联通、网通、铁通等运营商开展 PC2PHONE 商用实验。

易观咨询在 2005 年 12 月发表的《VoIP 专题报告 2005》中显示：VoIP 经历了技术萌芽阶段后，在 2004 年得到了初步发展，业务量达到 130 亿分钟，增长率达到了 171%；到 2007 年，市场会出现爆发性的增长，市场规模达到 3 240 亿分钟，增长率达到 241%。

目前，我国 VoIP 的主要商业运作模式有两种：一种是完全依赖于互联网的虚拟 VoIP，其主要业务形式是语音聊天室和即时通信的语音聊天功能；第二种是以电信网为基础的 VoIP，主要业务形式是电信企业提供的 IP 长途

① 张家铁，日本 VoIP 的管制现状及对我国的启示，世界电信，2005 年第 8 期。

电话业务。

据权威市场调研机构 Mercer Consulting 公司预测，全球最大的 VoIP 市场即将在中国出现，在未来 3～5 年内，中国的 VoIP 市场将会得到迅速发展；到 2010 年，网络电话的用户将占据中国住宅电话市场将近三成的份额，网络电话市场年容量将超过 2 000 亿元人民币。

6.1.2 VoIP 挑战传统电话业务

自从 130 年前贝尔发明电话以来，固定电话通信基本没有发生太大变化，即使有了移动电话，专用交换线路传输声音信号的通信技术在本质上变化不大；而 VoIP 不同，它不是通过传统意义上的电话网络，而是通过互联网传递的。

美国已有 62%的公司使用 VoIP，19%的公司正在试验使用 VoIP。根据市场研究公司 In-Stat 2006 年 12 月的报告显示，大约有 8%的家庭在使用 VoIP 业务，Skype、Vonage 和 Time Warner 公司的用户数量分别为 210 万、170 万和 160 万，因为 VoIP 而停止使用传统电话业务的用户已经达到 49%。美林(Merrill Lynch)投资银行 2006 年 10 月发表的研究报告显示，截止到 2005 年 6 月，美国 VoIP 系统的销售比上一年增长了 31%，同时传统电话销售则下降 20%，受此影响，电话市场整体销售额仅比上一年增长了 2%，达到22.4亿美元。

面对网络电话对传统电话市场的蚕食，美国 AT&T 公司不甘心丢掉在固网语音市场上的领导地位，主动出击，果断进入网络电话市场，积极应对挑战。2004 年 3 月，AT&T 公司在新泽西州和得克萨斯州推出了名为 Call Vantage 的网络电话服务，随后针对不同细分市场，在全国范围内陆续推出了 Call Vantage Local Plan、Call Vantage Small Office Plan、IP-VPN 等多项 VoIP 服务，与 8X8 公司、Vonage 公司、VoicePulse 等网络电话公司展开了激烈的竞争。

英国市场调研公司 Philips Tarifica 于 2006 年 6 月估计，自 2000 年以后，由于互联网的使用日渐普及，导致用户对廉价互联网电话的需求逐渐增大；如果互联网电话仍按本地电话收费，则会减少传统电信公司的长途电话收入，尤其是在那些本地电话与国际电话差价过高的国家，互联网电话带来的冲击恐怕更大。Tarifica 公司预测，法国电信公司在国际电话市场每年将有 9 400 万美元的收入流失到互联网市场；英国电信公司也将损失 1.05 亿美元；在欧洲三大电信公司中，德国电信公司收入的幅度下降最多，该公司将有1.73亿美元的收入流向互联网市场。

英国电信(BT)于2004年12月对外表示,VoIP对他们来说并不全是威胁,而是一个市场机会。虽然对英国电信而言,网络电话市场和传统电信市场是对立的,VoIP将会侵蚀现有的电话市场,然而英国电信对VoIP却具有相当的积极性。英国电信与其他的传统电信厂商都面临着被VoIP侵蚀传统话务收入的事实,但英国电信一方面必须保护其传统话务市场,另一方面也要采取积极和具开创性的价格策略来应对。英国电信已经调低了电信服务价格,同时与合作伙伴以及用户建立长期关系。英国电信将必须牺牲部分服务,也许会造成对传统话务收入的部分侵蚀。英国电信提供用户两项VoIP服务:其一是Broadband Voice;另一项则是2004年与Yahoo Messenger公司合作推出的BT Communicators,即通过PC拨打电话。

MCI是美国领先的商用国际互联网接入业务提供商,提供与近60个国家的互联网链接。MCI公司认为网络电话还不到话音业务的10%,对其长途业务不构成威胁,但是这种新的技术将产生新的业务,如互联网客户服务呼叫中心。MCI正在测试将这种技术用于其企业内部网,然后进行国际试验。MCI和英国电信通过CIP(Concert Internet Plus,1996年成立)正在建立第一个全球性的可管理的IP网络,使之成为一个虚拟的信息交换和电子商务的专用全球网络。CIP将在世界各地提供45 Mbit/s接入速度的骨干网,建成后将扩大现有互联网整个国际容量的30%。

韩国最大的固网运营商KT由于担心VoIP蚕食固话市场,一直对开展宽带VoIP持谨慎态度。但随着IP技术的不断发展和VoIP竞争的加剧,以及BcN网络计划(KT的下一代网络)的启动,KT逐渐意识到VoIP的应用价值,并开始主动出击。2005年5月开始,在先期"Allup-Prime"和"e-Learning"等多媒体网络电话基础上,KT面向公众用户正式推出了以070开头的宽带VoIP服务。随着KT正式介入宽带电话市场,韩国固定通信市场的竞争焦点从传统固话转向了VoIP。

根据《2007年中国VoIP行业调研报告》,截至2007年6月底,中国电信运营商的可统计IP通话时长为757.37亿分钟,同比增长了4.3%,占长途电话通话时长的比重为43.61%。预计VoIP在长途通话市场所占份额在今后的2~3年内,将逐渐等于甚至超过PSTN和移动长途业务的总和。

由于VoIP的技术特点和成本优势,我国各大运营商和虚拟运营商都不同程度地加入了这一潮流。对于虚拟运营商,网络电话可以帮助其获得消费者的青睐,从而获取丰厚的利润回报。对于电信运营商,网络电话也可帮助其开发新的利润增长点，以及争夺其他运营商的市场份额；他们向代理商低价批发“话务量”，甚至有针对性地进行“话务量返送”或免费使用设备的优惠活动。除了原信息产业部公开统计在册的通话量以外，还存在不少“地下”运营商经营的 VoIP 国际长途话务量。赛迪顾问公司认为，2003—2006年，我国“地下”VoIP 通话量一直以每年 30%的增长率增长，2006 年 VoIP 地下国际话务量达到 5.5 亿分钟左右，收入约为 4.9 亿元。

6.1.3 VoIP 的定位和治理

VoIP 业务到底属于传统电信业务还是新兴的信息服务业务，是属于基础电信业务还是属于增值电信服务，一直存在争议。各国对于 VoIP 业务有不同的定位和治理态度，如表 6-2 所示。

表 6-2 不同国家对 VoIP 业务的定位与治理态度

国　别	业务分类	业务定位与基本治理态度
美国	—	轻度管制的信息服务，不作严格的市场准入管制，但服务商需要承担相应义务，并符合法律规定
加拿大	使用北美编号计划(NANP)的电话号码并能与 PSTN 进行互通的 VoIP 语音业务	传统电信业务，将其纳入现有电路交换语音业务管理体系，CTRC 对服务商进行严格管制
	在 PC 上安装软件进行即时通信形式的 VoIP 业务	信息服务业务，在法律允许范围内，不受 CTRC 管制
欧盟	基于 VoIP 的专用电子通信服务	普通管制业务，不受成员国管制机构(NRA, National Regulatory Authority)的准入管制
	基于 VoIP 的公用电子通信服务	严格管制业务，除了像公用电子通信服务接受一般管制外，还要受到额外管制，如应急服务管制等
日本	与传统 PSTN 等同或高于其质量的第一类 VoIP 服务	严格管制，服务商必须具备自己的接入线路、保证话音品质和稳定性、电话号码对应固定场所、明确的码号需求、具备紧急呼叫功能 5 个条件才能够准许进入
	不满足以上条件但也具备一定质量的第二类 VoIP 服务	轻度管制，无须满足以上 5 个准入条件

2004 年 7 月，美国参议院商业委员会通过了 VoIP 管制自由法案，明确规定 VoIP 业务属于受美国联邦通信管理委员会(FCC，Federal Communications Commission)轻度管制的信息服务业务。美国政府允许传统电信运营商、有线电视运营商、互联网提供商进入 VoIP 市场。宽松的管制环境使得美国成为全球 VoIP 发展最快和应用最广的市场之一。

在 VoIP 发展初期，日本、英国、加拿大基本把 VoIP 业务定位为传统电信业务，纳入传统电信业务的管制框架。随着技术发展，原有管制框架不再适合需要；这些国家根据 VoIP 的技术特性、资源占用、实现方式等，对其进行了重新定位。

日本 2001 年年底公布了 IP 网络技术相关报告书，从政策方面开始全力支持 VoIP 业务的发展，并规定经营 VoIP 的准入条件。2003 年日本对《电信通信事业法》中市场准入制度和提供业务的管制进行了全面修改，以适应 VoIP 业务的发展，其中最重要的是取消了按有无电信设施划分第一类、第二类电信运营商的规定，并在市场准入、退出机制方面取消了许可制，改为登记和报备制，引进了公益事业的特权许可制度，脱离了原有固定电话语音业务管制体系的框架限制，为 IP 网发展语音业务作了法律上的调整。

日本把 VoIP 分为两类，通过分配不同的码号资源进行区分。一类是与传统 PSTN 电话等同或高于其质量的 VoIP 业务，日本管制机构规定了服务提供商必须满足的 5 个基本条件：拥有接入线路，且自己准备其相关的设备；必须保证与固定电话相当的通话品质和稳定性；规定电话号码必须对应固定场所；必须为基础通信工程发展计划提出确切的码号需求；必须要提供与固定电话同样的紧急呼叫功能。另一类是不满足上述条件但也具备一定质量的 VoIP 服务，规定在满足现有法律框架的条款下，若有一定质量保证，任何一类运营商都可以经营①。

加拿大电信监管机构——加拿大广播电视及电信委员会(CRTC)从两个不同的层面对 VoIP 业务进行了定位。在技术层面上，CRTC 认为 VoIP 是指在基于 IP 协议的网络(包括互联网或可管理的网络等)上传输语音、视频和数据包等信息的标准化技术；从业务监管层面上认为，VoIP 业务是使用北美编号计划(NANP)的电话号码并能与 PSTN 网进行互通的语音业务；而通过装有通话软件的计算机在互联网上进行即时通信的“Peer to Peer”形式的 VoIP 业务在法律允许范围内不受 CTRC 的管制。

为保护传统电话业务，我国在 VoIP 初期就采取了严格的管制政策，在 2003 年 2 月信息产业部公布的《电信业务分类目录》中，明确将 IP 电话业务列入基础电信业务范围，只有具有基础电信业务经营资格的 6 大运营商才能

① 张家轶，日本 VoIP 的管制现状及对我国的启示，世界电信，2005 年第 8 期。

经营 VoIP 业务。但是，信息产业部的统计资料显示，VoIP 业务仍然出现了高速增长的势头，IP 电话对传统长途电话业务的分流作用显著增大。2005 年 9 月，为探索 VoIP 业务，并为有序监管提供经验，经信息产业部正式批准，中国电信在深圳和江西上饶、中国网通在吉林长春和山东泰安的本地网范围内进行了基于 VoIP 的网络电话试点，试验重点限制在计算机与电话(PC—Phone)的方式。同时，信息产业部强调，除批准试点的两大运营商在规定地区进行试验外，中国铁通、中国卫通、中国移动和中国联通等已违规开通的 PC—Phone 的话音业务须立即停止。2007 年 10 月，由信息产业部、公安部、国家税务总局和国家工商行政管理总局四部委颁布了打击非法经营国际电信业务的两份文件，要求我国电信运营商采用技术手段准确发现、核实和监测非法经营情况，尤其是加强对专线用户和话务代理商话务流量和流向的监控，防止其疏通和非法转接 VoIP 业务。

6.2 即时通信

6.2.1 即时通信的概念及发展

根据美国著名互联网术语在线词典(Net Lingo)，即时通信(IM，Instant Messaging)是一种使人们能在网上识别在线用户并与他们实时交换消息的技术，被很多人称为是继电子邮件发明以来最酷的在线通信方式。

典型的 IM 是这样的：当好友列表中的某人在任何时候登录上线，并试图通过你的计算机联系你时，IM 系统会发出消息提醒你，然后你就能与他建立一个聊天会话，并键入消息文字进行交流。IM 被认为比电子邮件和聊天室更具有自发性，甚至你能在进行实时文本对话的同时，一起进行 Web 冲浪。

最早期的即时通信可追溯到芬兰人 Jarkko Oikarinen 于 1988 年发明的网络聊天协议(IRC，Internet Relay Chat)，当时该协议仅仅支持文本聊天，不支持好友列表。1996 年第一个 IM 产品 ICQ 发明后，即时通信基本成型，其工作原理开始被人们了解。1997 年最大的 IM 运营商美国在线(AOL，American Online)推出了即时通信产品 AIM(American Instant Messenger)。1999 年 IBM 公司推出 lotus sametime，雅虎推出 Yahoo 通，微软推出 MSN，中国腾迅公司推出腾迅 QQ，网易、淘宝网等也都相继推出了自己的即时通信产品。目前国内流行的即时通信服务工具主要有腾讯 QQ、微软 MSN 和淘宝旺旺等。

(1) 腾讯 QQ 是由深圳腾讯计算机系统有限公司开发的个人即时通信服务工具，具有与好友用户交流、信息即时发送、即时回复、网上寻呼、聊天室、文件传输、语音邮件和手机短信等服务功能。

(2) 微软 MSN 是由微软公司开发的即时通信服务工具，操作简单，运行稳定，具有与他人进行文字聊天、语音对话和视频会议等功能。MSN 通过与 Windows 操作系统的捆绑，普及速度非常块，现已成为全球主流的即时通信服务工具之一。

(3) 淘宝旺旺是由阿里巴巴旗下网站“淘宝网”推出的一种个人交易沟通软件。它集成了即时文字、语音、视频沟通以及交易提醒、快捷通道、最新商讯等功能。用户可以使用该软件购买商品、询问价格和质量。

(4) 网易泡泡是由网易公司开发的一款即时通信服务工具。它集即时聊天、手机短信和在线娱乐等功能于一体，还拥有自建聊天室、自设软件皮肤、网络文件共享、穿透防火墙的超大文件传输等功能。

(5) 新浪 UC 即时通信服务于 2002 年正式推出，后于 2004 年被新浪收购。新浪 UC 增强了新手乐园、屏幕截图、友好信息备注、好友克隆和多彩心情设置等功能。

(6) 雅虎通(Yahoo! Messenger)是 Yahoo 开发的聊天软件，功能包括语音聊天、多方会谈、好友清单、传送即时通信、来信提醒、支持防火墙等，其新版本还增加了拨打全球座机和手机、下载美国本地电话号码、免费 IP 电话、接收即时股市信息等功能。雅虎通不仅可以安装在 PC 上，还可以用于便携式无线设备上。

(7) ICQ(I Seek You)是全球曾经风靡一时的聊天工具，它支持在互联网上聊天、发送消息和文件夹等。新版本 ICQ 具有查看、查找和打印消息历史、设置随机聊天、使用多种方式查找并添加用户、获得更相信的用户信息、创建自己的 ICQ 主页等功能。

中国互联网络信息中心(CNNIC)2007 年 7 月发布的《第 20 次中国互联网络发展状况统计报告》显示，截至 2007 年 6 月，中国网民总人数达到 1.62 亿，其中有 69.8%的网民经常使用即时通信服务。

我国的即时通信市场在经过几年高速发展之后，已经进入激烈竞争的阶段。根据 iUser Tracker 的数据显示(见图 6-2)，2007 年第一季度，腾讯 QQ 的月度覆盖用户数占即时通信软件月度全部覆盖用户的 96.1%，比例最高；MSN 的月度覆盖用户比例位居第二，比例为 31.7%，较上一季度下滑；淘宝旺旺排名第三，占 29.1%，与 MSN 规模接近。淘宝旺旺份额的继续提升主要取决于网络购物的兴起和淘宝旺旺在诸多网购买家和卖家中的流行。

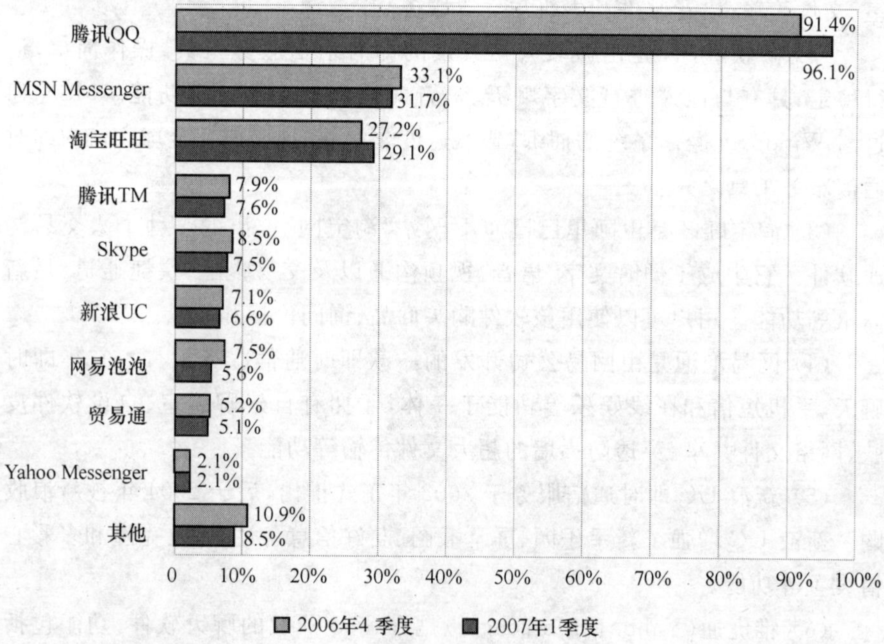

数据来源：iUserTracker 2007.4，基于对5万多名样本的长期网络行为监测，代表1.1亿中国家庭及工作单位(不含网吧等公共上网地点)网民的整体上网属性数据。

图 6-2　我国 2007 年第一季度即时通信月度市场份额

除上述公司以外，263 公司推出以视频聊天为主的“e 话通”，TOM 公司结盟 Skype 推出 Skype 中文版，盛大公司推出“圈圈”，搜狐公司发布了“搜Q”，Google 公司也出其不意地推出了 Google Talk。

目前，国内电信运营商也都相继推出了自己的即时通信工具。2004 年 11 月，中国电信推出了电信级互联网即时通信软件 Vnetmessenger(Vim)；2006 年 10 月，中国联通内部公测超信业务，超信用户可通过手机客户端、PC 客户端、短信客户端、WAP 客户端、IVR 客户端多种手段随时使用超信服务，进行手机到手机以及手机到 PC 的文字、图片、语音等信息的即时互通；2007 年 4 月，中国网通推出基于小灵通的即时通信业务——灵信，用户可通过小灵通短信、宽带 PC 客户端等多种手段，实现手机到手机、手机到 PC 的文字、语音、图片等即时互通；2007 年 6 月，中国移动宣布旗下无线即时通信工具“飞信”正式开始商用，目标是当年达到 2 500 万全网用户，除具备传统意义上的聊天、短信等 IM 功能外，还将捆绑彩信、彩铃、博客、流媒体等增值服务。

为抢占市场、扩大影响，各大即时通信巨头甚至想方设法花钱请用户使用各自的即时通信服务软件，只要用户开着软件，就可免费送网络硬盘、超大免费邮箱、免费短信等。他们认为，现时收益并不重要，重要的是平台所能带来的大量用户群体。

6.2.2 即时通信互联互通

2006年5月，腾讯公司向法院提交诉状，称自2005年7月以来，手机即时通信产品的注册用户明显下降，导致营业收入大幅降低，经查是掌中无限的PICA软件让用户可以用手机登录QQ，因此控诉掌中无限公司未经许可，非法进入QQ即时通信系统，侵犯了腾讯的财产所有权和软件著作权，并且构成不正当竞争。2006年11月，PICA反诉腾讯公司“垄断及不正当市场竞争”，索赔200万元，指责腾讯“在其提供的QQ中使用私有通信协议，且不对外公布其协议的内容，故意设置了和其他即时通信服务商互通的技术障碍，违反了《电信条例》关于不得拒绝其他电信业务经营者的互联互通要求和《反不正当竞争法》经营者应当遵循诚实信用的原则，遵守公认的商业道德的法律规定”。2007年2月，北京市第一中级人民法院对腾讯起诉PICA(掌中无限)案一审判决，腾讯胜诉，PICA被判一次性赔偿腾讯200万元损失，PICA表示对此判决持有异议，并保留上诉权力。

该案件在国内第一次把即时通信互联互通摆到了法律台面上。即时通信服务商之间是否应该实现互联互通，业内一直存在两种不同的观点：一种观点支持互联互通，认为每个用户都安装和打开几个即时通信工具不但是一种资源浪费，更损害了用户的使用效率；另一种观点反对互联互通，认为互联互通是对原有IM服务商客户资源的侵占。

相对于业内人士的各执一端，广大网民显然更倾向于实现互联互通。艾瑞咨询2005年的调查显示，47.9%的网民对IM工具最不满意的地方就是IM软件之间不能互联互通，而71.43%的网民希望不同IM软件能够实现兼容。

现实中，也有越来越多的IM服务商选择了互联互通。2005年10月，微软公司和雅虎公司宣布将MSN和雅虎通两款即时通信服务的互通提上议程，并于2006年率先实现了互联互通。随后，包括网易泡泡在内的多家IM服务商发表声明予以响应。2006年3月，美国IBM宣布Lotus Sametime将与AOL、雅虎、Google三巨头实现即时通信服务互通。

不过，腾讯公司对于互联互通仍然坚持不参与的态度。腾讯公司认为，尽管互联互通是一个趋势，但各软件的标准尚未统一，互联互通后会涉及很多技术、安全和资费等方面的问题。

6.2.3 即时通信安全

尽管即时通信服务发展迅猛,但各类即时通信服务软件还存在着功能雷同、特色缺乏、操作方式繁琐和界面缺乏友好等现象,其中最为瞩目的问题是安全问题。以腾讯 QQ 为例,随着 QQ 软件的广泛使用,针对该软件的攻击工具层出不穷,例如盗窃密码、消息炸弹、身份证炸弹、病毒与木马攻击等,其中仅病毒及木马攻击就可分为利用网页传播的、捆绑在 QQ 上的和伪装成 QQ 的、利用 QQ 消息控制电脑的等多种形式。江民科技公司 2006 年发布的数据统计显示,2005 年是针对 QQ、MSN 等即时通信工具的病毒数量最多的一年,其中 QQ 病毒位居该公司统计的十大病毒之首,该病毒的其他 3 个变种也位居十大病毒之列,其严重程度可见一斑。国外情况也类似。据美国安全厂商 IMlogic 公司宣称,2004 年 10 月至 2005 年 10 月,美国针对即时通信服务的攻击大幅增长,增长幅度高达 1 500%。在针对即时通信服务的攻击中,87%属于蠕虫,12%是病毒,1%是利用客户端缺陷;受攻击最多的即时通信是 MSN Messenger,占 62%,其次是美国在线的 AIM,占 31%,第三位是雅虎,占 7%。

针对即时通信的威胁多种多样,信息安全厂商将其分为恶意软件、认证欺诈、穿透安全防御、垃圾信息等几种。

(1) 恶意软件。以计算机病毒为代表的各种恶意软件始终是最困扰个人用户的安全问题,利用即时通信平台进行传播的恶意软件给用户带来了巨大威胁。即时通信工具的联系人列表功能为蠕虫类病毒的大量传播提供了很好的目标获取基础,而即时通信用户之间基于可信性的通信模型,又为病毒的有效传播提供了最佳温床。目前,即时通信平台传播的病毒主要通过用户之间的文件传递完成感染行为,同时,利用即时通信平台漏洞进行感染的恶意软件也呈上升势头,正在超越电子邮件病毒成为新的主要的应用系统威胁。

(2) 认证欺诈。几乎所有的即时通信服务都采用匿名注册方式,导致其用户标识与真实操作者无法对应,假设一用户使用“R2D2”用户名进行登录,并不能说明他是一个机器人。目前最理想的结果也只是通过用户注册时提交的个人资料和绑定的电子邮件地址等信息,对用户实现非常有限的了解。匿名注册除了威胁即时通信的可信性之外,还对即时通信平台的安全造成了深远影响。和利用电子邮件传播病毒以及相应违法行为相比,利用即时通信平台开展的破坏活动更加难以追查。即使安全专家能够将一次安全事件回溯到一个即时通信账号，也很难确认攻击的发起和过程，特别是那些经过多个即时通信账号实现的攻击行为或恶意软件传播，想确认其攻击源头非常困难。

(3) 穿透安全防御。让不少网络管理员感到头痛的一个事实是，类似防火墙这样常见的安全防御功能，很多时候会因为开放了即时通信工具所需的端口而被突破。除了经过那些众所周知的端口（如 MSN 使用 1863，雅虎通使用 5050）进行通信之外，大多数即时通信软件都能够利用用户自定义的端口、或者自动尝试可以通信的端口进行数据交换，这使得黑客可以利用即时通信工具绕过防火墙机制的保护。

(4) 垃圾信息。继利用电子邮件和网站等方式开展网络钓鱼之后，以即时通信作为诱骗手段的网络钓鱼行为正越来越多地被诈骗者们实施。比较常见的手法是利用即时通信软件发送消息，将用户导向陷阱地址，或者冒充即时通信供应商开展某种活动，以骗取用户的敏感信息等。例如雅虎公司就证实其即时通信工具“雅虎通”的用户曾经接收到诱骗信息，将其用户导向诈骗者的网站；而国内也曾发现过很多以赠送 Q 币为名获取 QQ 密码和传播恶意代码的恶意网站链接。

目前全球具有一定用户规模的即时通信平台很多，统一通信协议和实现通信平台之间的互联互通将是大势所趋；由此而形成更大的即时通信网络也会为病毒和各种攻击提供更大的目标，并可能殃及其他平台，并进一步提升病毒的传播速度。这无疑要对即时通信平台的安全性提出更高要求。

另外，PDA、智能手机等手持设备上即时通信客户端的部署将成为即时通信平台的下一个主要增长点，意味着继病毒问题之后即时通信安全问题也将开始影响手持设备用户。

除了即时通信厂商在积极改进产品安全性外，全球主要的信息安全厂商也对移动领域的安全问题非常关注。2006 年年初，赛门铁克宣布将收购即时通信安全厂商 IMlogic，而很多主流反病毒厂商都开始在自己的产品中集成即时通信保护能力。尽管如此，目前整个产业包括用户群体对即时通信安全的重视仍没有达到令人放心的程度，即时通信平台的安全问题在本质上并没有解决。

6.3 电子邮件

6.3.1 电子邮件的概念及发展

电子邮件是雷·汤姆林森（Ray Tomlinson）在 20 世纪 70 年代初发明

的。当时，汤姆林森是美国马萨诸塞州剑桥的博尔特·贝拉尼克·纽曼研究公司(BBN)的重要工程师，该公司受聘于美国军方，参与 ARPANET 网络的建设和维护工作。汤姆林森依据当时的传输文件程序和信息程序，研制出一套新程序，可通过电脑网络发送和接收信息。为让人们都拥有易于识别的电子邮箱地址，汤姆林森决定采用“@”符号，符号前面加用户名，后面加用户邮箱所在地址，由此诞生了电子邮件。

20 世纪 70 年代使用 ARPANET 网络的人太少，网络速度也仅为 56 kbit/s 的 1/20，用户只能发送简短的信息。80 年代中期，个人电脑兴起，电子邮件开始在电脑迷以及大学生中广泛传播。90 年代中期，Netscape 和微软公司相继推出互联网浏览器和其他相关程序，全球网民人数激增，电子邮件被广泛使用，成为人们进行信息交流的主要方式之一，并很快成为雅虎、新浪、搜狐、网易等门户网站的必有服务。

2006 年全球活跃电子邮箱账号①从 2005 年的 12 亿增长到 14 亿(如图 6-3 所示)。随着互联网在亚非人口众多的发展中国家的逐渐普及，电子邮箱数量将会再一次飞跃。目前我国电子邮箱数量也在高速增长，据iResearch 公司统计，2006 年中国活跃电子邮箱账号约 2.5 亿，预计未来几年将随网民人数的增加而同步增长，预计 2008 年将超过 3 亿，2010 年可达 4 亿。

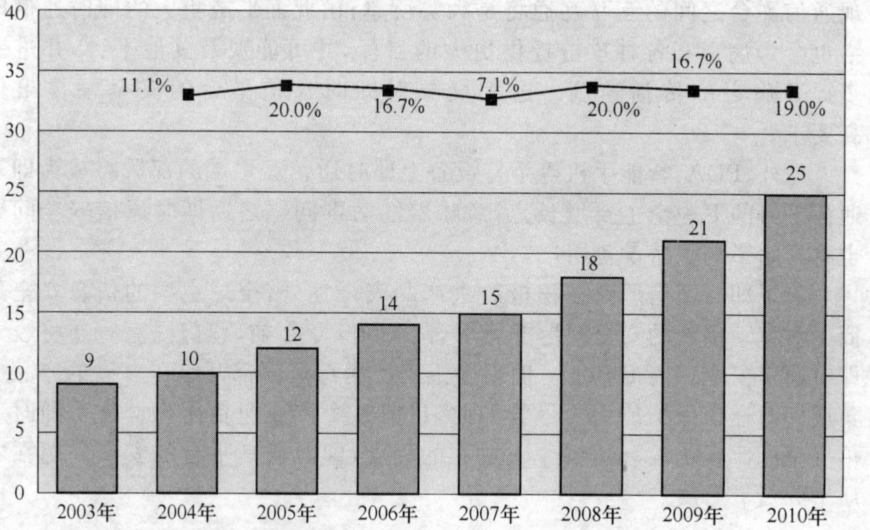

数据来源：www.iresearch.com.cn。

图 6-3　2003—2010 年全球活跃电子邮箱账号

① 该处活跃电子邮箱的定义是指每月登录一次以上的电子邮箱账号。

6.3.2 垃圾邮件及治理

1994年4月12日，一对居住在美国亚利桑那州专门承接移民事务的律师夫妇写了一段Perl脚本的小程序，将他们移民顾问服务广告的电子邮件发送给了大约6 000个Usenet新闻组用户。该事件即刻掀起轩然大波，数以千计的收信人在新闻组里留言表达他们的愤怒。这就是垃圾邮件的起源——“绿卡”事件。后来，未经许可就塞进网民信箱的各类广告以及其他信息，被统称为垃圾邮件，并且有了统一的英文别名——SPAM。

2004年，上海艾瑞咨询公司(iResearch)发布了《第三次中国反垃圾邮件市场研究报告》，报告中对垃圾邮件进行了定义，并被普遍认可。该垃圾邮件的定义及特征为：(1)收件人事先没有提出要求或者同意接收的广告、电子刊物、各种形式的宣传品等宣传性的电子邮件；(2)收件人无法拒收的电子邮件；(3)隐藏发件人身份、地址、标题等信息的电子邮件；(4)含有虚假的信息源、发件人、路由等信息的电子邮件；(5)含有病毒、恶意代码、色情、反动等不良信息或有害信息的邮件。

随着互联网和电子邮件的广泛使用，垃圾邮件在全球范围内迅速蔓延。2007年4月，英国Sophos安全软件公司和SophosLabs全球软件安全研究中心公布的全球网络垃圾产出量的最新调研数据显示，与上一年同期相比，2007年第一季度，全球网络垃圾邮件的产出量与上年同期相比增长幅度达4.2%。垃圾邮件输出的前12个国家的情况如表6-3所示。网络垃圾邮件发送量最大的国家是美国(占19.8%)和中国(占7.5%)，其中美国网络垃圾邮件的产出成倍地多于世界其他国家。法国、英国的状况有所改善，而波兰、印度和俄罗斯却后来居上。2007年1月到3月，中国互联网用户平均每周收到垃圾邮件数量为22.13封，较2006年12月的调查结果有所上升，上升幅度为4.78封，占所收邮件总数的58.01%。

垃圾邮件从诞生起就遭到广大网络用户的强烈谴责。这种行为违背了互联网开放、民主、平等的文化精神，强制性地把邮件发到他人邮箱，无效占用了网络带宽和收件人的邮箱存储空间，还浪费了收件人的精力和时间，收件人不得不浏览和删除这些垃圾邮件，同时还要小心以免误删其他邮件。垃圾邮件威胁网络安全，特别是利用他人服务器转发邮件。它不仅带来技术和经济问题，还带来社会问题，如传递含有色情和欺诈的邮件等。垃圾邮件会严重损害国家、地区、互联网服务提供商的形象，并可能导致网络大面积屏蔽，严重影响其正常使用。

如何治理垃圾邮件是互联网治理中的重要内容。世界各国纷纷加强和完善相关立法，以实施对垃圾邮件广告的规制。我国的垃圾邮件问题也日趋严重，对此，我国政府一直奉行法律规范、政府监管、行业自律和技术支撑的综合治理原则。

表 6-3　垃圾邮件的各个国家输出百分比

排名	国家	垃圾邮件输出百分比
1	美国	19.8%
2	中国(包括香港地区)	7.5%
3	波兰	7.4%
4	韩国	7.0%
5	意大利	5.0%
6	法国	4.1%
7	德国	3.7%
8	西班牙	3.5%
9	巴西	3.1%
10	俄罗斯	3.0%
11	印度	2.8%
12	中国台湾	2.5%
其他国家及地区		30.6%

1. 法律管制

美国属于联邦制国家，在网络立法领域也是并行联邦法和州法。

在州法层面上，如德克萨斯州、加利福尼亚州就相继通过了规范垃圾邮件的法律法规。德克萨斯州议会对《贸易与商业法规》作了修正(该修正案于 1999 年 9 月 1 日生效)，增加了对未经请求的商业电子邮件的规范，大致内容为：当广告的传送会使收件人或电信服务提供者因储存或传输广告而产生费用、花费或其他损害时，禁止利用电信发送广告；当原告以书面或电子方式要求或同意该广告的发送，被告可以作为抗辩事由；因违反上述规定传送广告而引起任何损害时，原告可以向法院请求发布禁止令、恢复原状、损害赔偿以及赔偿诉讼费用；在判决确定 3 个月后，若被告仍不实现判决要求，可以此为由撤销被告于本州的执照或其他营业权限，或指派接管人接管被告事务；凡通过电信传送广告者即适用本法，只要发送者知道或以合理的方式即可知道收件人或储存与传输广告的电信服务提供者为本州居民，而不论发送广告者是否为本州居民，不论电信设备是否设置于本州，也不论该通信是否在本州发出。

在联邦法律层面上，鉴于司法实践中屡屡发生有关垃圾邮件的案例，美国参、众两院从20世纪90年代中期以后就接连提出了十几个法律草案，直到2003年12月16日《反垃圾邮件法》(CAN-SPAM ACT)正式通过，并于2004年1月1日起施行。《反垃圾邮件法》明确赋予消费者拒绝接收未经请求的电子邮件的权利。根据该法，如果不尊重消费者要求继续发送垃圾电子邮件将受处罚，禁止使用虚假或欺骗性标题、无效回复地址等发送垃圾电子邮件，必须对含有色情等内容的邮件给出警告标记。垃圾电子邮件发送者如果故意违反这些规定，最多可被判处5年监禁和处以最高600万美元的罚款。《反垃圾邮件法》突破了以往打击发送垃圾邮件行为的限度，而将滥发垃圾邮件者的法律责任升格为刑事责任。

欧洲制裁滥发垃圾邮件行为的立法包括主权国家立法和欧盟立法两个层面。前者如英国、法国、意大利、比利时、瑞典、芬兰、西班牙、挪威、丹麦以及希腊等，都制定了比较详细的反垃圾邮件法。例如，英国的反垃圾邮件法律在2003年12月11日生效，法律规定在没有征得用户同意向用户发送垃圾邮件的违法分子将被处以8 700美元的罚款。后者如欧盟2000年6月颁布的《电子商务指令》，其第7条规定，除了欧盟法律另有规定外，凡是允许未经请求的电子邮件商业信函存在的成员国，应保证在其领土内设立的服务提供者所发出的商业信函能够附上相关信息，使接收方在未打开该电子邮件前即清楚其为商业广告；成员国应采取措施确保发出未经请求电子邮件商业信函的服务提供者经常查阅和关注退阅登记表，任何不愿意收到这些信函的自然人可以在登记表上登记。

2000年5月15日，北京市工商行政管理局发布了《关于对利用电子邮件发送商业信息的行为进行规范的通告》，是国内第一部对垃圾邮件进行规范的行政规定。2002年5月20日，中国教育和科研计算机网公布了《关于制止垃圾邮件的管理规定》。2003年3月25日，中国互联网协会正式颁布实施《中国互联网协会反垃圾邮件规范》。但这些反垃圾邮件规范要求还未上升到立法高度。2004年年初，中国互联网协会反垃圾邮件协调小组呼吁政府有关部门加快反垃圾邮件立法进程，以尽快形成依法促进和保障互联网行业健康发展的良好环境。2006年3月30日，信息产业部颁布了《互联网电子邮件服务管理办法》，对电子邮件服务提供商的服务作了详细规定：发送广告电子邮件，未经互联网接受者明确同意，不得向其发送包含商业广告内容的电子邮件；发送包括广告的电子邮件时，应在邮件标题上注明“广告”或“AD”字样；对发送垃圾邮件情节严重者予以惩罚。

2. 国家行政干预

国家行政干预是指国家政府机构运用政策、指令、计划等行政措施防止垃圾邮件的传播和泛滥。很多国家都采用过行政干预手段治理垃圾邮件。

美国联邦贸易委员会(FTC,Federal Trade Commission)曾经设定一些相关的代理机构来监视垃圾邮件生产商的行动。FTC在2002年年初对500家涉嫌经营"连环信"广告邮件的网站发出警告,还写了75封警告信给那些不愿意将网民邮件地址从广告目录上清除的网站。

日本总务省成立了"垃圾邮件对应方法研究会",在全国开展扑灭垃圾邮件的活动。通信部门经常在自己主页上公布防止垃圾邮件的技术方法。2003年10月6日,以庆应大学的国领二郎为首的日本信息技术专家与有关行政部门负责人成立了"日本在线交流协会",探讨防止电子邮件虚假信息和污秽内容的最佳途径。

韩国信息通信部从2003年10月1日起开展了为期20天针对垃圾邮件的"严打"活动,对256个垃圾邮件发送者实行行政处罚,对严重违犯相关法规的16个垃圾邮件发送者处以每人600万韩元(当时1美元约合1 150韩元)的罚款。韩国最大门户网站DAUM起诉了3家向DAUM邮件系统用户发送大量垃圾邮件的公司,以增加了网站硬件投资费用为由,提出3 900万韩元的赔偿要求。

2004年年初,我国公安部、教育部、信息产业部和国务院新闻办联合发出《关于开展垃圾邮件专项治理工作的通知》,同时开始进行互联网垃圾电子邮件专项治理工作。参与此次专项治理工作的各部门,对各地互联网电子邮件服务单位进行了摸底调查,并组织指导电子邮件服务单位,按照规范要求,落实防范垃圾邮件传播的管理和技术措施。这是我国政府举行的首次治理垃圾邮件大规模行动。

3. 行业协会自律

中国互联网协会从2002年年底成立反垃圾邮件协调小组起,到2005年12月联合国内的邮件服务提供者、互联网接入服务商、教育科研机构等,对发送垃圾邮件行为进行了不懈的斗争,具体采取了以下措施。

(1) 制定《中国互联网协会反垃圾邮件规范》和《中国互联网公共电子邮件服务规范》,组织包括国内主要邮件服务提供商在内的协会会员签约,自觉遵守这两个规范。

(2) 发行《拒收垃圾邮件指南》,指导和帮助网民防止、过滤和举报垃圾邮件。

(3) 组织国内有邮件服务器的协会会员,关闭默认的"开放转发"(Open Relay)和"开放代理"(Open Proxy)功能。

(4) 开展反垃圾邮件调查,截至2007年7月,共发布11期《反垃圾邮件调查报告》,为政府、业界和全社会的反垃圾邮件工作提供数据参考。

(5) 定期公布垃圾邮件服务器的IP地址黑名单,号召会员单位联合抵制黑名单地址发出的邮件。

(6) 积极与反垃圾邮件国际组织沟通,如Spamhaus和亚太地区反垃圾邮件联盟等,探索、尝试国际间合作。

目前我国垃圾邮件的治理工作已初见成效。根据中国互联网协会历次反垃圾邮件调查(表6-4),从2003年年底至2004年9月,垃圾邮件绝对数量和比例一直呈连续上升趋势;但在2005年4月调查中,垃圾邮件数量首次出现下降,并且在2006年至2007年期间,垃圾邮件绝对数量得到控制,并且所占邮件数量比例逐渐下降。

表6-4 2003—2007年垃圾邮件数量调查结果①

数量单位:封

年份	2003.12	2004.4	2004.9	2005.4	2005.7	2005.10
比例(%)	26.24	60.5	65.72	60.87	60.63	61.53
数量/周	12.95	19.3	27.8	16.8	16.56	17.25
年份	2006.3	2006.6	2006.10	2006.12	2007.3	—
比例(%)	63.97	61.99	59.49	58.95	58.01	—
数量/周	19.33	17.43	18.96	17.35	22.13	—

4. 加强技术治理

反垃圾邮件还可采用技术治理,进行批量控制。反垃圾邮件技术主要包括邮件服务系统的安全加固、垃圾邮件的过滤技术和简单邮件通信协议(SMTP)的改进等。

邮件服务系统的安全加固主要包括增强邮件服务器本身的安全性,防止漏洞,及时打上补丁和提高系统的防病毒能力;使用经过认证的MTA转发邮件,提供邮件服务安全身份认证,据此,可在邮件传递过程中确认发件方和接收方的身份,可对邮件进行电子签名,保证信息的不可抵赖性;限制服务器发送邮件的速率、频率;规定邮件服务器开放服务的端口,关闭不必要的服务功能,如关闭邮件服务器的匿名转发功能,以防止非法转发垃圾邮件。

垃圾邮件的过滤技术主要包括以下几种。

① 数据来源:中国互联网协会反垃圾邮件中心(www.anti-spam.cn)。

(1) 黑名单(RBL,Realtime Blackhole List)技术。利用邮件地址、IP 地址或域名的"黑名单",有效屏蔽恶意垃圾邮件的来源站点,这是最直接和有效的办法,也是目前最流行和最有前景的技术。

(2) 通过 SMTP 通信连接速率、频度的设定,过滤不符合规定的邮件。垃圾邮件发送者经常采用 DoS(拒绝服务)攻击,在很短时间内大量发送邮件阻塞邮件服务器。因此,把短时间内从相同 IP 地址发送的连接企图控制在设定的数量范围内,可有效过滤采用某些发信软件产生的垃圾邮件。

(3) 反向域名验证方法。反向验证邮件的来源 IP 地址,如果反向 DNS 查找的域名与邮件上的来源 IP 地址相符,该邮件将被接受,反之拒收。

(4) 基于信头、信体、附件的内容关键词的过滤方法。这种方法简单、有效,可以阻断绝大多数垃圾邮件。通过词语过滤识别技术,过滤掉包含特定关键字的所有邮件,例如"免费"、"色情"等在垃圾邮件中经常发现的词语。在邮件用户代理(MUA)中,用户可根据需要自定义过滤关键词,持续升级关键词过滤集。

(5) 基于垃圾邮件特征分析、规则提取的规则匹配过滤方法。基于规则的评分系统是比词语过滤更为复杂的垃圾邮件阻挡技术,是一种集合人工智能技术的应用系统,其评分规则是基于大量合法、非法邮件的综合分析,也检查关键词,对发现的每一个关键词赋予分数。国内的 CCERT(中国教育和科研计算机网紧急响应组)反垃圾邮件研究小组利用自身所掌握的最新和丰富的样本数据,推出了第一个基于 Spam Assassin 的中文垃圾邮件过滤规则集(Chinese_rules. cf),该规则集每周更新一次,时效性很好。

(6) 基于数据挖掘技术的邮件过滤技术。其中较有代表性的是贝叶斯过滤器。贝叶斯过滤器是由用户根据所接收的垃圾邮件和非垃圾邮件的统计数据建立的,垃圾邮件发送者无法猜测过滤器的配置,从而能够有效阻止垃圾邮件。在接收到大量信件后,一个好的贝叶斯过滤器便可自动识别各种垃圾邮件,它具备自学习、自适应和极高的准确率。

针对垃圾邮件,对 SMTP 协议进行改进和完善也是研究关注的重点。互联网工程任务组(IETF,Internet Engineering Task Force)与互联网研究任务组(IRTF,Internet Research Task Force)的下级部门反垃圾邮件研究小组(ASRG,Anti-Spam Research Group)支持在不放弃 SMTP 的情况下,通过校验邮件地址,控制垃圾邮件的技术方案。

6.4 搜索引擎

6.4.1 搜索引擎的发展

互联网发展初期的网站和网页数量都较少，信息查找较为容易。随着互联网爆炸式的发展，整个网络逐渐堆积成一个前所未有的超大型信息库，人们越来越多地依赖互联网获取信息，但要找到所需资料如大海捞针。为满足大众信息检索的需求，专业搜索网站便应运而生了。

最早的搜索引擎是 1990 年由 Montreal 的 McGill 大学学生 Alan Emtage、Peter Deutsch 和 Bill Wheelan 发明的 Archie。后来由专业程序员们开发出了一个名叫"Spider"（蜘蛛）的程序，它能自动以人类无法达到的速度不断地在网络上检索信息很像一只蜘蛛在互联网这张巨大的信息网上爬来爬去。世界上第一个 Spider 程序，是 MIT Matthew Gray 的 World Wide Web Wanderer，刚开始只用于统计互联网上服务器的数量，以追踪互联网的发展规模，后来发展到能够捕获网址。

在 Wanderer 基础上，一些编程者将传统 Spider 程序的工作原理作了改进：既然所有网页都可能连向其他网站，那么从一个网站开始，跟踪所有网页上的所有链接，就可能检索到整个互联网。

搜索引擎（SE，Search Engine）是一个信息处理系统，它以一定的方式在互联网中搜集信息，对信息进行理解、提取、组织和处理。

搜索引擎通常有两种不同的工作方式：其一是分类目录检索，它把互联网中不同的资源，按其类型分成不同的目录，一层层进行分类，最终找到所需的信息；其二是关键词检索，用户可按照逻辑组合方式输入各种关键词，搜索引擎根据这些关键词寻找用户所需资源的地址，然后将包含此关键词信息的所有网址和指向这些网址的链接，根据一定的规则反馈给用户。

一个搜索引擎大致由三部分组成。第一部分是搜索器，即 Spider 程序，它定期自动爬到各个网站上，把网页抓下来，并顺着上面的链接像蜘蛛一样爬开去，持续不断地抓取网页。第二部分是索引器，它把蜘蛛程序抓来的网页进行分析，按照关键词句进行索引，并存入服务器数据库中。第三部分是面向用户的检索器，它接收用户提交的查询字串，按照查询字串，在索引数据库中进行查询，并将结果反馈给用户。因此，利用搜索引擎搜索信息时，并不是真正在广袤的互联网上进行即时搜索，而是在由蜘蛛程序已经建立起来的庞大的数据库中检索。

目前，互联网上的搜索引擎已达数千种，仅中文搜索引擎就达上百种，而且搜索引擎的功能也越来越强，提供的服务也越来越全面，人们也越来越习惯利用搜索引擎查找信息。

艾瑞市场咨询公司根据 ComScore Media Metrix 发布的数据整理显示，美国网民日均使用搜索引擎人数逐年增多，2005 年增长较为迅猛，达到 5 900万，比 2004 年 3 800 万增长了 55%，如图 6-4 所示。根据中国互联网络信息中心(CNNIC)发布的第 19 次中国互联网络发展状况的统计报告，互联网搜索引擎的使用已经位居互联网业务的第三位，仅次于电子邮件和新闻浏览。艾瑞市场咨询公司研究认为，2006 年我国的搜索引擎用户已达到 1.19亿，比 2005 年增长 22.6%；2010 年我国搜索引擎用户将达到2.16亿，年均增长率为 11.3%；2006 年我国的搜索引擎用户占互联网用户总数的 88.1%，预计到 2010 年，将达到 93.1%。如图 6-5 所示。

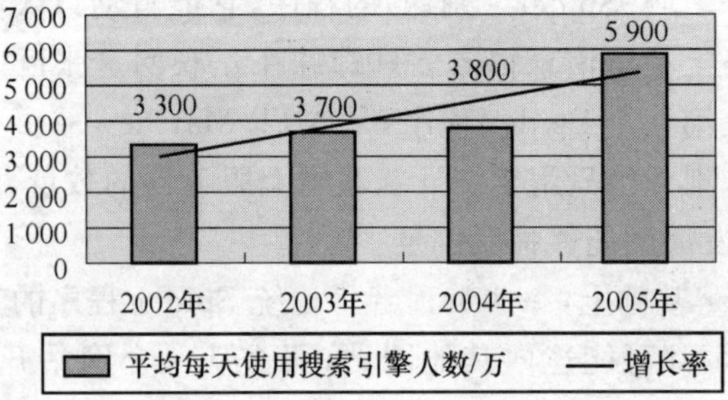

图 6-4　2002—2005 年美国网民平均每天使用搜索引擎人数

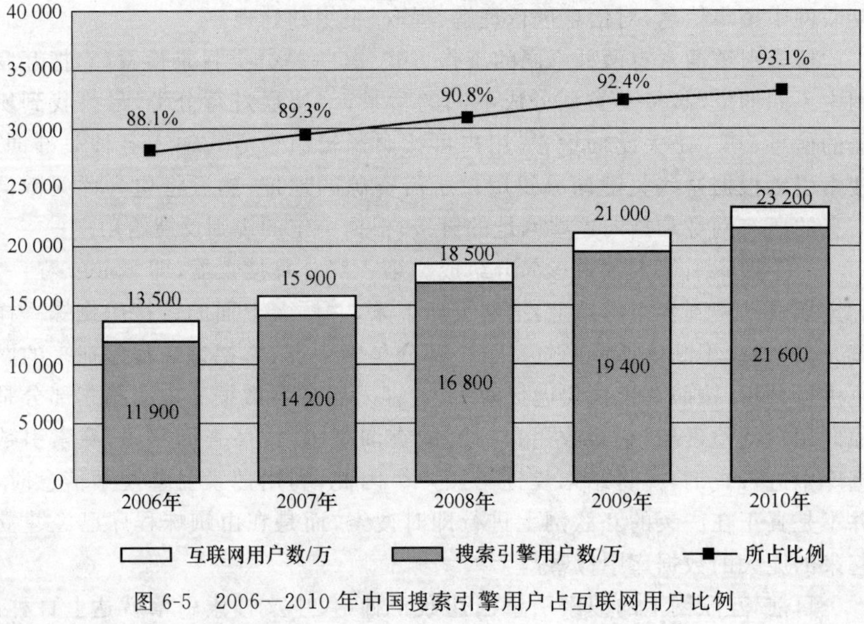

图 6-5　2006—2010 年中国搜索引擎用户占互联网用户比例

6.4.2 竞价排名

通常，搜索引擎应该选用词频位置加权算法、Direct Hit 算法、Page Rank 算法等进行排序，以便快速检索有用信息。但这种公正的"无私编辑"时代已经结束，随着 Google、百度、Yahoo 等各具特色的搜索引擎被大量应用，搜索引擎服务提供商不再愿意完全免费服务，开始建立收费模式，最显著的变化就是在搜索引擎中实施竞价排名。

搜索引擎每次返回的检索结果往往需要分页显示，而一般用户在浏览过程中很少会点击查看第 3 页以后的信息，故排名靠后的商业网站就可能无人浏览而损失潜在客户，以至于一些商业网站愿意付钱购买排名靠前的机会。搜索引擎服务商也要追求商业利润，他们便通过竞价收费，让一部分商业网站在检索结果中排名靠前，被业界誉为迄今为止互联网最成功的收费运营模式。

竞价排名就是让商业网站为自己的网站页面购买一段时间之内的、按关键词在搜索引擎中排名的位置。例如：某商业网站为取得按某关键词在搜索引擎中的某位置排名，首先需向搜索引擎服务商提出申请，搜索引擎服务商给出相应排名的价格，该商业网站付费后便可以得到该位置的排名；但若以后有其他商业网站出更高的服务费，则前一商业网站的排名将会依次顺延。这种方法最早源于 Overtune 公司，该公司已为这项服务申请了专利，现各大搜索引擎基本都已经开展此项服务。

成立于 2001 年的互联网公司 Google 是互联网上最大的搜索引擎。该公司于 2003 年 4 月与著名的电子商务网站亚马逊就签署了一份搜索排名的服务协议，开始提供竞价排名服务。据 NBD 报道，由于网络广告盈利的强劲势头，Google 仅 2005 年第一季度的净利润就达到 3.69 亿美元，比上年同期增长近 5 倍，其中大部分收入来自关键词广告的销售。按照搜索指令的处理数量计算，Google 是全球第一的互联网搜索引擎网站，在美国竞价搜索排名市场上，它已是最大赢家。

雅虎公司（Yahoo）是 Google 的老对手，它也同样提供竞价排名的搜索服务。美国互动广告局（IAB，Interactive Advertising Bureau）2005 年 4 月 28 日发布的数据显示，2004 年美国互联网广告市场增长 33%，广告收入达到创纪录的 96 亿美元，其中雅虎的业绩相当突出。虽然雅虎的搜索广告收入比重不如Google，但也占到了总收入的一半以上。现在雅虎和Google都已在我国提供竞价排名服务。

百度是我国目前知名度最高的中文搜索网站。根据2006年5月中国互联网络信息中心(CNNIC)发布的统计结果，每天有超过1亿人次访问百度或查询信息。百度早在2001年10月就开始在国内推广竞价排名，还申请了竞价排名专利。正如百度宣称，经过40多个月的市场培育，竞价排名已经成为中小企业最佳的推广方式和营销利器；越来越多的中小企业也受益于百度的竞价排名，对竞价排名产生依赖感。尽管目前只有两万多家国内企业使用搜索竞价的营销方式，但借此创造出辉煌业绩的案例却屡见不鲜。例如，淘宝网2003年5月成立以后采用搜索竞价，短短一年内就在多个重量级指标上勇超经营多年的易趣，创造了奇迹①。

竞价排名确实给搜索引擎公司带来了相当大的利润，促进了网络搜索引擎的发展，但是侵害了检索的真实性和公平性。搜索排名原本应该按照检索结果集合的自然排序，而竞价排名却引入了太多的商业因素，不是自然排序，而是依据付费高低进行人为排序，很可能使得原本相关度不高的网站排名靠前，而让相关度高的网站靠后，在一定程度上使结果集合的相关度失真，从而影响用户对检索结果中所含信息的准确判断与获取，欺骗了用户，造成用户损失；另外，对于相关网站是不公平的，尤其是那些没有申请竞价排名而实际相关度较大的网站，如大多数学术信息网站往往因非商业性质而没有申请竞价排名，结果影响了这些优秀学术信息资源被社会有效利用，造成用户损失。为解决竞价排名的公平性问题，可以考虑采取下述建议：

(1) 将网络搜索分为商用信息检索和非商用信息检索，加以区别对待，对非商用信息检索不进行竞价；

(2) 竞价排名应采取更为严格的审查制度，竞价排名是在一定实际排名基础上的竞价，而不能完全依据出价高低；

(3) 检索信息时要严格依据客户填写的信息和关键字等搜索条件，以保证检索结果切实符合用户的需要，保证检索结果的质量；而不能为满足竞价公司的要求，把不相关的网站“强卖”给用户。

---

① 马晓龙，渐趋激烈的搜索引擎之争，中国传媒科技，2003(5)。

6.4.3 点击欺诈

点击欺诈是指组织或自然人为获取商业利润或其他利益，利用自动化脚本、计算机程序和雇佣自然人的方式，模仿正当合法的网络用户对网络广告进行点击并且达到一定规模的行为。其后果是一定数量的恶意无效点击给广告主造成大量非正常广告支出。

互联网已经是一种非常直接、有效的广告媒介。在常规广告搜索模式下，当用户搜索某关键词时，搜索页面就会出现一些相关公司的广告。如果用户点击广告，广告主就需向搜索服务提供商支付一定费用。通过这一模式，广告主就可以更具针对性地接触潜在用户，搜索服务提供商也可以获得丰厚的利润，但由此也滋生了点击欺诈行为。一些搜索服务提供商在第三方网站上投放了大量广告，并依据广告点击次数同相关网站共享收入。为获取更多收入，一些缺乏道德的网站会通过各种途径重复点击自己网站上的广告，尽管这些点击对于广告主没有任何意义，广告主也要为这些点击"买单"；还有很多公司重复点击竞争对手的网络广告，以消耗竞争对手的广告费用。

据调查，2005 年，网络广告商由于点击欺诈行为损失了 8 亿美元，平均 14.6%的点击行为属于点击欺诈，75%的广告商认为受到过点击欺诈行为的侵害。2006 年 3 月，搜索巨头 Google 同意支付 9 000 万美元就点击欺诈案件向美国受侵害用户赔偿以达成和解，并表示，自 2002 年起被收取不合理费用的任何网站都可获得赔偿。

1. 点击欺诈行为的基本特征

点击欺诈是对网络广告恶意的点击行为。有购买意向的人为了解特定产品或相关产品的信息而进行的点击属正常合理的点击行为，尽管点击行为人也可能不具备现实购买产品的条件，但具备购买产品或了解产品的真实意愿。

点击欺诈必须要达到一定的规模。一次、两次的点击行为，即使点击时行为人具有明显的恶意，也不应被认定为点击欺诈。因为，一方面追究偶尔恶意点击行为不符合成本考虑；另一方面偶尔恶意点击具有分散性、取证困难等特点，而不具有追究的现实可操作性。点击欺诈规模的确定，应依据可能给广告主带来的额外广告费用的大小进行计算。

点击欺诈行为必须具有一定的组织性。尽管点击欺诈行为在IP地址分布等外部表现上可能是无组织、无规律的，但点击欺诈主体要实现其目的，就必须事先创造或加入一个特定的“点击欺诈链”之中，形成一个有组织的群体，否则点击欺诈行为的目的很难实现。

点击欺诈的最终结果就是广告主为无效点击“买单”。

2. 点击欺诈行为的动机和目的

点击欺诈行为的动机和目的主要包括以下几种。

(1) 网络广告发布者为获取大量广告收入而进行的纯粹的点击欺诈行为。这里的广告发布者更多是指一些网络广告的联盟网站。

(2) 网络广告发布者为获取更大商业利益，通过隐蔽的技术手段，自己或授意其他主体对自己发布的广告而进行的纯粹的点击欺诈行为。

(3) 广告发布者的竞争对手为增加对方的广告费用、影响对方市场而进行的点击欺诈行为，属于不正当竞争行为。

(4) 网络广告发布者或者广告经营者(在网络广告产业链中广告经营者和广告发布者往往是合二为一的)为破坏竞争对手的商业信誉，而对竞争对手发布的广告进行的点击欺诈行为，也属于不正当竞争行为。

(5) 其他主体基于政治目的或私人恩怨等动机而进行的点击欺诈行为，甚至没有任何经济上的利己目的。例如，广告发布者的一些“潜在支持者”，基于对广告发布者可以从广告点击中获利的认识而进行的点击欺诈行为。“潜在支持者”主要是特定网站的拥护者、网站雇员、网站雇员的亲属和朋友等。

3. 点击欺诈行为的治理

目前世界各国还没有出台针对点击欺诈行为的相关法律法规，主要依靠搜索引擎服务商自己采取一些技术手段和相应管理手段，以适度减少点击欺诈。尽管搜索引擎服务商在尽力解决这一难题，但至今似乎并没有好转的迹象。治理点击欺诈行为还存在以下难点。

(1) 难以定义和跟踪欺诈点击行为，很难判定网民的点击是出于恶意还是无意。

(2) 搜索引擎联盟网站的工作人员或广告客户的虚假点击，不但能够从中牟利，操作方式也不困难，安装某些小软件就可以制造让竞价排名服务商和广告客户都难以查明的虚假IP地址。

(3) 对搜索引擎服务商而言，增加广告点击数量不仅没有经济损失，还可从中牟利。

为治理点击欺诈行为，建议采取以下措施。

(1) 对点击欺诈行为进行法律治理。点击欺诈行为的实施主体可界定为三者，即网络广告合同主体、存在竞争关系的主体和其他主体。

① 对于网络广告合同主体实施点击欺诈的法律治理。我国《广告法》第20条规定："广告主、广告经营者、广告发布者之间在广告活动中应当依法订立书面合同，明确各方的权利和义务。"当发生点击欺诈时，网络广告合同的当事人之间存在纯粹的欺诈关系，他们违反了自己所应当承担的合同责任。这主要依据《合同法》，根据点击欺诈行为方的行为给受损害方所造成的经济损害进行索赔；但举证比普通违约情况更为困难。点击欺诈的证据、受害方实际损失的计算标准和证据等都比较难以获得。《合同法》的一般规则当然适用于调整网络广告合同关系，但仅此并不充分。网络广告作为一个飞速发展的巨大市场，其行为也有很多特殊之处，需要在《广告法》中有针对地制定专门条款。

② 对于存在竞争关系的主体实施点击欺诈的法律治理。在网络广告领域，竞争关系主要存在于广告主之间、广告发布者或者广告经营者之间。这类主体进行点击欺诈行为主要出于不正当竞争目的。我国现行《广告法》第21条规定："广告主、广告经营者、广告发布者不得在广告活动中进行任何形式的不正当竞争"，这是《广告法》对于不正当竞争的原则性规定；尽管我国现行《反不正当竞争法》所规定的11种不正当竞争行为还没有包括这里所讨论的点击欺诈，但按其性质理应纳入《反不正当竞争法》的治理范畴，并应在修订《反不正当竞争法》时加以明确规定。

③ 对于其他主体实施点击欺诈的法律治理。其他主体是指以上两类主体以外的所有主体。其他主体在实施点击行为时并不是追求自己经济上的利益，其动机可能是私人恩怨、政治好恶或者是种族、家族等其他原因。其他主体的恶意点击行为要构成本书所定义的点击欺诈，在规模上不易实现，因而并不多见。由于不带有任何经济上的利己和竞争目的，所以这类点击欺诈行为主要适用《民法通则》和《刑法》来调整。依据《民法通则》中关于侵权的有关规定，如果进行点击欺诈的规模和情节达到了犯罪的程度就应当由《刑法》来加以调整，追究有关行为主体的刑事责任。

(2) 加强网络广告业的行业自律。在相关立法尚不完善的情况下，通过新技术和规范服务来加强行业自律是很重要的措施。一些大的搜索引擎企业已经走出了第一步。例如，雅虎公司结合多年市场运营经验，研发出新一代"反点击欺诈"技术。它以点击分析过滤、历史行为分析过滤、模式识别过滤、趋势分析平台四大技术，有效防止和减少了点击欺诈的发生。凭借这种技术，雅虎已经识别出数十亿次的点击欺诈行为。2006年8月2日，雅虎、

Google、微软及其他相关机构也在美国共同合作成立了“反点击欺诈联盟”，制定行业标准，解决日益猖獗的点击欺诈问题。

(3) 调整传统的按点击付费的模式。目前互联网盛行的广告计价模式主要有 3 种：点击付费 CPC(Cost-Per-Click)、按千人投放成本计费 CPM (Cost Per Mille 或 Cost Per Thousand，Cost Per Thousand Impressions)、按效果计费 CPS(Cost Per Sales)。后两种计费模式由于投放成本较高、投放效果不明显而为广大广告主所放弃。点击付费是目前互联网界最简单易行的广告计费方式。这种“按点击量计费”的计价模式是由 Google 首先创造出来的，即用户每点击一次 Google 网络广告，广告主就需要向 Google 支付一定的费用。这种特殊的计价模式一经推广就赢得了广大广告主的认可和青睐，也成就了 Google，使其在数年之内就达到了 1 450 亿美元的市值。在缺乏法律制裁、行业自律和有效监督的情况下，点击付费模式是造成点击欺诈行为日益猖獗的重要原因。点击付费模式发展至今已经形成了自己一套技术模式和商业模式，让网络广告发布者/经营者立即放弃这种模式显然不现实。但是，这种模式确实有其本身难以克服的弊端，在规范不力的情况下也可尝试其他计费方式。

(4) 成立网络广告点击监测机构，加大网络广告业的透明度并将其纳入监督机制。在网络广告市场，引入一个专业的第三方监测机构来对网络广告的点击行为进行记录监测。这个第三方监测机构必须是中立的和具有权威的，最好由广告主和网络广告发布者、经营者自律性的组织来产生。第三方的数据监测可以有效地分析各种点击行为，为判定点击欺诈和赔付数额提供客观、公正的标准和依据。在实际操作中，必须要保证第三方监测机构的中立性，因为对点击行为的记录监测可能会涉及网络广告发布者或经营者的数据秘密和数据安全。

(5) 广告主应尽快完善自己的网络广告数据记录系统，以预防点击欺诈。广告主通过对自己网络广告点击数据的记录和分析，可以及时发现数据异常，并协助广告发布者分析异常数据，降低点击欺诈所造成的损害；另外，广告主自己保存的数据也可以作为日后进行诉讼的证据。

6.4.4 侵权问题

近年来，搜索引擎在网络音乐、图书、图片、影视作品等方面的链接与商标使用上都深陷版权纠纷案件，包括网络链接著作权与网络信息传播权。

2005年3月，法新社以全球最大搜索引擎Google未经允许擅自在其新闻站点上显示法新社的图片、新闻标题和内容为由提起诉讼，索要1 750万美元赔偿；尽管案件最终和解，但Google随即从网站撤下法新社新闻。2005年8月，Google搜索引擎又因使用“Geico”以及“Geico Direct”作为Adwords关键词，被判定侵犯某汽车保险公司GEICO的商标权。

2005年9月16日，北京市海淀区法院对上海步升音乐文化传播有限公司诉百度侵犯音乐著作权一案作出一审判决，百度败诉，立即停止在其网站上提供34首侵权歌曲的访问链接，并赔偿原告经济损失人民币6.8万元(按每首歌2 000元计算)。同年9月26日，环球、索尼、华纳、百代、新艺宝、香港正东、金牌7家知名唱片公司在北京指控百度侵犯了它们几百首歌曲的版权，要求百度停止MP3搜索和免费下载业务。2007年4月环球唱片有限公司等11家国际知名唱片公司联合起诉雅虎网站侵犯著作邻接权，北京市第二中级人民法院进行一审宣判，判决雅虎网站删除与原告主张权利的229首涉案歌曲有关的搜索链接，赔偿原告人民币21万余元。

搜索与链接是网络环境下的基本技术要求。网络链接是将访问者引导到被链接网站，可分为外部链接和深度链接。外部链接是将访问者指向被链接网站首页的链接方式，如网站之间的友情链接。深度链接是不经过被链接网站首页而直接指向被指定网页具体内容的链接，例如上述案件中百度的MP3链接，就是在不显示被链接网站主页的情况下直接指向了被链接网站的特定子页。通常涉及网络著作权纠纷的是深度链接而非外部链接。

我国最高人民法院《关于审理涉及计算机网络著作权纠纷案件适用法律若干问题的解释》第5条是认定网络搜索与相应链接服务提供者法律责任的主要依据。该条规定：“提供内容服务的网络服务提供者，明知网络用户通过网络实施侵犯他人著作权的行为，或者经著作权人提出确有证据的警告，但仍不采取移除侵权内容等措施以消除侵权后果的，人民法院应当根据《民法通则》第130条的规定，追究其与该网络用户的共同侵权责任。”因此，网络服务商只有在明知有侵权行为存在(如搜索引擎服务提供商明知或应知其搜索结果会侵犯权利人权益时)，或者在收到合法警告后拒不消除侵权后果才负(共同)侵权责任。国家版权局与原信息产业部联合颁布的《互联网著作权行政保护办法》与最高法院上述规定基本相同。网络环境下著作权保护问题非常复杂,个案之间往往有很大区别,应当注意根据网络服务商的具体行为方式来判断是否对所提供的搜索和链接服务具有监控能力,进而判断是否故意放任侵权行为。

区别人工搜索与自动搜索是进行侵权判定的必要步骤。人工搜索与链接是行为人充分控制下的行为,行为人有足够能力监控。自动搜索则依据技术规则进行工作,通常须借助技术手段才能进行监控。技术手段是有限的,而网络信息是海量和不断变更的,难以要求网络服务商逐条监控自动搜索结果,但也不能就此成为网络服务商绝对免责的挡箭牌。自动搜索在计算机程序控制下才能完成从搜索、整理到链接的整个过程。程序是为解决特定技术问题和达到特定技术水平而人为运用数学规则编写的指令序列,是编程者主观思想的记载和物化外壳。自动搜索中对网络信息的搜索、选择、编排、整理和加工均是编程者借助数学模型进行控制与选择的结果。在特定搜索程序的主要功能和编写目的被确定是帮助侵权的情况下,可以认定提供搜索和链接的网络服务商承担共同侵权责任。

为有效防止搜索引擎侵权问题,应该注意以下两点。

(1) 完善相关法规建设。随着网络信息技术的发展,互联网上新的侵犯知识产权的行为都伴随有相关立法的缺失。我国为加强信息网络知识产权保护,已经相继出台了多项法规。国务院又于 2006 年 5 月通过了《信息网络传播权保护条例》,2006 年 7 月 1 日生效。该条例在 2005 年颁布的《互联网著作权行政保护办法》基础上,参照已有的《著作权法》,不仅再次明确了通过信息网络提供他人作品,可以不经著作权人许可、不向其支付报酬的 8 种情形,以保障互联网信息服务运营商和信息服务提供者及信息用户的合法权益,而且增加了对保护互联网著作权的必要技术措施进行故意破坏或避开的行为的处罚等方面内容。但由于缺乏其他配套措施,实际上将一些风险不适当地加在了 ICP 和 ISP 身上。我国应该借鉴美国的《数字千年版权法》(DMCA,Digital Millennium Copyright Act),以便合理分摊著作权人和服务提供商的风险责任。

(2) 加强搜索引擎产业自律。一方面,搜索引擎网站应该对自身进行清查,若发现网站上有侵犯合法权利人权利的内容(包括未经授权的音乐、电影、软件以及其他作品等),就应及时协商授权;另一方面,搜索引擎网站要加强对合作的内容服务提供商使用的作品及制作内容著作权的合法性进行审查和管理,以免“城门失火,殃及池鱼”。百度搜索已经宣布,将逐步删除非法音乐的下载站点，只提供唱片公司或合法网络音乐下载站点的链接；并和国内20余家唱片公司达成协议，由百度提供相关音乐搜索和利用搜索引擎及相关平台，作为唱片公司网络宣传推广的渠道。搜索引擎企业只有加强与正规出版商在网络传播上的协作，才能够充分发挥信息网络的作用，切实保护版权，实现出版商、网络传播媒介和用户三方共赢的局面。

6.5 P2P下载

6.5.1 P2P下载的概念及发展

传统文件通过网络传输主要使用FTP协议，属于客户机/服务器(C/S, Client/Server)模式。当下载人数过多时，会导致服务器的带宽紧张，下载速度变慢。用户下载时，下行数据量大，上行数据量少，造成网络带宽的使用不均衡。而P2P (Peer to Peer)打破了传统的C/S模式，它采用对等网络技术多点共享式文件传输。任何一个下载的客户在下载的同时，也把它已接收到的数据作为服务端提供给其他客户进行下载。这种方式可以有效地均衡上下行线路的数据量，同时每个客户端又可以部分作为服务器端，减轻了源服务器的带宽压力，实现“下载人越多，下载速度越快”的现象。

P2P下载不像FTP方式只有一个发送源，它可以有多个发送点，每一客户端在下载的同时也在上传。假设一个几百兆的电影文件，现有几百个网友都想观赏，那么P2P软件就可以把这几百兆的文件分解，下载到不同的电脑上，然后互相传送，直到每个网友都拥有一个完整的文件。这就是P2P令人称奇的高效工作方式，它不需要一个电脑一口气从一个文件发送源下载整个文件。它扩充了文件发送源的数量，从而减轻了文件服务器端的负荷；又将下载的工作分散在多台电脑上，从而加快了客户端的下载速度。

目前国内下载网站已经有数十个版本的P2P软件，Napster、eDonkey、eMule、Maze、BT等都是P2P下载的工具，在网民中非常流行。

新浪网2005年作过一次网络调查，在关于P2P下载的6 000多网民投票中，支持者占85.10%，反对者占9.23%，无所谓态度者占5.67%。P2P下载受到大部分网民的拥护。中国互联网络信息中心(CNNIC)2007年1月发布第19次中国互联网络发展状况统计报告显示，中国网民中有20%使用过P2P软件，总人数大约为2 740万。

6.5.2 下载侵权问题

数字技术极大地改变了知识作品的表达形式和载体。传统的文字、音乐、电影、摄影等作品都可通过数字化告别纸质载体，转而以数字形式存储在磁盘、光盘等存储介质上。现代作品则可以直接创作成数字形式。当然这些变化并没有使文学、艺术、科学领域内独创性的智力成果脱离版权法的保护范围，以任何形式使用和传播数字状态的作品都受到版权法的限制。

P2P 下载实现了作品在网络中广泛而快捷地传播，但现实中，传播的大量作品却没有获得版权人的许可或授权，存在侵犯版权的嫌疑，具体表现在两个方面。

(1) 侵犯版权权利人的信息网络传播权和获取报酬的权利。根据我国《著作权法》第十条规定，版权权利人享有以有线或无线方式向公众提供作品，使公众可以在其个人选定的时间和地点获得作品的权利，同时权利人有权依照约定和有关法律规定获得报酬。而 P2P 提供下载服务时，缺乏固定的信息中心源，任何一个客户端都可以是信息的提供者，却没有一个客户端去承担征得版权权利人许可的责任，也没有一个客户端为版权付费。

(2) P2P 下载助长了盗版行为。在无国界的互联网世界里，P2P 下载为盗版提供了更为方便快捷的通道，BT 联盟已经成为传统盗版领域之外的又一集散地。P2P 下载使盗版作品被迅速而广泛地传播，因此 P2P 下载对作品市场的影响空前巨大，甚至导致权利人的创作和制作投入血本无归，最终的结果是没有人愿意继续进行作品创作，也没有人愿意将自己的作品上网传播，进而导致网络信息资源的枯竭。这与整个社会的文明进步是背道而驰的，因而版权立法的价值追求"保护文学、艺术和科学作品作者的著作权，以及与著作权有关的权益，鼓励创作"[①]成为纸上谈兵。有时合法的影视作品光碟尚未出版上市，其作品已经通过 P2P 下载传播了。盗版行为不是简单地侵犯版权人的某一项权利，而是对版权人全部精神权和财产权的侵犯，甚至是对整个版权保护制度的否定，严重冲击版权产业。

2005 年 10 月，全球 BT 侵犯版权第一案发生在我国香港，侵权人利用 P2P 方式将 3 部热门电影上传到一个 BT 网站供他人下载，香港终审法院判定侵权人入狱 3 个月。

在 BT 侵权案件中，BT 用户既是下载者，同时也是上传者，其上传行为

① 《中华人民共和国著作权法》第一条。

继续引发下载行为。这些用户是否侵权，是确定BT下载合法性首先要考虑的问题。上传者肯定侵权，那么下载者是否也有侵权责任？因为下载者同时就是上传者。在一些网站的讨论中，最受网民认同的观点是：假如我购买了一部电影光碟，想请所有朋友一起观赏，不是商业行为，显然不构成侵权；那么我使用P2P方式，通过网络与朋友分享，当然也就不构成侵权。为此要讨论"临时复制"和"复制"的概念区别。

《世界知识产权组织版权条约》草案中将复制界定为"以任何方法或形式、直接或间接地对作品进行永久性或临时性的复制"①。美国1995年公布的《知识产权和国家信息基础设施工作组关于知识产权的报告》认为，"根据美国法律，受版权保护的材料一旦进入计算机内存就是对该材料的复制，因为在内存中的作品，能借助计算机或其他装置被观看、复制与传播"②。这种在计算机内存中的复制就是临时复制，其特点是复制被计算机CPU使用后，不再保存。临时复制是否合法，关键在于复制使用结束后，作品的副本是否保存。

消费者购买影视作品是为了欣赏，这是作品的价值所在，欣赏时作品的临时重现是不可避免的，无论是在计算机内存中，还是在人眼之中。是否按照欣赏作品的必要方式重现产品，是考虑临时复制行为是否构成侵权的重要依据。如果购买者将其合法购买的影片在网络上公开播放，供他人欣赏，即使是免费的，也构成侵权；因为这种重现方式不是欣赏作品所必需的，故常有一些音像制品标以"仅供家庭使用"。如此，消费者将购买的影片通过互联网方式传播，使他人也可具有另一份复制品，显然是对作者版权的侵犯。至于是否在传播中牟利，并不是判定著作权侵权行为的必要条件。

《中华人民共和国著作权法》第四十七条第一款规定，"未经著作权人许可，复制、发行、表演、放映、广播、汇编、通过信息网络向公众传播其作品的"构成侵权，该法另有规定的除外。这个除外规定指的是第二十二条规定的12种用户免费情况，其中第一种情况常被人引用作为P2P下载合法性的依据。这第一种情况是指"为个人学习、研究或者欣赏，使用他人发表的作品"。

首先，P2P的最初上传者将文件上传至发布网页，是一种面向不特定对象发布资源信息的行为。资源共享的对象是不特定的，这种共享主体的不特定性使其上传行为不符合例外情况免责条件中的"个人目的"条件；其次，

---

① 郑成思，《知识产权研究》第五卷，中国方正出版社。

② 孟祥娟，《版权侵权认定》，法律出版社，2001年6月。

著作权法规定通过信息网络向公众传播他人作品行为构成侵权，P2P 的上传和下载行为都是通过互联网实现的，下载者亦是上传者，下载信息都可以通过网站公开获得，符合向公众传播的行为特征；最后，上述例外情况所指的使用不等于复制和传播，P2P 下载导致下载者获得一份副本，而不是使用时必须产生的临时复制。因此可以说，在未得到著作权人授权情况下，P2P 节目源的下载者与最初上传者一样，均构成对他人著作权的侵害。

与典型的网络下载不同，P2P 下载过程并不需要通过网站来传输数据。当美国电影业协会（MPAA）准备采取法律行动起诉非法传播电影的 BT 交换网站时，网友自觉地担任了网站的辩护人，“网站本身并不拥有这些文件，上面只有 Tracker 的信息，根本没有参与到发布和共享文件的实际行动中”。还有人举例说，如果有人通过电话侮辱他人，电信局是否也构成侵权的共犯？那么，P2P 网站在侵权案件中是否有侵权责任呢？

P2P 下载网站有两种：一种是典型的 P2P 下载网站，它对各种下载源进行分类，以便网友查找和下载；另一种是电子公告服务（BBS）提供的 P2P 下载，不对资源分类，一般按发布和回复时间排序。从技术分析来看，P2P 下载行为不能简单地在上传者与下载者之间进行，它必须通过网站指引找到上传者（种子），然后才能建立链接；因而发布信息和提供种子链接是 P2P 下载网站提供的服务内容。从表面上看，这种推断并不容易证实，因为种子的发布及链接建立都由上传者完成，网站仅仅提供发布空间；在下载信息发布过程中，网站的计算机系统会自动配合上传者完成发布行为，不需要人为干预，此时计算机仅相当于邮递过程中的交通工具。下面分 3 个层次进行讨论。

其一，P2P 软件是否违法？2004 年，在美国电影业协会（MPAA）上诉 Crokster、Streamcast Networks 和 Musiccity. com 一案中，美国联邦法院第九巡回审判庭的三人委员会一致认为，被告不需要为用户利用其服务非法复制或共享音乐和电影内容的行为负责。法官 Sidney. R. Thomas 在判词中写道：“争议中的 P2P 文件共享技术并不只是设计来进行内容传播的……这种技术还有无数其他用途，它大大减低了公共内容及准许共享的艺术和言论的传播及中央控制的成本。”因此，除非能够证明 P2P 软件的作者专为侵权而编制该程序，否则不得因他人利用 P2P 软件进行侵权文件的传输而导致 P2P 软件本身不合法。

其二，依据网站为 P2P 预留发布空间的行为，能否推定网站对侵权具有主观过错？与上一问题相关联，BT 软件能被用于传播文件，实现资源共享，网站为网友之间的交换行为提供便利，本身并没有错，因此没有理由推定网站为 P2P 预留发布空间是为侵权提供便利和帮助。

其三，网站对 P2P 信息分类行为的性质是什么？在 P2P 下载网站中，有专为 P2P 上传者提供的发布空间，并进行信息分类和建立索引，以方便上传和下载，此后网民的上传、下载行为都可由机器自动配合。网站管理者对网民分享侵权作品行为所持的心理态度就主要体现在网站框架的构建过程。

依据过错原则，当行为人没有履行法律、法规设定的相关义务时，即可推定其具有过错。无论利用 P2P 软件进行交流的软件作品、文字作品或影视艺术作品，都属于文化产品范畴。尽管被交流的节目并不通过网站进行，但在 P2P 下载过程中，网站提供的种子链接功能不可或缺，因此网站提供的 P2P 下载信息应当视为一种服务。这种服务应该不含法律、行政法规禁止的其他内容或侵犯他人权利。在下载网站中，网民可以根据需要将节目上传到相应栏目或从相应栏目中寻找下载目标。以影视艺术作品为例，至今尚没有一部作品由著作权人授权通过 P2P 下载，这是公知事实。网站在应当知道其分类的作品不存在合法来源的情况下，仍为网民上传、下载提供必要帮助，足以推定其具有主观过错。斯洛文尼亚的 Suprnova 网站曾提供数千个内容不同文件的 P2P 种子，尽管网站本身不储存这些文件。这些种子能让访问者下载大量的电影、电视节目、盗版软件和游戏，而使 Suprnova 和其用户面临法律纠纷，最终该网站宣布"由于众所周知的原因"关闭其 P2P 下载服务。在芬兰，警察搜捕了一个颇受欢迎的 BT 文件下载网站，收缴其设备并逮捕该网站的 4 名经营者，同时拘捕了约 30 名帮助维护这一网站的志愿者。警方公布，该网站有 1 万名芬兰用户，他们下载了价值数百万欧元的非法复制内容。该网站的种子数超过 6 000 个，其中包括电影、视频、音乐及游戏。如果罪名成立，网站经营者将被判处最长两年的监禁，并且必须对内容所有者的损失负责。

由电子公告服务(BBS)提供的 P2P 下载，情况则更为复杂。斯洛文尼亚的 Suprnova 网站虽然关闭了 P2P 下载服务，但其论坛 BBS 中的相关服务仍未停止。1995 年美国的 Netcom 案中[①]，法院判决 BBS 经营者不构成直接侵权。法院认定，虽然原告作品在他们的计算机中确实被复制，但其计算机系统是在没有人主动干预的情况下自动运行的，系统的自动复制并不等于由他们引起的复制。我国的《互联网电子公告服务管理规定》指出，用户对所发布的信息负责，即我国境内的 BBS 经营者对其论坛中出现的不适当行为同样具有免责条件。用户在这些交流栏目中提供侵权作品的上传下载，其侵权责任由用户

---

① Religiors Technology Ctr. v. Netcom online communication Serv. Inc. 907F. Supp. 1361(N. D. Cal. 1995)。

自行承担，BBS服务提供者可以免责，但必须承担提供侵权用户相关信息的义务。只有当“著作权人要求其提供侵权行为人在其网络的注册资料以追究行为人的侵权责任，而无正当理由拒绝提供”时，服务提供者将承担侵权责任，如果BBS服务提供者直接提供了P2P影视下载栏目供网民上传和下载，其行为性质与网站下载就没有差别了。BBS服务提供者同样应当知道，即使通过电子公告服务也不能分享侵犯他人著作权的作品，其不仅为该侵权行为的完成提供了必不可少的帮助，且具有主观过错。

在确定P2P网站侵权责任时，还有一个关于侵权责任形式的问题，即P2P网站的责任是直接侵权还是非直接侵权。在传统的互联网侵权责任中，互联网内容提供商(ICP)即使应当因用户的侵权行为承担侵权责任，一般也被认定是非直接侵权责任，理由是虽然明知用户侵权，但未直接参与文件的传送与复制。在非直接侵权责任认定下，如果ICP没有从侵权行为中牟取利益，则不会承担民事责任。P2P侵权与传统网络侵权的不同在于，P2P网站提供的Tracker文件包含了种子信息，下载者通过下载Tracker文件便可以与种子建立链接并开始分享；也就是说，在P2P下载中，P2P网站的指引是必不可少的，尽管并没有通过网站进行文件传输，网站明知其用户通过网络实施侵犯他人著作权的行为，仍提供影视分类和发布空间帮助他人侵犯著作权，因而构成共同侵权责任。

典型的P2P下载网站和对节目源进行详细分类的BBS服务提供者，因其对下载源的分类管理行为而推定其具有主观过错，因其提供种子链接直接参与侵权行为而应承担相应的民事责任。一般的BBS服务提供者，对在其经批准或备案的栏目中出现P2P侵权行为不承担民事责任，但应履行及时维护和管理的义务，并应根据著作权人的要求为其提供上传、下载者的相关资料，否则也应承担相应的民事责任。

为解决P2P下载行为的侵权问题，我国香港特区政府在2005年投入700万元港币，打击非法网上文件共享服务，提高公众知识产权意识。2005年10月香港判定全球首宗P2P下载行为侵权案件，网名为“古惑天皇”的香港居民陈乃明被控于2005年1月10日至11日，先后三次利用计算机P2P技术非法上传电影到互联网。香港法院裁定其违反《版权条例》刑事罪名成立，其侵权行为对版权持有人造成重大损害。这一裁决为香港保护知识产权开创了一个新的里程碑。现今，香港正准备立法限制P2P软件的使用。如果法律最终确立，那么每一个利用网络资源上传和下载的使用者都要承担相应的刑事责任。

瑞典政府目前也正在制订一项法律草案，旨在禁止网上非法文件交换

(P2P)行为。国际唱片协会(IFPI)介绍说,瑞典的唱片收入从2001年开始,减少了30%,很大程度是由于网上非法下载。但在2005年年底的一次投票中,法国监管部门通过了法令,法国数百万网民最终赢得了胜利,标志着点对点文件传输服务在法国互联网市场的合法化。美国联邦探员于2004年查封了一批涉嫌扩散音乐和电影的文件交换网站。美国司法部和国土安全部官员表示,这次行动是美国政府首次对利用BT技术侵犯版权的人士采取行动。2005年4月27日,美国总统签订《家庭娱乐和版权法》,任何人只要在共享文件夹中发送即将上映的电影复制、软件程序或是音乐文件都将触犯法律,将被处以最高3年监禁,用户下载文件也将处以罚金。

国内适用于保护互联网知识产权和著作权的法律有两部:一部是2001年第九届全国人大常务委员会修订的《中华人民共和国著作权法》,另一部是2005年5月30日生效的由国家版权局、信息产业部共同制定的《互联网著作权行政保护办法》。相关的网络侵权行为将有可能承受最高10万元的罚款,此外还有一些最高人民法院的司法解释和一些政府机构的法规与条例。如果知识产权权利人发现有企业或者个人在互联网上侵犯自己拥有的版权,可以"通知"的方式提出停止侵害的要求,并证明自己拥有该内容的版权;而被通知的企业和个人应该立刻停止侵权。目前国家版权局的全国打击网络侵权盗版专项行动举报中心主要针对团体性质的大案要案,对个人使用P2P软件上传和下载行为还未作过立案调查。

有人这么解释P2P技术:"P2P是一种技术,但更多的是一种思想,有着改变整个互联网基础的潜能的思想。"[①]与任何技术一样,被如何运用,完全不是技术本身所能预料和控制的。技术滥用的罪过也不应由技术本身来承担。BT的发明者Cohen曾表示,当他开发这个系统的时候,大规模的侵犯版权的问题是没有想到的;而开发这个系统的初衷是为了使人们购买合法在线音乐时,不再需要经历那样漫长的等待。当然,Cohen对他所创造的这个系统早已失去控制力,众多的BT变种纷纷登台,易用性和功能性甚至都超过了原来的BT。2004年8月美国联邦上诉法庭在涉及P2P下载的诉讼中,作出了支持P2P软件厂商的判决,认为不能因为用户可能传播盗版而扼杀新技术。

解决P2P技术带来的版权问题,需要制定相关的法律条文,需要P2P国际组织和出版商之间进行协调,也需要采用相应新的技术和加强网站管理,以及加强用户自律。数字版权管理(DRM,Digital Rights Management)技

① Itboy,P2P网络共享软件:小偷还是英雄,计算机与网络,2003.6。

术，俗称水印技术，是保护多媒体内容免受未经授权的播放和复制的一种方法。DRM 技术通过对数字内容进行加密和附加使用规则，实现对数字内容的保护。使用规则是为了判断用户是否符合播放数字内容的条件，一般可以防止内容被复制或者限制内容的播放次数。其方法是在播放之前，要求播放者提供许可密钥，许可密钥是不可转让的，而且有有效期限。

6.5.3 下载带宽问题

采用 P2P 技术在实现高速下载的同时也占用了大量带宽。根据美国 2006 年的统计数据，P2P 流量已经占美国总带宽的 12%。中国运营商的统计数据显示，P2P 流量在白天占国内总带宽的 35%～60%，而晚上则达到 50%～90%。如果 P2P 下载继续快速增长，甚至可能导致互联网堵塞。

P2P 下载的工作原理是“多点下载”，并且支持“断点续传”。P2P 软件的下载速度是没有封顶的，它会尽可能多地占用带宽资源，以致在接入网、传输网、骨干网中制造瓶颈，形成资源紧张，影响其他用户的正常使用。尤其在共享带宽接入的大楼、社区中，只要有几户居民使用 P2P 下载，就会影响其他用户的上网速度。

我国目前宽带收费基本上采用包月制，不限制网民长时间在线下载。少数 P2P 发烧友占用了大量带宽资源，影响其他用户，却不用多支付相应的资源费用，形成用户之间严重不公平的成本负担。

P2P 下载直接涉及宽带运营商之间的结算问题。目前我国宽带网络结算主要按照流量计算，P2P 下载过大，就将多支出结算成本。于是宽带运营商希望尽量降低网络流量，面对 P2P 下载，运营商曾采取封闭下载者地址的简单方法。2003 年年底，某一家基础运营商的省公司就开始封闭 BT 端口，结果招致众多网民的愤怒声讨。2004 年 1 月，一家大城市的宽带公司被用户告上法庭，其“罪名”就是对 BT 端口的限速和封堵，违反了当时签订的固定速率包月合同。无奈之下，运营商只好放弃对 BT 的封杀，开始寻求折中办法，即通过调查，了解 BT 用户的主流爱好，然后在自己网内设立下载服务器，尽量把数据流量控制在本网内，以节省运营商之间的结算支出。也有运营商考虑放弃包月制，对 BT 用户实行按流量计费的方法，以充分体现“谁占用网络资源多，谁付费多”的原则，实现合理的用户网络成本分摊。据了解，酝酿中的计费模式是在已有按时间计费的包月制和分时制的基础上，增加按流量计费的方式，采取多种套餐。

在目前互联网商业模式下，由于 P2P 等技术驱动，导致用户对带宽无止境的需求，造成了全世界电信运营商普遍面临的带宽死亡问题，严重损害了宽带运营商对宽带网络的控制能力和宽带服务质量，增大了宽带运营商的运营成本。

6.6 博客

6.6.1 博客的概念及发展

博客(Blogger)是指写Blog(网络日志)的人，后也常被用于直接表示网络日志(Blog)。Blog的全名应该是Web log，后缩写为Blog。Blog实际是一网页，通常由简短且经常更新的帖子所构成。这些张贴在网页上的帖子都按照年份和日期倒序排列，其内容可以包括对其他网站的链接和评论、有关公司和个人的新闻、照片、诗歌、散文，甚至科幻小说等。许多博客只是记录博客作者自己的个人所见、所闻、所想，也有一些博客则是一群人基于某个特定主体或共同利益领域的集体创作。

博客网站有3种类型：其一是托管博客网站，无须自己注册域名、租用空间和编制网页，只要去注册即可拥有自己的免费博客空间；其二是自建独立博客网站，有自己的域名、空间和页面风格；其三是附属博客网站，仅作为其他网站的一部分，例如其他网站的一个栏目、一个频道等。

博客具有五"零"特征，即通过一些软件工具，可以帮助任何一个普通用户实现零体制、零编辑、零技术、零成本、零形式的网上个人发表。人人都是知识工作者，人人都可以参与知识管理，每一个行业和每一个企业都可以成为知识型企业，进一步发展知识社会。

互联网社会的核心特征是大众化和个性化，随着博客的崛起，互联网真正面向社会每一个人，以个人为主体的知识过程开始在互联网中兴起，将为人类社会带来革命性的影响。博客的出现集中体现了互联网时代媒体界的商业化垄断与非商业化方向和网民互动。虽然博客依然在大多数人的视野之外，但它们改变历史的征程已经启动，博客世界的"颠覆性力量"正在崛起。

1997年Userland公司总裁Dave Winer开始运作的Scripting News(www.scripting.com)具备了博客网站的基本重要特性。到2000年，博客已经开始成千上万地涌现，并成为社会热点。美国的"九一一"事件是博客发展史上的一个重要分水岭，一个重要的博客门类——战争博客(WarBlog)由此繁荣起来。可以说，对"九一一"事件最真实生动的描述不在《纽约时报》，而在那些幸存者的博客日志中；对事情最深刻的反思，也不是出自某一个著名记者手中，而是在诸多的普通博客当中。

我国2002年7月方兴东、王俊秀将Blog命名为“博客”，并率先搭建了“博客中国”网站，撰写了《中国博客宣言》。8月，博客中国(blogchina)开通，开始了博客在中国的全面启蒙和发展。此后，中国的博客以几何级数增长。2005年9月，新浪网推出了博客产品Blog Beta2.0，成为国内首家推出博客频道的门户网站，并发起“中国首届博客大赛”。与此同时，搜狐也宣布首届全球中文博客大奖赛正式开幕。此后一些作家、名人纷纷在网上开始写博客，开放式地和网友交流，进一步推动了国内博客水平的提高，并得到了新浪等网站在显要版面的大力推介。2005年9月，中国传媒与博客网联合宣布推出博客电影，由博客网开通博客电影频道，博客们可以自己创作剧本，自己做导演、演员，然后自己投票选出精品，由中国传媒以专业影视公司的角度投入资金拍摄、制作，然后再在博客电影频道里展示给大众，当然首先要在博客群体内发布，这是对传统电影创作方式的一次本质性的变革。有人称2005年是中国博客元年。

除去个人以外，一些企业也开始进军博客领域。他们通过公司网站向公众发布帖子，使外界了解企业，了解企业关键技术的发展状况，以此弥补在线论坛、新闻组和用户邮件等方式的不足；同时企业可以获得用户对有关产品的重要实时意见反馈；另外博客也成为企业内部知识共享的有力渠道。2005年9月，Google公司推出了“Google与李开复博士”为名的中文博客网页，有关李开复跳槽引发的各类纠纷都可以在此提问和查询。微软公司也极力鼓动员工写博客。通用公司副总裁鲍勃·鲁兹的“快车道”博客，已成为通用公司与公众沟通的重要场所。采取同样方式的还有Sun公司、宝洁公司和波音公司等。

根据艾瑞公司2007年1月发布的《2006年中国博客市场研究报告》，2006年，中国博客注册数量达到3 900万，比2005年增长333%。2003—2006年，中国博客注册数量保持高速增长，2005年达到环比增长500%的顶峰。2006年2月，中国互联网协会交流与发展中心在北京发布了《中国Web2.0现状与趋势调查报告》，报告表明，用户经常访问的博客网站排名第一的是博客网(51.4%)，其次是新浪博客(26.3%)、搜狐博客(18%)；9%的用户基本每天一次写自己的博客，另外每周写1～3次的人为29%，而每周只写一次博客的用户为35%；用户最希望博客服务提供商增加网络硬盘、社会网络和图片相册等功能。

6.6.2 博客侵权问题

2005年9月，南京大学某教授发现，在博客网一篇名为《烂人烂教材》的心情日记里，博客主人用“烂人”、“流氓”等侮辱性的语言对自己进行了指名道姓的辱骂。该教授随后联系博客网站，希望能立即将该帖删除，被网站拒绝。12月，该教授将博客网站告上法庭。此案被媒体称为“中国博客第一案”。

2006年1月某媒体报道，一个旅美博士在自己的博客上传授原子弹制作方法，该方法虽然简单粗糙，但确实可以产生核爆炸。如果说一般的博客侵权仅是涉及侮辱、诽谤等民事侵权问题，而教原子弹制作则严重威胁公共安全。

2006年3月15日，上海某网络公司的知名女博客秦涛向法院提起诉讼，状告搜狐网未经许可擅自转载其博客文章，索赔10万元。3月27日，又有赵占领等3位博客联名将博客网诉至北京市海淀区人民法院。

侵权行为是指民事主体违反民事义务，侵害他人合法权益，依法应当承担民事责任的行为，具有3个主要特征：其一，侵权行为是侵害他人合法权益的违法行为；其二，侵权行为的对象是绝对权；其三，侵权行为是行为人有意识的行为。

博客侵权是指博客在日志里发布的信息侵害到他人的合法权益，对他人、社会或国家带来了不良后果的行为。“博客”并不是个人的私密世界，而是能够被他人阅读的网络空间。因此，在博客上记载的日记不能认为是传统的日记。如果公开的日记具有侵权违法的内容，即构成侵权违法行为，应当承担相应的法律责任。从目前博客已经暴露出的问题来看，博客至少存在以下几种类型的侵权行为。

(1) 侵犯他人隐私权。已经发生的博客侵犯他人隐私权案件主要有两类：一类是当事人自律意识不够，在无意中造成对他人的侵权；另一类则是当事人故意曝光他人隐私，以吸引网民对自己博客的关注，提高点击率。

(2) 侵犯他人名誉权。这是当前博客侵权的“重灾区”，大多博客纠纷都由此引起。博客匿名效应让许多人将博客当做自己心情的发泄场，对自己在现实里看不惯的人和事，在虚拟世界里淋漓尽致地进行攻击。

(3) 侵犯他人著作权。很多网民喜欢把博客当做自己的收藏场所，并将收藏的东西与众人共享。“写家”们把某类“扒”来的东西加以编辑，形成若干数据库。法律界的人士认为，这样的行为很可能构成侵权。类似这种“扒”人家东西的“写家”，首先需要征得原创者的同意，否则，编得再好的数据库也是侵权产品。除了博客作者侵犯其他博客著作权的情形外，博客网站侵犯博客著作权的状况也日益严重。

(4) 侵犯他人姓名权。如用他人姓名在网站注册博客地址。2006 年，一个名为“杨振宁的博客”在新浪博客中挂出。据新浪透露，这是一个自称杨振宁助手的人替杨振宁开设的。然而某报社记者向杨振宁本人核实此事时，杨振宁表示自己从来没有委托任何人开设博客，以后也不会开设博客。

(5) 泄露机密。在商业竞争激烈的经济社会，博客也很容易成为商业机密泄露的平台。典型案例是Google某员工因为在自己的博客上公开了外界难以刺探到的公司密闻而被解雇案，以及苹果公司诉尼克·西雅瑞里案等。

博客侵权行为层出不穷，关键在于博客匿名制。由于实行博客匿名制，博客可以在网上畅所欲言，却不用承担任何经济、法律责任；而且随着业务发展，个人开博客的门槛几乎为零。开设博客的人良莠不齐，博客网页在不断产生新的信息垃圾。博客面临着一场失控的危机，加强博客管理的呼声不仅在管理层，也在民间与日俱增。为此，人们开始呼吁实行博客实名制。

博客实名制将在一定程度上约束博客的网上言论，因而立即遭到一些网民的强烈反对。反对意见认为，博客是互联网上的个人空间，是个人第二重性格在网络空间中的虚拟存在，不应被完全等同于现实生活中的角色。博客被看成草根百姓的沟通平台，只要会使用互联网，都可以注册，并随心所欲地登载个人想要发表的东西。如果博客采取实名制，就会失去其应有的魅力，削弱其应有的作用。这些人的意见实际反映出他们对博客实名制的误解。所谓博客实名制，不是说每一个博客都要用自己的真实姓名来命名，而是博客注册的实名制，即在登记注册时必须使用实名。博客登记的实名与博客名称的实名是不一样的。如果要实行博客名称的实名，那显然是行不通的，将会抑制博客的发展和限制民意的表达。但是实际上即将可能实施的博客实名制只是一种博客登记的实名，没有必要存在太多的担忧。当然，要实行博客登记实名制，还得通过完善法律法规，加强登记信息的保护，以消除网民对于隐私泄露的疑虑。

实行博客实名制对于那些不负责地攻击他人、侵犯他人隐私、破坏社会、经济、文化发展的博客而言确实是一剂猛药，而对于保护整体博客的有序发展是一剂良药。

6.7 IPTV

6.7.1 IPTV 的基本特点及其发展

IPTV(Internet Protocol Television)也叫网络电视,它不同于传统的单向广播式的模拟或数字有线电视,主要特点表现在以下几点。

(1) 网络特征:基于 IP 协议,以宽带 IP 互联网为基础传输网络,以电视机或个人计算机、移动手机等作为主要显示终端。

(2) 节目特征:数字信号,可以提供包括电视节目在内的多种高质量数字媒体服务。

(3) 形式特征:添加功能。IPTV 的播放平台将是新一代数字媒体终端的典型代表,它可根据用户的选择配置多种多媒体服务功能,包括数字电视节目、可视 IP 电话、DVD/VCD 点播、互联网游览、电子邮件,以及多种在线信息咨询、娱乐、教育及商务功能。

(4) 实施操作特征:互动点播。用户可以自由选择宽带互联网上各网站提供的多种视频节目,实现媒体提供者和媒体消费者的互动选择。

1999 年英国 Video Network 公司首先开始提供基于 DSL 的 IPTV 视频业务,其后其他国家的许多电信运营商都开始相继进入了这个市场,如表 6-5 所示。

表 6-5 部分国家和地区进入 IPTV 市场的年份及主要运营商

	国家(地区)	进入时间/年	主要运营商
欧洲	英国	1999	Kingston 通信公司、Video Networks
	意大利	2002	Fast Web、意大利电信
	法国	2003	法国电信、Free
	瑞典	2003	Swisscom
	挪威	2004	Telnor
	荷兰	2004	KPN
北美	美国	2001	众多 IOC
	加拿大	2002	MTS、SaskTel
亚洲	新加坡	2001(测试)	SingTel
	日本	2002	Yahoo! BB、KDDI
	中国台湾	2003	中华电信
	中国香港	2003	电讯盈科

2004年开始，IPTV业务在全球开始提速。据美通社报道，PRNewswire/MRG的新报告《IPTV全球预测报告(2007年4月)》(IPTV Global Forecast Report-April 2007)预测，全球IPTV用户2007年将达1 430万，2011年将达到6 360万；欧洲、亚洲的IPTV用户将稳定增长，IPTV服务提供商的收入也将稳定增长；北美地区将出现适度增长；到2011年预期全球IPTV服务提供商的收入将从2007年的36亿美元增长到203亿美元。

2007年5月市场调研机构Multimedia Research公布调查报告称，欧洲是全球最大的IPTV市场，而西欧是目前IPTV发展最快的区域。

法国的IPTV市场竞争非常激烈。电信三巨头(Free、FranceTelecom、NeufTelecom)都有意参加角逐，其IPTV用户数已经接近27万，是欧洲IPTV用户最多的国家。

德国的地面电视、卫星电视覆盖面很大，并且大部分都是免费的，使得电信公司很难开展IPTV业务。目前，用户可以自由申请使用IPTV，但是电信公司并没有打算力推这项服务。这种情况下，点播电视成了德国IPTV的主要收入来源，德国电信跟美国派拉蒙公司签订了内容进口的协议用以供应点播服务。

尽管英国很早开展IPTV业务，但由于英国付费电视市场竞争非常激烈，直到2005年6月，英国IPTV用户还仅约为3万左右，远远落后于其他类型的电视用户。

美国的两家电信巨头SBC跟Verizon都有意进入电视市场。但在美国经营有线电视、无线电视、卫星电视都必须申请许可证，该许可证由州以下的地方政府发放，而地方政府传统上只向电视运营商发放许可证，该许可证还要求经营公司向政府缴纳相当于收入5%的营业税；这在无形中增加了IPTV的行业门槛，保护了传统电视传媒。目前，美国的IPTV进展缓慢，只在小范围内进行试运行。

日本IPTV市场相对比较成熟。2002年日本政府出台了《利用电路通信服务广播法》，使通过电信宽带网络承载电视节目成为可能，极大地刺激了IPTV业务在日本的发展。2002年7月，Yahoo！BB首先取得了IPTV的运营资格，并于2003年基于自己的FTTH网络推出了名为BBTV的IPTV服务。随后日本电信巨人NTT也加入了日本的IPTV市场。

韩国政府政策保护其脆弱的有线电视运营商，韩国电信运营商目前只取得了试运营牌照，无法大面积推广IPTV服务。

中国广电总局执掌着IPTV的牌照发放权，目前已发牌照给上海文广集团下属的东方网络电视有限公司和中央电视台下属的中视网络发展有限公司。2003 年 9 月，上海文广传媒集团“东方宽频”推出网络电视业务。2004 年 6 月，中央电视台开播“央视网络电视”。电信运营商难以独自推广 IPTV 业务。据赛迪顾问调查，截至 2005 年年底，中国 IPTV 业务用户达到 26.7 万，同比增长为 480.43%；并预测未来五年，中国 IPTV 用户数将会保持翻番增长，到 2009 年，将会达到 1 453.9 万户。

6.7.2 IPTV 的治理

IPTV 跨越了电信和广播电视两个产业：从电信的角度来看，IPTV 通过 IP 宽带网络提供传输服务，属于电信业范畴；从广播电视的角度来看，IPTV 是提供电视节目，应属于广播媒体业范畴。于是很难将 IPTV 准确地划归到某一个产业，再加上涉及两个产业的利益之争，就更加难以确定适宜的治理政策。

1. 欧盟 IPTV 治理政策

欧盟 1997 年发表融合绿皮书《迈向信息社会之路》，明确指出不同的网络平台都能一同传送电话信息、电视信息、电脑信息和数据，并于 2003 年开始实施《电子通信网络与服务的统一监管框架》，推动欧盟各国业务融合的发展。目前，欧盟大多数国家均开放了有线电视和电信市场，允许彼此进入。在实现管制融合的国家，对电信运营商提供 IPTV 基本没有准入方面的限制。从表 6-6 中可以看出，欧洲各国对 IPTV 的管制方式并不统一，但基本没有针对 IPTV 的特殊限制，一般根据现有法规判断 IPTV 应属于哪类业务，并参照现有法律框架进行管理。

表 6-6　部分欧盟国家 IPTV 管制的总况

国　家	业务定义与管制
奥地利	视为内容业务，纳入一般媒体管制框架
丹麦	没有针对 IPTV 的管制
法国	视为广播业务，业务提供商遵守视听委员会的规定
爱尔兰	IPTV 运营商需要获得业务提供的一般许可
荷兰	视为广播业务
西班牙	交互式业务视为电子通信业务，无特殊管制，直播业务作为广播业务进行管制
英国	没有针对 IPTV 的特殊管制
比利时	视为广播业务，没有特殊管制
芬兰	认为不属于广播的范畴
德国	视为广播业务，限制内容分发不需要许可
意大利	正在进行研究，交互式业务属于电子通信管制范畴
挪威	正在研究对 IPTV 的管制
瑞典	视为广播业务，但是如不涉及内容制作，则无须广播传输的许可和注销

资料来源：Cullen International、Western Europe IPTV commercial offers，2006.6。

2. 美国 IPTV 治理政策

美国 1996 年电信法中取消了电信业和有线电视业之间相互禁入的限制，从法律意义上允许电信运营商通过任何方式提供电视业务。美国ILEC公司从 2004 年开始广泛部署光纤接入，准备为用户提供 IPTV 业务。但各公司的 IPTV 业务进展并不快。到 2006 年 9 月底，Verizon 公司的 IPTV 用户仅约为 10 万。影响 IPTV 发展的主要因素是该业务的管理权属问题以及 IPTV 的界定问题。

IPTV 到底由 FCC 统一监管还是由各州分散监管？FCC 反对州政府对互联网电话服务商(如 Vonage 公司)经营的 VoIP 业务的管制，宣称这一业务具有州间互联的特点，只能划归联邦政府管理。美国最高法院2005 年 6 月30 日裁决支持 FCC 的政策。据此裁决可以推断，基于 IP 的视频业务也应划归联邦政府管理，IPTV 自然也要由 FCC 统一监管。

但是，美国各州政府和各地市政当局却不同意 FCC 用对待 VoIP 的办法对待 IPTV。州政府认为，传送视频节目的 IPTV 属于《通信法》第六条的治理范围，也就是 FCC 于 1984 年通过的有线传输法案，这一法案的扩展条款适用于有线电视系统的运行。美国国家有线电视与电信协会(NCTA)已经明确表示，支持《通信法》第六条的有效性。根据该法案，RBOC(地方贝尔运营公司)在提供电视业务之前，必须与地方政府协商“特别许可”事宜，如按照规定，电视业务提供者必须缴纳一定的税金，其数目与提供电视节目的形式和能收看到该业务的城镇居民数有关，以往有线电视公司都需要经过这一步骤，要将收入的 5%交给地方政府作为特权费。

美国电信运营商反对《通信法》第六条的有效性，SBC 表示自己的电视业务不同于广播或有线电视业务，而且不需要地方特权。既然有线电视公司可以在自己的网络上开展电话业务，并且不缴纳任何费用，那么电信运营商应该也可以在自己的网络上开展视频业务，并且不缴纳任何费用①。

IPTV 的管理权属问题在 2006 年 6 月得到确定。美国众议院以 321 票对 101 票的绝对优势通过了“2006 年通信机会、促进和加强法”，作为对 1934 年电信法的补充修订。该法案确立了国家在视频通信方面的特许权，即赋予国家在提供有线电视服务方面的特许权，而不是服从于其他的联邦政府机构、州政府机构或地方法的规定。

在美国，IPTV 的界定至今尚未明确，对于 IPTV 应属于哪类业务，有线电视公司和电信运营商各执一词。有线电视公司认为 IPTV 应作为电视业

---

① 周光斌，关于 IPTV 的管制问题，中国电信建设，2005 年。

务进行管理，认为“电视就是电视，不论在何种平台上传送或以何种技术传送”，而电信运营商则认为“IPTV 业务与广播电视和有线电视公司的业务是不同的，IPTV 采用 IP 平台，就该像 IP 上的电话业务一样，不应在本地层面进行管制”。如果把 IPTV 视为电视业务，按照《电信法》的规定，电信运营商在提供 IPTV 业务前，应获得本地视频特许权，并缴纳一定的特许费用。美国有数千家本地级的特许主体，每个主体都有自己的申请流程、规则和费用。电信公司如果要获得每一个本地的许可，则需要花费数年的时间，同时需要缴纳高额的费用。这一本地视频特许制度的存在阻碍了美国 ILEC 发展 IPTV 的计划。到 2006 年 6 月底，Verizon 仅获得覆盖 330 万家庭的 161 个特许权。

FCC 对 IPTV 的发展持促进的态度。2006 年 12 月 20 日，美国 FCC 通过了一项对电信公司提供视频业务非常有利的新规则《Report and Order and Further Notice of Proposed Rulemaking》，这一规则对 1934 年《电信法》621(a)提供了新的指导意见，禁止特许机构不合理地拒绝竞争性视频特许的申请。FCC 认为当前视频特许权的申请流程，对政府推动有线电视竞争和加速宽带部署的目标来说是不合理的障碍，为了消除这些进入有线电视市场的障碍、鼓励宽带设施的投资，新规则中规定本地特许机构在 90 天内必须对传统电信公司的视频特许申请给以批准或拒绝，在 180 天内对尚未持有线缆经营许可的新电视提供商的视频特许申请给以批准或拒绝。新的特许规则禁止本地政府对视频新进入者采取比传统有线电视公司更严格的要求，另外，新规则要求市政当局向新的视频业务提供商收取确定的特许费用。

FCC 通过新规则进一步明确了双向允许进入政策，从政策上避免了电信公司在申请提供视频业务时，由于利益竞争而带来的不公正的处理方式，对电信运营商开展 IPTV 业务将起到促进作用。

3. 亚太地区的治理政策

中国香港地区有关广播和电信服务的相关法规主要有香港法例第 562 章《广播条例》、第 391 章《广播事务管理局条例》和第 106 章《电讯条例》。香港负责管理广播业和电信业的机构主要是工商及科技局、广播事务管理局和电信管理局，其中工商及科技局为香港特区政府的政府部门，广播事务管理局和电信管理局为独立的监管机构。

香港的 IPTV 服务可以基于固定网络、移动网络或互联网运营。通过固定网络提供 IPTV 要有广播牌照。通过移动网络提供 IPTV 则不要求有广播牌照，所有移动运营商都已提供 IPTV 服务。通过互联网提供 IPTV 不要求有广播牌照，但其接入提供商要求有电信牌照。

香港将 IPTV 的治理分为两部分:其一是传输通道要遵循《电讯条例》的治理框架,其牌照由电讯管理局发放,牌照数量没有限制,申请程序非常简便;其二是节目内容要遵循《广播条例》的治理框架,尽管通过互联网提供 IPTV 不受《广播条例》规定的牌照限制,但 IPTV 的内容要遵循《淫亵及不雅物品管制条例》的规定。《淫亵及不雅物品管制条例》规定,若服务提供商在网上放置或传送被现行法规评定为淫亵的信息,需提醒用户,应先在内容出现前出现警语。

香港现行的广播电视和电信的管理体制相互融合,对相关业务限制较少,促进了业务的发展。香港电讯盈科公司是全球 IPTV 业务开展最好的运营商之一,也是拥有 IPTV 用户数最多的运营商,截止到 2006 年 6 月底,电讯盈科的 IPTV 用户数已达 60.8 万。

日本总务省负责广播和电信的相关管理规制工作。为融合电信与广播电视,日本在 2001 年开始实施开放利用电信设施提供广电业务的法律。在此之前,使用电信网络提供广播业务需要依据电信事业法和有线电视法,得到双重许可。该法实施后,则不再需要有线电视法的相应许可,有相应资质的企业登记即可,大大促进了三网融合在日本的发展。对电信运营商而言,这消除了进入广播电视市场的障碍;对内容提供商而言,也可租用电信设施进入广播电视市场。2004 年日本进一步出台了《电信业务广电法》,扫清了电信运营商提供 IPTV 服务的法律障碍。到 2005 年 9 月,共有 16 家 IPTV 业务提供商在总务省登记。

韩国广播委员会负责管理广播产业相关事务,信息通信部实施电信产业的治理,这种广播和电信治理机构的分离,使对跨产业的新业务管理缺乏相应的规定,影响其发展。在 IPTV 的问题上,韩国广播委员会和信息通信部意见相左。信息通信部主张制定一个新的广播电信融合业务事业法,认为 IPTV 应该作为网络增值业务,其提供商应作为网络公司来管理。而广播委员会则主张在广播法中引入一个"特殊分类广播业务"的概念,对融合业务提供商的治理应比照广播公司进行。广播委员会认为,因为韩国允许国外资本进入除广播和基础电信业务外的其他电信业务市场,故此,如果 IPTV 被划为网络增值业务,韩国政府将无法阻止国外资本进入。韩国广播产业的相关团体、协会以及有线电视广播公司认为,如果允许电信公司提供 IPTV 业务,可能会引起有线电视产业的崩溃,因而提出诸多反对意见。按照有线电视法,有线电视广播公司在频道构成、股权、投资等多方面受到治理。韩国有线电视协会要求韩国广播委员会对希望提供 IPTV 业务的电信公司施以同样的治理,或者,同样取消对有线电视公司的治理。韩国主要电信公司 KT 和 Hanaro 已经作好了进入 IPTV 市场的准备。他们认为，在目前技术成熟的条件下，由于政策导致 IPTV 推迟商用，不仅会给电信运营商带来经济上的损失，而且将会影响韩国运营商在国际电信市场上的竞争力。最终何时能够提供商用的 IPTV，还不清楚[①]。

我国国务院在 1999 年下发的《关于加强广播电视网络建设管理的意见》(国办发 82 号)中明确规定，电信部门不得经营广播电视业务，广电部门也不得经营电信业务。国家广电总局 2004 年 7 月发布了 39 号令《互联网等信息网络传播视听节目管理办法》。广电总局规定，以电视机为接收终端，开展信息网络传播视听节目集成运营业务及在集成平台上的所有节目都要由经批准的广播电视播出机构，负责组织和统一对外签约，直接提供给用户收看，并作好播出监看工作；平台上的节目播放、版权保护、节目导视、节目计费和用户共享 5 大系统要由广播电视播出机构负责管理与运营。至今，国家广电总局仍仅仅授予本系统的上海文广、央视国际、南方传媒和中央国际广播电台经营互联网视听节目的权力。

2007 年 12 月，国家广播电影电视总局和信息产业部联合发布了第 56 号文《互联网视听节目服务管理规定》。文件中明确规定，国务院广播电影电视主管部门作为互联网视听节目服务的行业主管部门，负责对互联网视听节目服务实施监督管理；国务院信息产业主管部门作为互联网行业主管部门，依据电信行业管理职责对互联网视听节目服务实施相应的监督管理；从事互联网视听节目服务必须取得广播电影电视主管部门颁发的《信息网络传播视听节目许可证》或履行备案手续，应当具备法人资格，为国有独资或国有控股单位。

2008 年 1 月 4 日，国务院办公厅向各省、自治区、直辖市人民政府，国务院各部委、各直属机构印发了《关于鼓励数字电视产业发展的若干政策》，成为由国务院发改委、科技部、财政部、信息产业部、税务总局和广电总局联名具署的国务院 08 年 1 号文件。文件明确的总体目标是："以有线电视数字化为切入点，加快推广和普及数字电视广播，加强宽带通信网、数字电视网和下一代互联网等信息基础设施建设，推进三网融合。"在 2008 年，通过数字高清晰度电视向世界播出北京奥运会节目；2010 年，东部和中部地区县级以上城市、西部地区大部分县级以上城市的有线电视基本实现数字化；2015 年，基本停止播出模拟信号电视节目。"在确保广播电视安全传输的前提下，建立和完善适应三网融合发展要求的运营服务机制。鼓励广播电视机构利用国家公用通信网和广播电视网等信息网络，提供数字电视服务和增值电信

① 汪卫国、闫石，管制政策对 IPTV 发展的影响分析，电信科学。

业务。在符合国家有关投融资政策的前提下,支持包括国有电信企业在内的国有资本参与数字电视接入网络建设和电视接收端数字化改造。”

目前,我国规制电信和广电行业的法规仅有《电信条例》和《广播电视条例》。《电信法》从1980年酝酿起草至今已有27年,虽经多次修改,草案已提交国务院审议,并列入全国人大常委会立法计划,但至今仍未出台。而《广播法》还未进入起草阶段。我国应该加快出台《电信法》和《广播法》。

6.8 网络游戏

6.8.1 网络游戏定义及分类

关于网络游戏的定义有不同的说法,但总的说来,我们可以将网络游戏定义为:以互联网为依托,可以多人同时参与的游戏项目。其不同于传统单机游戏的重要特点是必须依靠互联网的支持。从游戏的类型、特点、模式等角度,可将网络游戏分为社区类网络游戏和竞技类网络游戏两大类,如表6-7所示。

表6-7 网络游戏分类

分类	具体分类	代表游戏
社区类网络游戏	MUD游戏	《笑傲江湖之精忠报国》
	角色扮演类	《传奇》、《魔力宝贝》、《石器时代》、《网络三国》、《千年》
	策略对战类	《三国世纪 Online》、《星云战记》
	模拟现实类	《第四世界》、《碰碰Ⅰ世代》、《非常男女》
	网页类	《联众江湖》、《第九城市》、《战神》、《Kingwars 三国志》
竞技类网络游戏	棋牌类	《联众围棋》、《联众桥牌》
	益智类	《联众俄罗斯方块》、《联众拼图》、《泡泡龙》
	策略对战类	《星际争霸》、《红色警戒》
	动作类	《雷神竞技场3》、《反恐精英》
	体育类	《FIFA2001》、《联众台球》

社区类网络游戏主要指,以群体社会生活(包括生活、生产、战争、交易、交往等)为主题的网络游戏。尽管社区网络游戏可在局域网上实现,但现在几乎所有的社区网络游戏只在互联网上提供。狭义而言,通常所说的网络游戏主要指这类游戏。

竞技类网络游戏主要指以既定规则下的个人或团体竞技为主题的网络游戏。大部分竞技类游戏既可在互联网实现,也可在局域网上实现;但由于对网络带宽要求较高,实际以局域网联网对战为主。

追溯网络游戏的起源可能要到1969年,当时瑞克·布罗米为PLATO(Programmed Logic for Automatic Teaching Operations)系统编写了一款名为《太空大战》(SpaceWar)的游戏,可支持两人远程连线参与,其后PLATO平台上出现了各种类型的联机游戏,即为网络游戏的雏形。1978年英国埃塞克斯大学的罗伊·特鲁布肖用DEC-10编写了世界上第一款MUD游戏——MUD1。这是第一款真正意义上的实时多人交互式网络游戏,可以在全世界任何一台PDP-10计算机上运行。其后,一些专业的游戏开发商和发行商开始涉足网络游戏领域,如Activision、Interplay、Sierra Online、Virgin Interactive、SSI和TSR等,它们与Genie、Prodigy、AOL和CompuServe等运营商合作,推出了一批具有普及意义的网络游戏,如《凯斯迈之岛》、《亚瑟王的暗黑时代》等。进入20世纪90年代中期,大型网络游戏MMOG浮出水面。网络游戏不再依托于单一的服务商和服务平台,而是直接接入互联网,在全球范围内形成大一统的市场,出现了《网络创世纪2》、《星球大战:星系》和《魔兽世界》等众多大型互联网游戏。

随着互联网技术的发展,近几年网络游戏百花齐放,出现了各种社区类、角色扮演类、悠闲娱乐类等网络游戏,网络游戏已经发展成为一个巨大的市场。根据英国Juniper Research市场调查公司2007年发布的调查报告《Next Generation Video-Game Consoles》,预计2008年全球游戏市场的整体产值会到达350亿美元,而游戏产业也会成为全球最大的娱乐产业,其重要性将远远超过电影和音乐。2006年我国网民总人数为12 300万人,其中31%的网民上网的主要目的就是参与网络游戏。

6.8.2 网络游戏中的虚拟财产

2003年2月17日下午5时,河北承德李宏晨登录《红月》时,突然发现自己一个ID里的虚拟装备全部丢失。2月19日,他从查询结果中得知自己的装备被转移到了他人的ID上。他要求《红月》的运营商——北京北极冰科技公司查封这个ID,但被告知,他无权这样要求,除非有公安机关公函;而公安机关又以网上财产是虚拟财产为由,同样拒绝了李宏晨的要求。6月20日,李宏晨在《红月》中另一个ID的所有装备又都被删除,于是到北京市朝阳区人民法院起诉北京北极冰科技公司。2003年12月18日,北京市朝阳区法院一审判决,认定虚拟财产具有价值含量,故判定北京北极冰科技公司在游戏中恢复原告丢失的虚拟装备。该案成为我国法律保护游戏中虚拟财产的司法判决第一例,引起IT界和法律界对虚拟财产保护的广泛关注。

虚拟财产概念是伴随着网络游戏而产生的,是指游戏玩家在游戏过程中获得和积累的“金钱”、“装备”、“宠物”等财产，是只能在游戏中使用的“金钱”和“物品”，在现实世界中并不存在，故称之为虚拟财产。需要区别对待的是，为了游戏而购买的点卡不属于虚拟财产，因为它是玩家用真实货币从游戏公司购买的服务凭证，不是虚拟的商品。由于不同游戏公司的经营手段不同，有些公司出售的点卡称为“游戏币”或“边锋银子”等，但实质上都是点卡，都不属于虚拟财产。除去点卡以外，存在于网络空间中，但有现实价值或用途的信息以及其他无形财产也不属于虚拟财产；真正意义上的虚拟财产仅指游戏中虚拟的角色、金钱、物品、装备等，对虚拟财产的理解不应泛化。

虚拟财产本应只存在于虚拟的游戏世界中，玩家可以在游戏过程中获得，并可以进行虚拟财产的交易。由于很多玩家都希望自己的游戏角色具有更高的级别和性能，从而享受更大的乐趣；而自己通过游戏以赢得更高的级别，往往很困难，尤其对于初级玩家更是如此，因此就出现了用现实货币向其他玩家或游戏公司直接购买游戏物品的情况，即进行虚拟财产的离线交易，从而使虚拟财产与现实世界发生了联系。

目前的法律还不能对虚拟财产给以概括性的保护，视具体情况进行裁决，确定该虚拟财产是否与现实社会发生了具有法律意义的联系。概括而言，可受法律保护的虚拟财产应该具有现实性、价值稳定性和合法性。

(1) 现实性。该虚拟财产要与现实社会关系具有客观联系。该虚拟财产在现实世界中能够找到对应价格，能够实现在虚拟世界与现实世界之间的自由转换。

(2) 价值稳定性。由于玩家的时间、智力、资金等形式的投入，虚拟财产同样凝结着无差别的一般人类劳动，因而一样具备价值、使用价值和交换价值。玩家需要投入一定现实财产，并通过劳动获得虚拟财产，因此虚拟财产具有价值。虚拟财产可以给玩家带来愉悦、满足和成就感，因此虚拟财产具有交换价值。现实世界中的虚拟财产交易使得虚拟财产与现实货币之间可发生交换关系，因此虚拟财产具有交换价值。同时虚拟财产的价值还应该是相对稳定的，只有价值相对稳定的财产，法律才有可能进行裁决。

(3) 合法性。只有通过合法方式获得的虚拟财产方可列入法律保护之列，而通过黑客、木马等非法程序获得的虚拟财产以及存在于私服上的虚拟财产肯定不在此列。

要解决虚拟财产的保护问题，需要游戏玩家、服务商、行业组织、社会机构、政府等主体都要有所作为。

(1) 玩家应具备必要的防范意识，谨慎保护自己合法持有的虚拟财产。

(2) 服务商应积极完善虚拟世界的规则和保护措施,维护虚拟世界的正常秩序,积极承担责任和主动采取补救措施。已经有服务商开始采取具体措施,例如提供手机绑定玩家游戏账号与密码的功能,可让玩家账号丢失后以最快速度、最便捷途径迅速取回和加密,减少侵害。

(3) 行业组织加强行规建设,建立健全包括虚拟财产在内的行业规范和行业标准,加强服务商自身维权行动。

(4) 建立虚拟财产价值评估社会机构,为解决虚拟财产纠纷,确定损害赔偿数额提供依据。

(5) 政府主管部门委托行业组织建立《游戏规格说明书》和《游戏用户使用手册》备案制度。

(6) 政府可研究通过试点,建立和规范虚拟财产交易市场。

6.8.3 网络游戏中的虚拟货币

2007 年 2 月 16 日,文化部、工商总局、公安部、信息产业部、教育部等 14 部委联合印发《关于进一步加强网吧及网络游戏管理工作的通知》,通知中规定,要按照公安部等部门《关于规范网络游戏经营秩序查禁利用网络游戏赌博的通知》(公通字〔2007〕3 号)的要求,从严整治带有赌博色彩的网络游戏,严厉打击利用网络游戏赌博的行为。中国人民银行要加强对网络游戏中的虚拟货币的规范和管理,防范虚拟货币冲击现实经济金融秩序。要严格限制网络游戏经营单位发行虚拟货币的总量以及单个网络游戏消费者的购买额;严格区分虚拟交易和电子商务的实物交易,网络游戏经营单位发行的虚拟货币不能用于购买实物产品,只能用于购买自身提供的网络游戏等虚拟产品和服务;消费者如需将虚拟货币赎回为法定货币,其金额不得超过原购买金额;严禁倒卖虚拟货币等。违反以上规定,由中国人民银行按照《中华人民共和国中国人民银行法》第 32 条、第 46 条的规定予以处罚。

虚拟货币与虚拟财产不同,虚拟财产的概念是伴随着网络游戏而产生的,是指游戏玩家在游戏过程中获得和积累的"金钱"、"装备"、"宠物"等财产,是只能在游戏中使用的"金钱"和"物品",在现实世界中并不存在;而虚拟货币是一种和现实货币挂钩,具有自身计价单位的储值及支付工具,是随着 B2C、B2B 等电子商务业务的发展,在联网中使用并方便结算的代币券,如腾讯的 Q 币、网易的泡币、盛大点券、新浪 U 币、百度币等。

1. 虚拟货币与传统货币的区别

在互联网这个虚拟世界里,"财富"的流通越来越像现实世界,作为网络上用来替代现实货币流通的等价交换品,网络虚拟货币实质上同现实货币已经没有区别。但是,从严格意义上来说,网络虚拟货币还不能称之为真正的货币,它和传统货币还有以下两点不同。

(1) 价值交换机制不同。现实法定货币可以实现货币和商品的双向互易,即可以用货币购买商品,卖出商品可以换回货币,同时,在不同的法定货币之间可以进行兑换,如美元和人民币可以进行相互兑换。而目前网络虚拟货币基本没有形成循环的金融交易,缺乏退出机制,如图 6-6 所示。传统法定货币,可以与其他法定货币及产品和服务之间双向兑换,而人民币和网络虚拟货币为单向流通,网络虚拟货币不可以反向兑换为人民币;同时,一般来讲,一种虚拟货币只能够买其发行商提供的产品及服务,各种虚拟货币之间不能互相兑换。例如,腾讯的 Q 币,可以与腾讯提供的产品和服务之间进行相互兑换,而不能与新浪提供的产品和服务进行兑换。随着国内互联网虚拟货币市场的快速增长,从渠道成本考虑,如果百度、盛大、网易、九城 4 家联合统一运作,将会节约大量的发行成本,并有利于业务的拓展,他们已经开始探讨协议,以使不同虚拟货币之间或虚拟货币和商品之间可以进行互换,但目前虚拟货币市场还未统一。

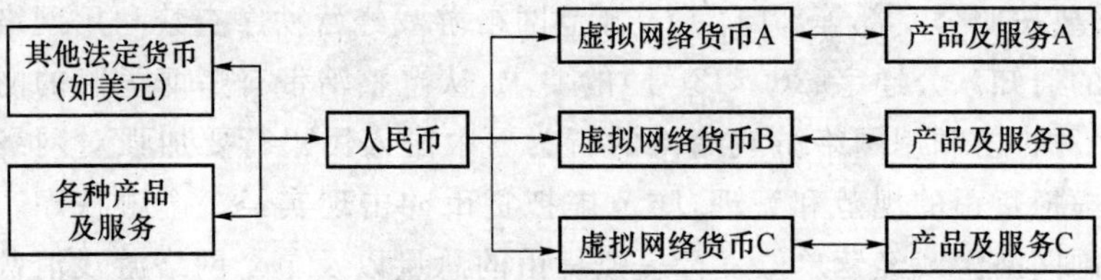

图 6-6 各种货币的主要流通形式[①]

(2) 货币发行权属不同。现实法定货币发行权是唯一的,只属于中央银行,而网络虚拟货币发行则由各网络服务商决定,其发行权具有明显非权威性、分散性和局部性。一国法定货币的供给量取决于其基础货币供给及相应的货币乘数,中央银行应根据中央政府债权净额、对国内外金融机构债权、对外金融资产净额等确定基础货币的供给量,并根据不同货币层次流通速度及货币乘数最终决定货币供给。法定货币供给应服从一国宏观政策调控目标。而网络虚拟货币供给则分属不同网络服务提供商,其虚拟货币发行数量则完全根据其经营状况决定的,服从利润目标。

2. 虚拟货币的发展现状

2000 年,中文利网就以积分的形式,向消费者提供虚拟货币,消费者可

① 图中,虚拟货币 A 与产品及服务 A 对应,产品及服务 A 表示由虚拟货币 A 的发行商提供的产品及服务,编号 B、C 的含义类似。

用积分兑换 IP 电话卡、上网卡、全棉 T 恤和收音机等奖品。随后许多互联网巨头相继推出了名称各异的虚拟货币。目前较常见的虚拟货币如表 6-8 所示。

表 6-8 目前常见的虚拟货币

币 种	发行公司	使用范围	汇率(与人民币)	获得方式
Q 币	腾讯	QQ 会员、QQ 秀、QQ 游戏超级玩家、QQ 交友包月、资料下载	1Q 币=1 元	银行卡、财付通、电话银行、QQ 卡等
U 币	新浪	网游点卡购买、游戏下载、网络占卜、UC 网络聊天室、纸贺卡、任你邮、网上商城支付	银行卡:1U 币=1 元;互联星空/北京 ADSL/山东网通:1U 币=1.5 元	银行卡、银行电汇、邮局汇款、宽带、手机、联通直通车、固定电话、网汇通充值卡、e 购通、神州行、酷币兑换
百度币	百度	百度传情、影视、缴电话费	1 百度币=1 元	银行卡、酷爱钱支付、YeePay 支付、手机
POP 币	网易	购买道具、popo 游戏、发免费短信、下载 popo 表情	无	使用 popo、“我行我泡”上网图片、奖励
盛大元宝币	盛大	各种盛大服务(盛大音乐、易宝平台)、充值杀毒、浏览收费资料、看电影	100 盛大元宝币=1 元	银行卡、充值卡、短信
MM 币	猫扑	增值服务(社区管理、道具购买)	1MM=0.2 元	固定电话、移动电话、银行卡
China-pub V 币	VBook	收看 VBook	10V 币=1 元	网上支付、阅读卡、邮局汇款、银行汇款
卡拉	云网	网络彩票(快乐 8)、社区	1 卡拉=1 元	网上支付、邮局汇款、银行转账
狐币	搜狐	搜狐付费增值产品及服务(VIP 邮箱、搜秀、摘星巴、星象紫薇)	1 狐币=1 元	银行卡、手机、固定电话、宽带账号、搜狐一卡通
联众币	联众	会员资格、联众秀、特殊标志、参加比赛	10 联众币=1 元	银行卡、电话银行、邮局汇款、支付网关
21CN 快感卡	21CN	宽屏电影、在线音乐、收费邮箱、在线游戏	21 快感卡 10 元=10 元	邮政 185 电话购买、邮政 183 网上订购、邮局购买

美国著名经济学家林顿·拉鲁什的研究成果认为,全球每天的金融交易中仅有2%与实体相关,大约2050年左右,网络虚拟货币将在某种程度上得到官方承认,成为可以流通的通行货币。又据《2004年度中国游戏产业报告》披露,2004年中国网络游戏市场收入为24.7亿元,网络游戏用户达2 052.2万人,且这个市场还在以每年20%以上的速度快速增长。该报告预测,2009年中国网络游戏总收入会达到109.6亿元人民币,用户将达5 683.2万人。根据腾讯公司公布的2006年第一季度财报,其互联网增值服务总收入为4.365亿元,占总收入近68%,与上一年同期相比几乎翻了一倍。腾讯首席执行官表示,一季度总收入再创新高,主要得益于增值服务和网络游戏的自然增长,而这两者,很大程度上都靠虚拟货币Q币来运行。业内人士估计,国内互联网已具备每年几十亿元的虚拟货币市场规模,并以每年15%~20%的速度增长。另外还有大量的游戏币,这些游戏币都是针对不同的网络游戏而产生的,如天堂的天堂币、热血传奇的传奇币、传奇世界的游戏卡、泡泡堂的点卡、疯狂坦克的坦克币、魔兽世界的金币等。

3. 虚拟货币的监管

随着被认可程度的不断增强,网络虚拟货币已与真实货币一样可以贡献GDP。随着网络虚拟货币支付领域的扩展,已经可用网络虚拟货币购买通常只有人民币才能买到的实物产品或服务,形成了与货币等同的购买力,虚拟货币与真实货币之间的界限逐渐模糊。同时,网络虚拟货币已经进入传统商业,成为某些商家促销手段,进一步强化了网络虚拟货币与实体经济之间的联系。

目前还出现了提供网络虚拟货币互换及把网络虚拟货币兑换成人民币的网络服务机构,并制定虚拟货币对人民币的"汇价表",在更深层次上影响了人民币的本位货币地位。

根据《人民币管理条例》,人民币是我国法定货币,在现实中是有数量限制的。而网络虚拟货币商家可无限发行,其对真实流通货币的代替必然对我国现行货币经济秩序造成冲击,因而有必要对其进行监管,包括以下方面。

(1) 对发行权监管。分散的网络虚拟货币发行权影响到中央银行获取铸币税的权力,更重要的是,网络虚拟货币对基础货币的替代及其无限扩张能力对央行货币管理权形成冲击,可能影响正常经济秩序。因此,中央银行对网络虚拟货币发行权进行备案,并对网络虚拟货币发行额度及其与人民币间的互换进行监督具有很强的实践意义。

(2) 对交易行为进行监管。虚拟货币交易是网络时代派生出的经营行为。网络虚拟财产交易的人员雇佣化、场所固定化、交易盈利明确化等特征,已表明其经营的性质,对网络虚拟货币交易涉及税收征管、法律监督、货币流量监控等方面的问题应由相关职能部门进行完善。

(3) 对其与人民币间的兑换进行监管。尽管目前网络虚拟货币发行者不允许网络虚拟货币向人民币的反向兑换,但相关实际交易行为已经出现。网络虚拟货币与人民币的双向互兑构成网络虚拟货币退出机制,一方面将会对实际货币需求造成波动,影响货币政策实施;另一方面,双向互兑行为难免会引发由于技术、规制漏洞而产生的网络虚拟货币滥造及洗钱行为。对网络虚拟货币发行人实行准备金要求,可以在一定程度上约束网络虚拟货币滥发并对网络虚拟货币持有人的兑现形成保护,防止挤兑。

对网络虚拟货币,目前还没有实行像对法定货币那样的监管制度。鉴于网络虚拟货币已经在实际经济生活中发挥的作用,且影响日渐增长,有必要将其纳入我国货币供应的监管层次,以期更加准确地调控我国的货币供求。

中国人民银行办公厅主任李超在 2006 年表示,官方已经开始关注虚拟货币话题,中国人民银行将从 2007 年起草制定电子货币相关的管理办法,包括虚拟货币在内的电子货币将成为继电子支付后又一个监管重点。

6.8.4 网络游戏成瘾

根据中国互联网络信息中心(CNNIC)2007 年 7 月发布的《第 20 次中国互联网络发展状况统计报告》,在我国上网网民中,18 岁以下占 17.7%,18～24 岁占 33.5%,25 岁以下网民总规模已经达到 8 294 万人,占据了网民总数的半壁江山;其中青少年学生网民已经达到 5 800 万人,约占网民比例的1/3(35.8%),占青少年网民的 70%;主要是高中生网民,有 2 000 万人,其次是大专及以上青少年学生网民,有 1 800 万,初中生和小学生共同构成了其他的 2 000 万网民。青少年学生网民使用互联网的具体情况如表 6-9 所示。

由表 6-9 可见,网络在青少年中普及程度越来越高,从而也引发出社会极其关注的青少年网络成瘾问题。网络游戏成为许多青少年挡不住的诱惑,这是最早引起人们注意的网络成瘾症。青少年长时间地沉迷于网络游戏而不能自拔,以至于严重地伤害了青少年的身体素质、心理健康和性格发展,甚至还引起了青少年犯罪。

表 6-9 青少年学生网民网络应用使用率

网络应用		青少年学生网民使用率	总体网民使用率
信息渠道	网络新闻	64.6%	77.3%
	搜索引擎	70.7%	74.8%
	写博客	22.6%	19.1%
沟通工具	即时通信	74.6%	69.8%
	电子邮件	46.6%	55.4%
娱乐工具	网络音乐	91.4%	68.5%
	网络影视	79.6%	61.1%
	网络游戏	67.1%	56.0%
生活助手	网络教育	28.0%	24.0%
	网络购物	8.9%	25.5%
	网络销售	2.4%	4.3%
	网上旅行预订	1.0%	3.9%
	网上银行	7.7%	20.9%

游戏是导致网络成瘾的重要原因,但不能因噎废食,发展本民族的网络文化产业,既是经济发展的需要,也是营造优良网络文化环境的必要条件和建设健康信息文化事业的重要举措。问题的核心不是不要游戏,而是需要什么样的游戏。玩游戏是人的权利,提供健康可供选择的多种形式游戏是社会的责任。很多国家针对网络游戏成瘾也都制定了相应对策,尽量避免青少年网络游戏成瘾。

美国的娱乐软件业实行由娱乐软件定级委员会(ESRB)制定的分级制度。该制度要求在游戏包装背面进行内容描述,如"暴力"、"血腥"或"对白粗俗"等,在游戏包装正面标明 7 种适龄等级。

法国专家建议有网迷孩子的家长,可与孩子制定使用电脑的家庭公约,内容包括电脑放置的地方、每人每天使用电脑的时间及使用电脑与学习、体育锻炼时间的分配等,而且双方都要自觉遵守。

韩国网吧电脑安装屏蔽软件。韩国孩子在家上网一般都会受到父母限制,所以众多"PC 房"(即网吧)是他们上网的主要场所。针对"PC 房"的管理,韩国有关法律规定,"PC 房"电脑必须安装阻止黄色网页的软件。如果"PC 房"安装了不适合 18 岁以下儿童使用的电子游戏,第一次被查处,将予以警告并罚款 300 万韩元(约合 3 000 美元)。韩国政府采取了一系列措施,特别是通过技术手段保护青少年免受网络有害信息的侵袭。

日本对游戏网吧征收高税率。日本专供上网的网吧非常少，因为这种经营场所和有博彩性质的娱乐场所一样，征收高税，所以很少有人经营。日本网络游戏产业的行业自律和分级审查，都由“网络共同体特别委员会”完成。针对日益加剧的网络游戏伦理以及青少年迷恋网络游戏问题，该协会又派生出相对独立的“电脑娱乐评价机构”。

6.8.5 网络游戏立法

网络游戏比单机游戏更具有互动性、交流性、即时性和不确定性。随着网络游戏的发展，产生了一系列社会性的问题和法律问题。

其一，网络游戏在内容上普遍存在反动、暴力和色情等现象，影响未成年人身心健康，诱发社会问题。日本科学家经检测分析发现，长期沉迷于网络游戏的学生会在脑部发育受到严重影响后，处于亚健康状态或直接导致心理障碍。美国最近进行的一系列科学研究显示，以暴力为主的电子游戏极有可能导致年轻人在现实生活中表现得更具攻击性。1996 年 3 月，我国新闻出版总署根据《出版管理条例》，颁布了《电子出版物管理暂行规定》；2002 年 6 月，新闻出版总署和信息产业部根据国务院《互联网信息服务管理办法》和《出版管理条例》，颁布了《互联网出版管理暂行规定》，对电子游戏出版物、互联网游戏出版物实施归口管理，建立健全游戏出版物内容审查制度，以依法加强对游戏出版活动的监管。这些法规和措施，有力地促进了游戏出版业的健康发展，保护了广大消费者特别是青少年消费者的利益。

其二，经营场所问题，主要是一些网吧尤其是黑网吧的违法经营。只有十几万人的美国加登格罗夫市在很短时间内就冒出 20 多家网吧，他们都以游戏服务为主要卖点。呼朋唤友一同玩耍的环境，以及通宵达旦的营业时间，吸引了大批当地青少年聚集在此，他们在屏幕上枪弹横飞的网络战斗游戏中乐不思蜀，难分虚拟与现实；游戏中的一些小争执有时会演变成现实中的暴力冲突。针对以上问题，我国先后颁布了《互联网上网服务营业场所管理条例》(2002 年 9 月 29 日)、《关于加强互联网上网服务营业场所连锁经营管理的通知》(2002 年 10 月 11 日)等规范性文件。其中《互联网上网服务营业场所管理条例》作为一部行政法规，明确了审批和管理权限，强化了经营者的责任和管理要求。条例首先确定了互联网上网服务营业场所的审批机构和明确了审批程序，由原来先向公安、文化部门申请，再向电信部门申请经营许可证，然后办理工商登记，改为先向文化部门申请筹建，再向公安部门申请信息网络安全和消防安全审核，再由文化部门最终审核和发放《网络文化经营许可证》，最后办理工商登记手续，强调了审批权从原电信部门变更为文化部门。条例还规定，互联网上网服务营业场所不得接纳未成年人进入，并应在入口处的显著位置悬挂未成年人禁入标志，在中学、小学校园周围200 m范围内和居民住宅楼(院)内不得设立互联网上网服务营业场所。经营单位和上网消费者不得利用互联网上网服务营业场所制作、下载、复制、查阅、发布、传播或者以其他方式使用有害信息，不得进行制作或者传播计算机病毒等危害信息网络安全的活动。经营单位和上网消费者不得利用网络游戏或者其他方式进行赌博或者变相赌博活动。总之，条例对于网吧的设立和经营都规定了严格的条件，违反规定将受到严厉处罚。这对于规范网吧经营管理起到了积极作用。

其三，由网络游戏引发的虚拟财产问题。网络游戏中的虚拟物品能以市场价格衡量和进行现实交易已不为奇。由于盗号、欺诈等网络行为的产生，使得网络虚拟物品同样需要受到法律保护。目前法律中虽然没有针对“虚拟财产”保护的明文规定，按照《民法通则》中保护公民合法利益的精神，“虚拟财产”也应该得到法律的保护。面对网络“虚拟财产”纠纷，司法机关经常陷入没有适用法律条文的窘境。在相关法律出台之前，只能求助于技术层面上的保障。

其四，外挂、私服等触发的网络游戏的侵权问题。通常所说的外挂，是“钻”网络游戏程序的漏洞，让使用外挂的游戏玩家得到比正常玩家更快的升级速度，来吸引玩家购买外挂牟取利益，破坏了网络游戏的公平性，损害了正常游戏玩家和运营商的利益。而私服则是翻版合法网络游戏运营商经营的网络游戏，自己架设服务器为他人提供网络游戏服务；不管是否以营利为目的，它始终会对合法游戏运营商造成客户减少的利益伤害，侵犯了版权。2003年12月8日，新闻出版总署、信息产业部、国家工商行政管理总局、国家版权局发布了《关于开展对“私服”、“外挂”专项治理的通知》，通过开展专项治理行动，依法查办了一批违法案件，坚决关闭从事这些业务的网站，彻底取缔相关的客户端光盘和充值卡，坚决查处承接相关复制和加工的企业，有效遏制了这类违法行为蔓延的势头。2004年4月16日，国家版权局办公厅发布了《关于网吧下载提供“外挂”是否承担法律责任的意见》，明确表明，网吧下载“外挂”程序并向顾客提供，或者明知下载“外挂”程序系顾客利用网吧服务器分配的空间所为，却不制止并继续向他人提供的，属于《著作权法》第四十七条(六)、(七)禁止的行为，如果侵权行为同时损害公共利益，可由著作权行政管理部门责令停止侵权行为，没收违法所得，没收、销毁侵权复制品，并处以罚款；情节严重的，著作权行政管理部门还可以没收主要用于制作侵权复制品的材料、工具、设备等。

其五，网络游戏运营商和终端消费者即玩家的权利义务的争议。网络游戏运营商和网络游戏玩家的矛盾纠纷归根结底是双方之间的权利义务关系。按照民法原则，应建立在公平、自愿、等价有偿的基础上。而在没有相应法律依据的前提下，双方的权利义务关系往往从确立起就存在问题，其相关的权利和义务可以用《民法》及《消费者权益保护法》等进行约束。

和国际上大多数国家一样，我国在网络游戏立法方面虽然出了不少规范性通知，但还缺少专门针对网络游戏的立法。是由于网络游戏带来了许多前所未有的问题，需要在系统研究的基础上才可能提出适当的立法建议；另一方面由于网络游戏法律问题涉及多个法律部门，不可能用单一法规解决所有问题。因此，国际上大多数国家也通常不是单立新法，而是完善原有的法律制度，例如日本就是通过原有的《著作权法》及《民法》等现行法律和判例来解决有关游戏软件的法律纠纷，保护相关权利人的合法权益。

6.9 电子商务

6.9.1 电子商务的概念及发展

狭义的电子商务(EC，Electronic Commerce)一般称为电子交易，主要指借助计算机网络进行的在线买卖交易活动，包括网上展示、查询、订货、促销、销售、转账、清算、服务等。

广义的电子商务(EB，Electronic Business)是指包括电子交易在内的、通过计算机网络进行的各种商务活动。英文“E-business”比“E-Commerce”意义更为广泛，不仅包括企业之间、企业与个人之间的商务活动，也包括企业内部各部门之间发生的活动。

对电子商务的理解通常是从“电子”和“商务”两个方面考虑。电子商务应涵盖各种以电子技术为基础的通信方式，如数字电视、电话、电传、计算机、手机、掌上电脑以及 POS、ATM、EDI、电子货币、电子商品配送、MIS、MRP、DSS 等信息系统；而商务也是广义的，包括无论是契约性的或非契约性的一切商务性质的关系所引起的各种事项，如需求咨询、商品订货、商品买卖、商品配送、货款结算及售后服务等。通常人们认为，电子商务就等于电子加商务，是集物流、资金流和信息流于一体的综合商业活动。根据交易双方主体的区别，电子商务一般分为以下几类。

(1) B2B 模式(Business to Business)。B2B 模式是指商业机构对商业机构的电子商务活动，是在企业与企业之间进行的。例如某企业通过计算机网络向其他企业订购商品，在网上签订相关购货协议和付款等商务活动，就是简单的B2B电子商务模式。在我国开展B2B电子商务的网站主要有阿里巴巴（www. Alibaba. com）、慧聪网（www. hc360. com）、金银岛（www. 315. com. cn）等。

(2) B2C模式（Business to Consumer）。B2C模式是指商业机构对消费者的电子商务活动，通常以网络零售业为主，主要借助于互联网开展在线销售活动，例如在线销售书籍、鲜花、计算机、通信用品等。著名的亚马逊（www. amazon. com）、贝塔斯曼（www. bol. com. cn）和国内著名的当当网（www. dangdang. com）、卓越网（www. joyo. com）等均属于这种商务网站。

(3) C2C模式（Consumer to Consumer）。C2C模式是指消费者之间的交易活动，就是由消费者提供服务或产品给其他消费者。如电子海湾（www. eBay. com. cn）、淘宝（www. taobao. com）就是C2C的在线交易社区。目前，当当网和腾迅网也开始进军C2C电子商务市场。

(4) B2G模式（Business to Government）。B2G模式是指企业与政府之间的电子商务活动。互联网上发布政府采购清单，企业以电子化的商务方式完成对政府采购的响应。我国许多省市政府都开通了自身的政府采购网，如北京政府采购网（www. ccgp-beijing. gov. cn）。

(5) C2G模式（Consumer to Government）。C2G模式是指个人与政府之间进行的电子商务活动。有人把个人报税、电子医疗、社会保险等作为C2G的实例，但目前还没有形成规模。

电子商务最早可追溯到20世纪60年代，人们开始采用电报报文发送商务文件。70年代人们改用更为方便、快捷的传真代替电报。但传真文件只能通过纸面打印，无法将信息直接转入信息系统，因此人们又开始采用EDI（电子数据交换）[①]和EFT（电子资金传送）的方式。早期解决方式都是采用功能单一的专用软硬件设施，成本高，仅大型企业使用。90年代以后，互联网为电子商务发展奠定了基础，电子商务步入高速发展阶段。1994年，全球电子商务销售额仅为12亿美元，2000年增至3 000亿美元，2004年已经达到了2.7万亿美元，到2006年达到了12.8万亿美元，占全球零售额的18%[②]。

我国电子商务发展历史较短。20世纪90年代初我国开始开展EDI电子

---

① 20世纪70年代，美国银行家协会（American Bankers Association）提出了无纸金融信息传递的行业标准，美国运输数据协调委员会（TDCC，Transportation Data Coordinating Committee）发表了第一个EDI标准。

② 来源于iResearch（艾瑞）市场咨询公司。

商务应用。1998 年开始进入互联网电子商务发展阶段,而且发展迅速。我国商务部《中国电子商务报告(2004—2005 年)》的数据显示,我国 2005 年电子商务交易额达到 7 400 亿元,比 2004 年增长了 54.2%,如表 6-10 所示。

表 6-10　中国 2004—2005 年电子商务交易额构成①

单位:亿元人民币

	2004 年	2005 年	增长率
B2B 交易额	4 702	6 808	44.80%
B2C 交易额	82	472	475.61%
C2C 交易额	17	120	605.88%
合计	4 801	7 400	54.15%

我国电子商务市场主要有以下几个特点。第一,B2B 模式是电子商务市场的主体。据不完全统计,在全球电子商务销售额中,B2B 业务所占比例高达 80%~90%,而在中国,这一比例已经高达 92%,B2B 是否健康发展已经成为左右电子商务进程的关键。第二,针对单个消费者的 B2C 和 C2C 交易模式发展迅猛。B2C 模式与 C2C 模式虽然在市场规模上无法与 B2B 相比拟,但由于两者都以普通网民为发展基础,所以,其受众群已经远远超过 B2B,大多数用户正是通过 B2C 与 C2C 的尝试才建立起对电子商务的信心。第三,整个电子商务市场快速稳步发展。2005 年市场规模较之 2004 年增长了 50%以上,达到了 7 400 亿元人民币。

电子商务是商业贸易领域的一项根本性变革,在促进经济发展的同时,也必然伴随着经济、文化、制度等多方面的问题。从全球来看,电子商务的共性问题主要包括税收征管、交易安全、人才培养、法律制度建设等问题。就我国具体情况,电子商务遇到的问题主要包括基础设施建设、税收征管、财政与金融(电子支付、虚拟货币等)、物流配送体系建设、交易安全、社会信用、法律制度建设、人才培养等问题。

6.9.2　电子商务环境下的税收征管

电子商务的税收主要包括两个方面:其一是国际间电子商务贸易的关税征收问题,其二是国家内部适应虚拟世界电子商务的税收征管政策。

国际贸易关税问题的主要争议在于,是否应该对国际电子商务贸易免除关税。免除电子商务的国际贸易关税符合人们消除贸易和服务的关税壁

① 数据来源:《中国互联网发展报告 2006》。

垒的思想，有利于进一步发展国际贸易，其最直接的受益者是制造和出口的大国，首当其冲是美国。

1996年，美国财政部发表了《全球化电子商务的几个税收政策问题》报告，提出应该贯彻税收中性原则，不要因为征税而扭曲网上交易；其次，各国在运用现有国际税收原则上，要尽可能达成一致，国际税收原则还不够明确的方面需作适当补充。1998年10月美国国会通过的《互联网免税法案》规定，对网上贸易给予3年免税期，同时成立电子商务顾问委员会专门研究国际、联邦、州和地方的电子商务税收问题。他们认为免税可以鼓励电子商务的发展，为此相继推出几个免税法案，坚持对互联网上交易免税。美国实施电子商务的税收优惠政策，一方面是为了避免不必要的税收及其管制给电子商务造成不利影响，以加速本国电子商务发展，另一方面也是便于美国企业迅速抢占国际市场。目前世界上从事电子商务的网络公司中美国企业约占2/3，在全球电子数字产品交易中美国占据主要份额。

1998年6月，电子商务发展稍逊于美国的欧盟成员国发表了《关于保护增值税收入和促进电子商务发展的报告》，明确表态，欧盟不准备针对网络上的电子商务活动增加新的税种，但也不希望为电子商务免除现有的税赋，因为电子商务必须履行纳税的义务，否则将导致不公平竞争。

国际经合组织OECD认为，不重复征税是因为基于互联网的电子商务与一般的商业贸易没有什么区别，只是媒介不同。为了不妨碍电子商务发展，不加重电子商务运行成本，也不侵蚀税制和妨碍税收，对电子商务应按同样的税率缴纳税款。

1998年，一些国家政府和专业人士在联合国会议上提出，除对电子商务交易本身征税之外，应该新开征收依据互联网流量的“比特税”。此提案一经提出，即遭到美国、欧盟的一致反对。1999年，联合国开发计划署在其《人类发展报告书》中仍坚持对电子商务征收“比特税”，借此补贴贫穷国家发展网络贸易。但实际上对电子商务征收“比特税”存在诸多问题，例如只根据电子信息流量无法区分有无经营行为，无法区分商品和劳务的价格，无法区分经营收益的大小，从而如何进行计税，更何况网络公司是按照信息流量支付通信费用，费用中已含税款。

关于国内税收问题，大多数国家认为应该税收中性，即对电子商务交易的征税不得高于相当的一般贸易征税，其目的是鼓励企业选择电子商务交易方式。例如我国很多企业的经营方式还较为落后，信息化水平不高，应该大力鼓励其上网经营。如果我国税收政策阻碍电子商务的发展，不仅会妨碍企业的经营发展，而且也会使税收变成无源之水、无本之木。

另外还要明确政府对电子商务征税的管辖权，避免漏税或重复征税。税收管辖权一般可分为3类：一是地域管辖权，即一国对来源于本国境内的所得行使征税权；二是居民管辖权，即一国对依税法规定的，作为本国居民的纳税人的所得行使征税权；三是公民管辖权，即一国对拥有本国国籍的公民的所得行使征税权。在传统经营模式下，各国根据其税收管辖权，比较容易确定是否对某项所得征税，但在电子商务形式下，则比较困难。例如在互联网交易中，居住在A国的纳税人可以使用B国的服务器向消费者提供商品或劳务，就很难确定供应商的所在地。供应商在消费者所在地也可能就没有常设机构，消费者居住国就很难运用“常设机构”规则对其征税。再者电子商务是无纸交易，许多交易都被转化成“数字资讯”在互联网中传递，难以计税。面对网上贸易的高速发展，各国税务部门还来不及制定出合适的税收政策，并实施行之有效的征管措施和稽查手段。

6.9.3 电子商务安全

电子商务发展的核心和关键问题之一是交易的安全性。由于互联网本身的开放性，使网上交易面临种种危险，也由此提出了下述相应的安全控制要求。

(1) 信息保密性。商务交易中的商务信息均有保密的要求。如信用卡的账号和用户名被人知悉，就可能被盗用。订货和付款信息被竞争对手获悉，就可能丧失商机。因此在电子商务的信息传播中一般均有加密的要求。

(2) 交易者身份的确定性。网上交易的双方很可能素昧平生，相隔千里。要使交易成功，首先要能确认对方的身份，商家要考虑客户不能是骗子，客户也会担心网上商店是不是“黑店”。因此能方便而可靠地确认对方身份是交易的前提。

(3) 不可否认性。由于商情的千变万化，交易一旦达成是不能被否认的，否则必然会损害一方的利益。例如订购黄金，订货时金价较低，但收到订单后，金价上涨了。如果收单方否认收到订单的实际时间，甚至否认收到订单的事实，则订货方就会蒙受损失。因此电子交易通信过程的各个环节都必须是不可否认的。

(4) 不可修改性。交易的文件是不可被修改的，如上例所举的订购黄金。供货单位在收到订单后，发现金价大幅上涨了，如其能改动文件内容，将订购数1吨改为1克，则可大幅受益，那么订货单位可能就会因此而蒙受损失。因此电子交易文件必须不可修改，以保障交易的严肃和公正。

为实现电子商务的安全控制要求，必须要解决数字证书、安全交易技术协议、报文摘要等重大问题。

现实生活中人们一般通过身份证来证实自己的身份。电子商务中也需要“身份证”以证明交易各方身份的合法性，只不过这种身份证是数字形式的，故被称为“数字证书”。数字证书是实现电子商务的必备条件，是参与网上电子商务的通行证，因此该证书本身的可靠性与可信任度就显得格外重要。为此，需要建立一个参与电子商务交易各方都可信任的权威机构，专门负责数字证书的发放和管理工作，以保证数字证书的真实可靠，这个机构就是数字证书认证中心（CA，Certificate Authority）。CA 的主要职责包括数字证书的颁发、更新、废除，证书的公布，证书在线查询和认证等。CA 所颁发的数字证书通常包含有唯一标识证书所有者的名称、唯一标识证书发布者的名称、证书所有者的公开密钥、证书发布者的数字签名、证书的有效期及证书的序列号等。

目前我国已经建立了不少 CA 认证机构。商家只要向相关机构提交认证申请，该机构即会对申请者的合法性进行调查。对被审查合法的商家，就由 CA 颁发能够识别其身份的数字证书。此外，其他欲上网交易的主体也可以向 CA 申请数字证书。

近年来，为了电子交易的安全，IT 业界与金融行业一起推出了不少有效的安全交易标准和技术，主要包括以下内容。

（1）安全超文本传输协议（S-HTTP）：依靠对密钥的加密，保障 Web 站点间的交易信息传输的安全性。

（2）安全套接层协议（SSL）：由 Netscape 公司提出的安全交易协议，提供加密、认证服务和报文的完整性。SSL 被用于 Netscape Communicator 和 Microsoft IE 浏览器，以完成需要的安全交易操作。

（3）安全交易技术协议（STT，Secure-Transaction Technology）：由 Microsoft 公司提出，STT 将认证和解密在浏览器中分离开，用以提高安全控制能力。Microsoft 在 Internet Explorer 中采用这一技术。

（4）安全电子交易协议（SET，Secure-Electronic Transaction）：1996 年 6 月，IBM、Master Card International、Visa International、Microsoft、Netscape、GTE、Verisign、SATC、Teria 就共同制定的标准 SET 发布公告，并于 1997 年 5 月底发布了 SET Specification Verion1.0，它涵盖了信用卡在电子商务交易中的交易协定、信息保密、资料完整及数据认证、数据签名等。SET 规范的主要目标是保障付款安全，确定应用的互通性，并使全球市场接受。所有这些安全交易标准中，SET 标准以推广利用信用卡支付网上交易而广受各界瞩目，成为网上交易安全通信协议的工业标准。

“报文摘要”(Message Digest)又被形象地称为“数字指纹”(Digital Fingerprint)。它是为把电子商务中千差万别的报文与交易主体的数字签名不可分割地结合在一起,而从报文中提取的,一种确定格式的、符号性的摘要并加以“签名”的一种信息。“报文摘要”是通过一类特殊的散列函数(Hash函数)生成的。这些函数的输入可以是任意大小的信息,而输出是一个固定长度的摘要。这些摘要有这样一个性质,如果改变了输入信息中的任何内容,即使只变动了一位,输出的摘要也将会发生不可预测的改变,即输入信息的每一位都要影响输出的摘要。这类 Hash 函数的特点是从报文能方便算出摘要,但它是不可逆的,只能由该报文算出该指定的摘要,而难以对指定的摘要再生成一个报文,也很难对两个不同的报文算出相同的摘要。通过这样的验证方法,就可有效地维护交易信息在传输过程中的真实和完整,避免被篡改、冒充或抵赖。

6.9.4 电子商务法律体系

1. 国际电子商务立法

电子商务全球化的发展,从根本上改变了传统的产业结构和市场运作模式,在商业界积极探索和使用这种新经济模式的同时,一些国际组织和包括我国在内的一些国家也在积极地探索相应的法律体系,以便提供安全有序的法律环境。这一立法努力仍然是以联合国为先导。

《电子商业示范法》(UNCITRAL Model Law on Electronic Commerce)是联合国国际贸易法委员会于 1996 年制定的第一个世界范围内的电子商务统一法规,是经过众多的国际法律专家多次集体讨论后制定的,意在向各国政府的执行部门和议会提供电子商务立法的原则和框架,尤其是对以数据电文为基础的电子合同的订立和效力等作出了开创性规范,成为各国制定本国电子商务法规的“示范文本”。该法将电子方式进行的贸易称为“电子商业”,将各种通过电子方式传达信息的手段称为“数据电文”,意指“经由电子手段、光学手段或类似手段生成、储存或传递的信息,这些手段包括但不限于电子数据交换(EDI)、电子邮件、电报、电传或传真”,同时明确电子合同的有效性,确定电子合同符合法律对书面、签字、原件的要求以及电子合同的证据效力。

2001 年,联合国通过了国际贸易法委员会起草的《电子签章示范法》,是国际上关于电子签章的最重要的立法文件。这部示范法旨在确定电子签证及其安全性、可靠性和真实性问题,确立了电子签名的法律框架,对世界各国均有指导意义。

欧盟与电子商务有关的主要法律文件有《电子商务指令》、《电子签名指令》、《远程销售指令》等。《远程销售指令》于 1997 年 12 月通过。该指令试图通过为消费者提供保障来促进电子商务。远程销售合同是指供需双方通过远距离通信技术进行商品和服务交易所缔结的合同。在远程销售合同中，消费者需要得到特别的保护，因为消费者的个人隐私会受到带进攻性的市场技术的侵犯，也会受到供方给消费者的不足和不适当的信息的侵犯，以及要面对用信用卡支付时可能带来的欺诈和错误风险，因此要保障消费者在远程销售合同中得到本国消费者保护制度的保护。《电子签名指令》是 1999 年 12 月 13 日生效，有欧洲议会及欧盟理事会在集体范围内关于电子签名的指令。该指令目的是方便电子签名的使用并使其法律效力得到承认。指令包括说明、15 条正文和 4 个附件。其主要内容包括：确定电子签名效力的原则；电子签名及相关概念的定义；成员国国内及国际电子签名认证服务的市场准入；电子签名数据的保护、生效与修改；指令附件对于电子签名认证提供商、电子签名的产生装置、电子签名的安全核对等提出了技术上和法律上的具体要求。《电子商务指令》于 2000 年 6 月 8 日由欧洲议会修改通过，欧盟 15 个成员国将在 18 个月内将这一新指令贯彻到国内。该指令的主要内容包括：成员国开放电子服务市场；成员国不对电子合同的使用加以限制；为仅作为第三方信息传输管道的网络中介创设了责任豁免；要求标明属于电子形式的广告信息；允许律师、会计师在线提供服务；要求将国籍法和来源国法作为适用于电子服务的法律；允许成员国为了保护未成年人、防止煽动种族仇恨、保卫国民健康和安全，对来自他国的电子服务加以识别；确定提供电子服务的公司所在地为其实际开展营业的固定场所，不论其网站设在何处。

美国是电子商务的主导国家，美国主要的电子商务立法包括《全球电子商务纲要》、《统一计算机信息交易法》、《电子交易法案》等。

1997 年 7 月 1 日美国政府颁布的《全球电子商务纲要》是全球第一份官方正式发表的，关于电子商务立场的文件，提出了关于电子商务发展的一系列原则，系统阐述了一系列政策，旨在为电子商务的国际讨论与签订国际协议建立框架。美国将积极地通过 WTO、OECD、APEC 等国际组织，实践纲要中提出的原则与政策。由于美国在网络发展中的主导地位与其经济实力的强大，《全球电子商务纲要》已成为主导电子商务发展的宪章性文件。

2001 年 7 月 24 日美国政府颁布了《统一计算机信息交易法》。顾名思义，《统一计算机信息交易法》适用于“计算机信息的交易”。所谓“计算机信息”是指能够直接被计算机处理或者从计算机获取的电子信息。所谓“计算机信息交易”是指有关创作或开发计算机信息，以及提供访问、获取、转让、使用、许可、修订或发行计算机信息的合同，不包括印刷出版的信息。因此，该法主要适用于创作或发行计算机软件、多媒体及交互性产品、计算机数据以及在线信息发行等交易，不适用于印刷出版的书籍、报纸、杂志等的交易。与“统一商法典”一样，该法典属于“模范法”的性质，并没有直接的法律效力，其能否转化为生效法律取决于各州是否通过立法途径对其予以采纳。从法律效力上看，美国的“统一计算机信息交易法”与欧盟的《电子商务指令》不同。欧盟《电子商务指令》一颁布对其成员国就具有约束力，所有成员国都须在18个月内将其贯彻。然而，美国各州并没有义务必须采纳《统一计算机信息交易法》，因此要等到全美50个州都按照自己的立法进程采纳该法，才能真正生效。

2003年12月1日美国政府颁布了《电子交易法案》(以下简称《法案》)。该《法案》是一个最简式法律，为电子记录、电子签名和其他电子文件提供了法律依据，但未具体规定采用何种技术和方法。因此，该《法案》将在相当长的时间内灵活、持久地为电子交易提供法律框架。同时，该《法案》被规定不适用于遗嘱、信托和其他类似文件。在修正纸面障碍时使用也需谨慎，避免带来任何公共政策和消费者保护方面的问题。该法案已在除乔治亚州、纽约州和南加利福尼亚州以外的亚利桑那州、加利福尼亚州、哥伦比亚州等44个州生效实施。

2. 我国电子商务立法

1998年以后，电子商务引发的相关案例开始增多，涉及的范围开始从北京、上海等少数大城市延伸到各省市直至国外，涉及域名、版权、刑法、民法、行政法等各个领域，侵权形式包括域名抢注、网上转载、网页链接、网上不正当竞争与黑客犯罪等多种类型。而随着一些重大案例的裁判和一些司法解释的颁布，一些基本原则得到了各级法院的普遍认可，如将传统作品数字化属于复制的认定，数字化作品在网上传输不属于发行与播放，是一种作品的使用方式；电子商务与互联网诉讼中的损害赔偿处罚应相对较轻，否则不利于发展，并在一定情况下可以适用法定赔偿；域名与商标冲突一般不适用商标法而应适用反不正当竞争法等。这些原则的确立与执行确实保证了法官可以在无法可依的情况下有效裁判纠纷，稳定社会关系，在某种程度上起到了扩大法律外延的作用。这些案例和司法解释主要集中在网上域名与网上著作权纠纷。对于网上的链接行为，目前也有一些较为成熟的案例。总体看来，目前我国司法系统对于网上相关知识产权纠纷有较为成熟的把握，但对于电子商务纠纷处理还很不成熟。

在对电子商务与互联网的行政管理上，各行政管理机关也都进行了许多探索和改进。目前与电子商务有关的行政管理模式主要有：网站的登记备案制度；特殊网站的经营许可制度；涉及新闻、出版、教育、医疗保健、药品和医疗器械的信息服务；网上银行、网上证券委托的经营许可；信息安全产品开发、生产、销售的许可及检测制度；电子认证服务的许可制度；计算机软件著作权的登记制度等。而有些制度还是充分考虑了网络自身特点，在制度设计上比较切实可行。例如，工商行政管理局推行的"红盾"标志的发放与使用就比较具有创造性。"红盾"既是一种资信的初步证明，又是一种投诉渠道，同时又采取基本不设门槛与不告不理的方式。

随着电子商务的发展，从1999年开始，有关电子商务的立法逐渐得到了政府的关注。2000年的全国人民代表大会一号提案使电子商务立法成为更多人关注的焦点，在其后几年时间里，相关的一些法律、法规、部门规章、地方法规陆续出台，以电子签名法为首，以相应法规、司法解释、部门规章、地方法规为辅的我国电子商务法律法规体系初步形成。比较有代表性的法律法规如表6-11所示。

表6-11　我国电子商务相关法律法规文件

类　别	名　称	制定机构	颁布时间
法律	中华人民共和国电子签名法	信息产业部	2004-08-28
	电信法	信息产业部	制订中
	个人数据保护法	国务院信息办	制订中
	关于维护互联网安全的规定	全国人大常委会	2000-12-28
	合同法	全国人民代表大会	1999-03-15
	刑法	全国人民代表大会	1979-07-01
	著作权法	全国人大常委会	1999-09-07
法规	互联网信息服务管理办法	国务院常务委员会	2000-09-20
	电信条例	信息产业部	2000-09-20
	计算机软件保护条例	国务院	2001-12-20
	互联网上网服务营业场所管理条例	国务院	2002-08-14
部门规章	电子认证服务管理办法	信息产业部	2005-01-28
	电子支付指引(第一号)	中国人民银行	2005-10-26
	网上证券委托暂行管理办法	中国证监会	2000-04-14
地方立法	广东省电子交易条例	广东省人大	2003-12-06
	上海市电子商务条例	上海市人大	订立中
	北京市信息化促进条例	北京市人大	订立中
司法解释	关于审理涉及计算机网络著作权纠纷案件适用法律若干问题的解释	最高人民法院	2000-11-22
	关于审理涉及计算机网络域名民事纠纷案件适用法律若干问题的解释	最高人民法院	2001-06-26

其中,《电子签名法》是保护消费者电子交易的重要法律。在现实世界使用的《合同法》、《刑法》、《著作权法》等重要法律同样适用于电子商务环境下的法律问题。

从以上法律法规也可看出,有关电子商务交易安全的法律保护问题主要涉及两个基本方面:第一,电子商务交易首先是一种商品交易,其安全问题应当通过民商法加以保护,如《合同法》、《著作权法》、《刑法》等法律法规也都对电子商务交易活动实施规范;第二,电子商务交易是通过计算机及其网络而实现的,其安全与否依赖于计算机及其网络自身的安全程度,于是有《电子支付指引(第一号)》、《电子签名法》、《个人数据保护法》、《关于维护互联网安全的规定》等法律法规。

6.9.5 电子商务管理模式

电子商务给传统的贸易方式带来了巨大的冲击,带动了经济结构的变革,各国政府都结合本国实际纷纷出台电子商务的政策与法规,探求行之有效的管理模式,以促进电子商务发展。

美国政府推动电子商务的主要举措包括推动信息高速公路的建设,制定全球电子商务市场框架文件等,让市场自由发展,只有当其必要性非常清楚时才采取必要的行动。政府是要建立一个公正的商业法律环境,保护消费者利益,保护知识产权,保护个人隐私,保护市场自由竞争。美国主张采用自下而上,以企业自律和市场驱动为主,政府自由放任的模式发展电子商务,也就是市场导向型的管理模式。从电子商务萌芽开始,美国政府就一直强调企业是电子商务发展的主导力量,政府不应干预,即使必须干预,也应将干预限制在最低程度。

早期新加坡政府投资推进全国性电子数据交换 EDI 服务,1998 年建成了 EDI 贸易服务网络,铺设长达 1.6 万千米的光缆,用于数据及电话传输网络。1998 年新加坡政府公布了电子商务全面法律框架的电子交易法案。这一法案使新加坡成为开展电子商务值得信赖的国家。新加坡政府不仅及时制定了相关政策法规,引导企业进行基础设施建设,而且为了使企业和消费者能放心网上交易,还引导企业参与安全协议的制订和推广。政府还设立培训中心,对相关人员进行普及性培训,积极参与并推动电子商务的发展。新加坡政府认为,没有一定程度上的行政管理,电子商务不可能迅速发展。新加坡采取由政府全部投资和完全控制,企业在政府全面扶持下,自上而下发展电子商务的模式,即政府控制型管理模式。政府管理采用统一的方式进行资源配置,电子商务由政府以企业的方式去控制运作。

对于我国而言，政府在发展电子商务过程中可以合理借鉴两国经验。当前我国市场体制还有待进一步完善，社会信息化程度还不够高，电子商务还没有广泛普及，企业电子商务也没有真正展开，电子商务的发展还离不开政府的引导，应采取“政府引导，市场推进”的发展模式。政府应以规划者、管理者和应用者三种角色参与电子商务发展运作。首先，政府应该作为电子商务的规划者，制定电子商务发展的宏观战略和发展计划，加强政府有关部门之间的相互协调，保障电子商务有关的政策、法规和标准的连续性和一致性，引导电子商务健康发展。其次，要搞好政府与企业的关系，政府对电子商务活动不应过多干涉，而应遵循电子商务的国际准则，尽量放权于企业。再者，要加强交流合作，参与国际竞争，积极参与各国政府、国际组织举行的双边、多边谈判和有关法规、标准的制定工作，加强技术合作，推动市场融合。另外，还要进一步加强电子商务的支撑环境建设，完善信用、认证、支付、现代物流和网络基础设施建设，加快信息服务业发展，形成有利于电子商务发展的支撑体系，建设完善、安全、快捷、方便的电子商务在线支付平台。最后，要重视电子商务人才的使用与培养，为电子商务的发展提供组织保障，逐步形成结构合理的电子商务研究、咨询、工程、监理、运营、服务的人才梯队。

7 网络人权

7.1 网络隐私权

7.1.1 网络隐私权的定义及侵权表现

2006 年 6 月，“名片网”网站成为我国互联网议论的热点。该网站未经当事人同意，登录了超过 200 万张的个人名片供网友免费查询，从中可查到世界 500 强企业的管理层及员工名片，如微软公司 2 500 多名员工的职位和联系方式都赫然在列，查询的条件是“上传一张名片，免费查阅两张名片”。该网站一夜“蹿红”，月点击量超过 500 万次。网站负责人说，这是为商务人士提供的一个信息交流平台。该网站涉嫌侵犯个人网络隐私权，不仅遭到当事人的强烈抗议，也受到网民大众的质疑和争议。

1. 网络隐私和网络隐私权

依据韦氏字典的解释，隐私是指个人与社会公共生活无关的、不愿为他人知悉或者受他人干扰的私人事项。“私”是指与社会公共生活无关，“隐”是指其本人不愿为他人知悉或受他人干扰。隐私权即指个人具有依照法律规定保护自己隐私不受侵害的权利，具体包括：公民对于自己与社会公共生活无关的私人事项，有权要求他人不打听、不搜集、不传播，也有权要求新闻媒介不报道、不评论、不非法获得。公民对于自己与社会公共生活无关的私生活，有权要求他人不得任意干涉，包括：自己的身体不受搜查，自己的住宅和其他私人生活区域不受侵入和窥探等。

网络隐私是个人隐私在网络时代的另一种表征，具体包括：个人属性，如个人的姓名、身份、肖像、声音等；个人资料，如消费习惯、病历、宗教信仰、收入、个人财产、工作及婚姻状况等；个人通讯内容。在有些情况下，非由发文者或收文者监控、披露的电子通信的内容也可能构成对隐私权的侵犯。

网络隐私权与传统隐私权没有本质区别，属于隐私权的一种，是指自然人在网上同样应该享有私人生活和私人信息依法受到保护，不被他人非法侵犯、知悉、搜集、复制、利用和公开的一种人格权。网络隐私权的权利主体为自然人，权利内容涉及私人生活安宁、信息保密、通讯保密、自主使用隐私等。但当隐私权与高速、海量、自由的信息网络传播方式联系起来时，网络隐私权也表现出一些不同于传统隐私权的新特点。

(1) 隐私内容扩大。网络隐私权的内容不仅包括传统的姓名、性别、身高、指纹、血型、病史、联系电话和财产等，一些新兴的个人数据，如 E-mail 地址、网络域名、用户名称、通行密码等，也逐渐成为网络隐私的内容。

(2) 权利范围扩大。除去传统隐私权包括的个人生活安宁、个人信息保密、个人通信保密、自由支配使用 4 项基本权利外，网络隐私权还衍生出 4 项新的权利。

① 隐私收集知悉权，指权利主体有权知晓个人数据收集者的有关情况，包括数据收集者的性质、经营范围、收集信息的目的和用途等，有权通过相关途径查询自己个人数据的收集和使用情况，以保证权利主体对隐私收集行为的基本了解。

② 隐私修改权，指当权利主体发现自己的个人数据信息记录有误或记录已发生变化时，有权进行修改、补充、删除，以保证个人信息的准确性。

③ 隐私安全请求权，指权利主体有权要求网站等隐私收集或利用者采取必要、合理的措施，以保护个人信息安全，并有权通过法律手段要求隐私收集或利用者履行这一义务。

④ 隐私收益权，指权利主体有权要求个人信息收集或使用者支付相应报酬或使用费，以保证主体的物质利益。

(3) 附带有经济价值。原民法理论认为，隐私权是一种独立的精神性人格权，不具备物质性或财产权属性。但在网络空间，网络隐私权已具有了物质性或财产权属性。

(4) 侵害大，挽救难度也大。由于网络传播的广泛性和迅捷性，个人隐私一旦在网上披露，瞬间可让全世界知晓，从而给当事人带来严重后果。1996 年，法国总统密特朗的私人医生在被解雇后出版了《大秘密》一书，大肆披露密特朗的健康档案。尽管因侵犯密特朗的私生活，违反医生替病人保密的职业道德，该书很快被巴黎法院禁止发行，但仍被人全文登载于互联网，密特朗的个人隐私已成为全球人均可调阅的“公开秘密”。

基于网络隐私权表现出来的新特征，互联网上频频出现的个人隐私侵权事件对号称第四媒体的互联网的高速发展形成了巨大的冲击，互联网上的隐私保护正逐渐成为网络时代需要引起人们重视的一个棘手问题。

2. 网络隐私权的侵权表现

互联网为网上数据搜集，包括隐私数据的搜集提供了前所未有的便利，也使网络隐私权的侵害现象越演越烈。根据不同的侵权行为主体，可分为个人侵权行为、商业组织侵权行为、软硬件设备供应商侵权行为、网络提供商侵权行为和互联网服务提供商侵权行为。

个人侵权行为是指个人未经授权，在网络上公开、传播或转让他人的隐私以及自己和他人之间的隐私，或者未经授权而进入他人计算机系统收集和获取信息、骚扰他人，或未经授权截取、复制他人正在传递的电子信息，或未经授权打开他人电子邮箱或进入私人网上信息领域收集、窃取他人信息资料。

商业组织侵权行为是指专门从事网上调查业务的商业组织进行窥探业务，非法获取他人信息以及利用他人隐私的行为，并利用收集到的用户个人信息资料，建立用户信息资料库，转让、出卖给其他公司，以牟取利益或达到其他商业目的。根据纽约时报报道，BOO. com、Toysmart 和 CraftShop. com 等网站，都曾将客户姓名、住址、电子邮件甚至信用卡号码等统计分析结果标价出售，以换取更多资金。

软硬件设备供应商的蓄意侵权行为是指有些供应商在自己销售的产品中做手脚，以收集消费者的个人信息。例如，某公司就曾在其生产的处理器内设置"安全序号"，每个使用该处理器的计算机都能在网络中被识别，生产厂商可以轻易地收到用户的接发信息并跟踪其活动，大量复制和存储用户信息。

电信网络提供商的侵权行为是指网络所有者或管理者通过网络管理中心，对用户进行监视及窃听，记录用户的个人信息，尤其是监控用户的电子邮件。

互联网服务提供商的侵权行为是指其主观故意（直接故意或间接故意）侵害用户的隐私权。例如，故意将用户的邮件转移或关闭，造成邮件丢失，个人隐私、商业秘密泄露；或者发现明显公开宣扬他人隐私的网上言论时，采取放纵的态度任其扩散。

互联网上侵犯隐私权的具体行为，归纳起来主要有以下 4 种情况。

(1) 非法收集、利用个人数据。不经合法授权，利用网络跟踪软件（如 Cookies等），在网络聊天室、虚拟社区、同学录、QQ、MSN 及其他类型个人聊天、群聊等网络区域跟踪用户上网行动，收集用户上网习惯，如用户喜欢访问的网站、在各网站停留时间的长短等，并由此建立起庞大的用户个人信息数据库，再将这些数据库用于自身的营销战略或以高价贩卖给其他商家，从中获取巨额利润。例如，号称掌握一亿用户上网习惯的 DoubleClick 公司，为了使自己的广告更具有针对性，就采用 Cookies 软件进行上述活动。

(2) 非法监视和干涉私人网上活动。利用互联网络监视和截取他人电子邮件、QQ 信息，窃取他人账号，干涉他人行为或者进行非法活动。现有不少企业非法监视员工的个人电子邮件；黑客或网络服务提供商截取和篡改网民个人的电子邮件，以及利用电子监控系统监视他人在网上的言行等。

(3) 非法侵入、窥探个人网络领域。包括非法侵入他人局域网和电脑，进行浏览、下载、更改、删除、窃取等破坏活动，以及向个人电子邮箱投放垃圾邮件等行为。英特尔公司 1999 年以硬件的方式赋予每一个 Pentium Ⅲ 处理器一个独一无二的“安全序号”PSN，使得每个使用该处理器的计算机在网络中的身份极易被识别，从而可跟踪用户的一举一动，监视用户的接发信息。

(4) 擅自在网上泄露他人隐私。未经他人同意或者授权，非法泄露网络个人隐私，包括通过合法途径收集的网络个人隐私。2000 年 5 月，英国网站 Boo. com 宣布倒闭，同时将曾经在其网站上注册过的 35 万名用户的个人资料出售；尽管在此之前，Boo. com 曾信誓旦旦地宣称，在任何情况下也绝不会曝光其用户的个人资料。

互联网隐私侵权的表现日渐多种多样，具体行为五花八门，这就为有效地实施网络用户的隐私权保护带来了困难。

3. 网络隐私侵权的根源

网络隐私侵犯发生的根源主要在于两点：一是，互联网本身开放的结构特征为实施网络隐私侵权提供了技术平台；二是，电子商务发展带来的利益极大驱动了侵权行为的发生。

互联网是一个自由、开放的世界，把全球连成了一个整体，一方面使得搜集个人隐私极为方便，另一方面也为非法散布隐私提供了一个巨大的平台。由于互联网成员众多且位置分散，所有网上信息通过路由器进行传送，而用户不可能知道具体通过的路由，于是有些人或组织就可通过对某个关键节点的扫描跟踪来窃取用户信息，也就是说从技术层面上截取用户信息的可能性是存在的。

一些互联网软件也为获取网络用户的个人隐私提供了方便，网络小甜饼 Cookie 就是这类软件之一。某些 Web 站点会在用户的硬盘上用文本文件存储一些信息，这些文件被称为 Cookie，包含的信息与用户和用户的爱好有关。现在许多网站在每个访客进入网站时将 Cookie 放入访客电脑，不仅能知道用户在网站上买了些什么，还能掌握该用户在网站上看过哪些内容，总共逗留了多长时间等，以便了解网站的流量和页面浏览数量。网络广告商也经常用 Cookie 来统计广告条幅的点击率和点击量，从而分析访客的上网习惯，并由此调整广告策略。一些广告公司还进一步将所收集到的这类信息与用户在其他许多网站的浏览活动相联系，显然侵犯了网络用户个人的隐私。

在网络空间中，对个人隐私的侵犯已经不仅是基于窥探他人隐私的好奇心，而大多数是受利益的驱使，因为特定的个人隐私具有经济价值。美国有两个大规模的个人资料库公司 Double click 和 Engage Technologies，他们就以掌握大量网民上网习惯和个人资料而著称，并将这些信息出卖给为数众多的厂商和调查机构。也有不少网站因为经营不善，将自己所保存的网民个人资料卖给其他公司，以获取经济利益。

目前，网上许多服务都是免费的，如免费电子邮箱、免费下载软件、免费注册为会员以接收一些信息以及一些免费的咨询服务等。一般在接受这些免费服务时，必然要登录个人一些资料，如姓名、地址、工作、兴趣爱好等，服务提供商会声称这是为了方便管理。原则上 ISP 在向用户提供网络服务时，有责任保证数据的同一性和秘密性，不能为促销目的使用用户数据，除非得到用户的允许，对适当使用数据负有责任。但是，在商业利益的驱使下，ISP 存在着将这些信息挪做其他用途甚至将其出卖的可能。现实中 ISP 泄密的情况已经屡见不鲜。

7.1.2 国际社会的网络隐私保护

2006 年 6 月，搜索巨头 Google 公司表示加入多家科技公司组成的联盟，其中包括微软、英特尔、甲骨文、Sun 微系统以及惠普公司等，他们共同呼吁联邦政府出台“消费者网络隐私权法令”。在一份公开的声明中，Google 公司发言人表示：“如今的人们生活在数字时代，互联网为人类的生活带来了便利，然而也带来了许多负面效应，例如隐私权的丧失。”Google 公司顾问 Nicole Wong 在公司主页博客上就曾经暗示，Google 将会为联邦消费者隐私立法作出贡献。Google 加入立法联盟的目的远远不止是为消费者说话。同年早些时候，美国联邦政府曾经以治理互联网色情为由，要求 Google 提供用户搜索记录，从而惹恼了搜索巨头；尽管最终联邦政府作出了让步，不过也使 Google 公司深刻意识到用户网络隐私权保护的重要意义。

无论是政府机关，还是商业组织，也包括个人，对数据的搜集和利用在信息社会司空见惯，不可能因为存在非法搜集和非法使用个人隐私材料的现象就将其制止或限制。更何况政府或其他商业组织对网上个人数据的搜集和使用，在大多数场合下都是出于公共利益目的，或者是经过合法授权的。

无论是从个人角度，还是从社会角度，解决问题的关键是：如何在两种相互冲突的利益之间，通过法律及其实施来保持二者之间的平衡。不能因过分考虑社会利益而忽视个人利益，也不能仅仅为了维护个人隐私权，而盲目限制政府或商业组织对网上数据的搜集和利用。

目前国际上关于隐私和个人数据保护的最主要的国际性文件是 OECD1980 年制定的保护隐私和跨国境的个人数据流动指南。该指南和 OECD 随后制定的一系列文件带动了隐私和个人数据保护领域的国际和地区性立法。这些立法都吸收了 OECD 在指南中提出的原则，具体区别体现在执行方式上。

归纳起来，国际上对于网络个人隐私保护大体上从以下 3 个方面执行。

(1) 法律制裁

这是一种由国家和政府主导的模式。基本做法是由国家通过立法，从法律上确立网络隐私保护的各项基本原则与各项具体的法律规定和制度，并在此基础上建立相应的司法或者行政救济措施。

在这种模式下，通常是通过法律的具体规定，对网络服务提供商在网上各种各样搜集用户数据和隐私的行为提出一定限制，使之更为规范、对用户更透明，使网上用户的个人隐私更容易得到保护。

立法最直接的后果就是增加网络服务提供商的法定义务，这无疑增加了以网络服务提供商为代表的整个信息产业的成本，甚至会损害信息产业的利益，并有碍电子商务的发展。从实践上讲，这种政府主导立法模式的可操作性也难以寄予厚望，因为网络服务提供商在网上搜集隐私材料所使用的方法、搜集隐私材料的用途、已经或可能给用户造成的影响是多种多样的，难以在现有技术条件下得到一个确切答案。这就意味着政府主导型立法模式，从总体上讲还不具备统一的立法基础。互联网目前还不能说是一个相对成熟和稳定的产业，它的各个环节和技术还处在不断发展变化的过程中，难以预料互联网及信息产业将来的发展状况。

当然，政府如果放弃从立法或政策上对现在的网络服务提供商或其他的网上搜集个人隐私材料的行为进行管理，任凭其发展，同样会对互联网和信息产业的良性发展带来负面影响。为此，在传统保护隐私权的成功做法的基础上，结合互联网本身和网上用户隐私材料搜集所具有的共同特点，制定相应的法律和救济措施是必须的。

(2) 行业自律

鼓励行业自律是政府为鼓励和促进互联网产业的发展，对互联网服务提供商和其他相关企业实行的比较宽松的政策。不主张通过严格的立法，对网络服务提供商施加过多的压力和义务，以免影响整个互联网和与之有关产业的发展。

这种方式的缺点在于，它是完全建立在行业自律的基础之上的，依靠网络服务提供商和与之有关的其他产业的自觉行动来保证规定的执行。如果网络服务提供商与用户之间利益一致，保护用户隐私权可使双方受益，自然可行；但若双方利益不一致，如果网络服务提供商保护用户隐私权的成本过高，或者网络服务提供商可以通过搜集个人隐私材料将其用做商业用途，并可得到巨大商业利益，就很难保证网络服务提供商能够自律。

另外，行业自律缺乏保证实施的机制，并仅对那些加入行业自律计划的公司有效，对其他没有加入的公司缺乏约束和规范作用。

(3) 软件保护

依靠软件技术支持，是由互联网消费者自己选择、自我控制的方式。通过某些隐私保护软件，来实现网上用户个人隐私材料的自我保护。在消费者进入某个收集个人信息的网站时，该软件会提醒消费者什么样的个人信息正在被收集，由消费者决定是否继续浏览该网站。或者在软件中预先设定只允许收集的特定信息，其他信息不允许收集等。这类系统或运行程序本身的安全性和可信度还需研究。

尽管世界各国对于网络隐私的保护方式不外乎上述3个方面，但也存在着一些区别。

(1) 美国"自由流通论"下的行业自律

美国是最早以判例法的形式确认隐私权是一项受法律保护的民事权利的国家。美国颁布了一系列保护隐私权的专门立法，从联邦到各州都能找到相应的法律文件，关于隐私权保护的讨论也常见报端与论坛，已经形成了一个比较完整的理论体系。

在隐私权保护方面，出于不妨碍电子商务发展、不损害民间创新精神的考虑，美国采用的是行业自律的模式。

1997年10月，美国政府公布了《全球电子商务发展框架》报告。在这篇对于电子商务发展有着重要指导意义的文件中，将网络隐私权保护作为一项基本原则。报告强调，在保护网络隐私权方面，私营企业应当起到主导作用，政府支持私营部门为此而进行的自我规范努力，这种努力体现在建设一个有意义的、对消费者友善的隐私保护环境中。迄今为止，美国已有多个行业建立了自己的网络隐私权保护自律组织，尽管不能从根本上解决问题，但这些自律组织所发挥的作用不可忽视。

1998 年 7 月，美国商务部公布了《有效保护隐私权的自律要点》。文件规定，当 Web 站点收集用户信息和使用这些信息时，应当公布有关指导原则，应给予来访者有选择地确定怎么使用信息；在未经患者同意的情况下，患者医疗信息不得透露给他人；当隐私政策受到侵犯时，有侵害行为者应当承担行为责任。美国联邦贸易委员会亦要求美国网站在 1998 年年底以前必须制定保护网民隐私的自律规约。

美国网络个人数据保护主要的自律组织是在线隐私联盟（OPA，Online Privacy Alliances）和隐私认证计划。其业界的做法可归纳为行业指引、网上隐私权认证计划和技术保护，即先由权威性行业组织制定行为指引，再由中介组织依此行业指引对自愿加入的网站进行认证，同时各网站及网民采取技术手段保护个人隐私。新加坡、澳大利亚等国家也倡导采用这种模式。

然而随着互联网的发展，美国政府意识到，仅仅依靠网络从业者自律的方式，网民隐私保护很难获得良好的效果。1999 年，美国一个名叫"目标商店"（www. targetshop. com）的网站，公然在自己的网站上明码标价购买网民的个人信息，以一条个人信息 12.5 美元的代价，吸引网民介绍他人留下个人注册信息。这个案例充分展示了个人隐私被"商品化"的过程，引发了整个社会关于网络从业者的自律是否足以保障网民隐私权的争议。为此，美国联邦贸易委员会于 2000 年 5 月 22 日发布报告，认为美国政府应通过制定法律来保护消费者的网上隐私。而美国各州政府也已开始转变态度，倾向于通过立法方式规范对网民网上隐私的保护。2000 年 3 月，纽约州参议员就备受争议的网上收集个人信息等问题提出新的立法建议。这项旨在针对网络广告商涉嫌不当收集并使用网络用户的个人资料，而引发的网民隐私权争议的立法建议，引起了社会各界的广泛关注。该建议提出，严厉禁止企业收集并共享能够确定个人身份的资料。其基本出发点在于，网民拥有知道谁在收集以及如何使用他们隐私信息的权利。提案指出，由于网民个人隐私泄露问题日益严重，盗用他人个人身份成了美国增长最快的犯罪行为之一，每年大约有 40 万美国人因此受害。此后，弗吉尼亚等州也相继启动了本州保护网民网上隐私的立法进程。可以预计，随着人们对网上隐私保护重要性认识的不断深入,美国不得不制定出越来越多的网上隐私权保护方面的法律。

(2) 欧盟"权力保护论"下的立法规制

与美国注重个人信息的自由流通不同,欧盟更加注重个人隐私权益的充分保护和尊重。欧盟国家普遍认为,个人隐私是法律赋予个人的基本权利,应当采取相应的法律手段对消费者的网上隐私权加以保护,因此要采取严格的立法规制。

1995 年 10 月 24 日,欧盟通过了《个人数据保护指令》,几乎涵盖了所有处理个人数据的问题,包括个人数据处理的形式,个人数据的收集、记录、存储、修改、使用或销毁,以及网络上个人数据的收集、记录、搜寻、散布等。它规定各成员国必须根据该指令调整或制定本国的个人数据保护法,以保障个人数据资料在成员国之间的自由流通。1996 年 9 月 12 日又通过了《电子通讯数据保护指令》,这部指令是对 1995 年指令的补充和规定的特别条款。1997 年通过了《电信事业个人信息处理及隐私保护指令》。1999 年欧盟委员会先后制定了《互联网上个人隐私权保护的一般原则》、《关于互联网上软件、硬件进行的不可见的和自动化的个人数据处理的建议》、《信息公路上个人数据收集、处理过程中个人权利保护指南》等相关法规,为用户和网络服务商提供了清晰可循的隐私权保护原则,从而在成员国内有效地建立起了有关网络隐私权保护的统一的法律体系。

欧盟制定的一系列法律、法令具有较高的立法水平和可操作性,为各国设定了个人隐私保护的法律框架,具有很强的执行性,代表了目前世界上对网络个人隐私保护的最高水平。

由于欧盟个人数据保护指令中的跨国数据流动条款适用于欧盟以外的所有国家,所以许多发达国家的反应与美国不同,他们纷纷效仿欧盟的做法,制定了由中央数据保护机构负责实施的统一的个人信息保护立法。这些国家决定适用欧洲高标准的隐私权保护,以得到欧盟委员会的肯定,从而保证个人数据长期能够自由流动。据此,有立法支撑的欧盟模式的个人信息保护体系成为了目前首选的世界标准。

(3) 亚太经合组织(APEC)的隐私保护框架

对于网络隐私的保护,亚太经合组织旨在建立一个地区隐私保护标准,该标准建立在经合组织已有原则的修订版之上,旨在处理跨国家的个人数据流动问题。

自亚太经合组织电子商务领导小组于 2004 年期间修订之后,亚太经合组织隐私保护框架最终于 2004 年 11 月被亚太经合组织成员国部长会议通过。尽管该地区的一些隐私保护专家认为，这一框架所提出的隐私保护程度太低，以致提出了一个更有力的选择方案——“隐私特许证”。隐私保护框架中有关数据国际输出的条款花了很长时间才被具体化，直到 2005 年框架才完全形成。这些框架规定还并不十分规范。

管制模式上的差异会导致实际问题。美国和欧盟关于保护隐私的两种不同机制就产生了严重冲突，其主要问题在于商业公司对个人数据的使用。例如，欧盟一家总部位于美国的软件公司能否适用其保护隐私的条款？欧盟如何确保其公民的个人数据能够依据欧盟《个人数据保护指令》的条款得到保护？如果一家公司通过互联网在美国和欧洲之间传输个人数据，那么应该依据美国还是欧盟的法律规范？欧盟曾威胁将封堵那些来自不能确保提供与《个人数据保护指令》同样水平的隐私保护的国家的数据传输，但这一要求不可避免地将会导致与美国隐私保护机制产生冲突。

管制模式上的差异使得美国和欧盟双方很难一致。将美国法律调整到欧盟《个人数据保护指令》的方向是不可能的，这意味着要对美国法律体系中的重要原则进行更改。这一僵局的打破出自美国大使 Aaron，他提出了“安全港”模式。Aaron 建议，在一个法律上的“安全港”内，欧盟的法规可以适用于美国的公司。那些对欧盟公民的个人数据进行处理的美国公司可以自愿表明遵守隐私保护的要求。一旦作出这样的承诺，这些公司就必须遵守在欧盟和美国之间达成的协议所确定的执法机制。

7.1.3 我国的网络隐私保护

我国《宪法》第 38、39、40 条分别规定了公民的人格尊严、住宅、通信秘密不受侵犯的权利。尽管没有明确“隐私权”，却隐含着对隐私权的认可和保护，可视为宪法对公民个人隐私权保护的原则性规定。

《民法》作为我国最基本的记载和保护公民各项人身权利的法律，也没有将隐私权作为公民一项独立的人格权加以保护，而只是简单地规定了与公民隐私权有关的肖像权和名誉权。作为《民法通则》实施细则的《最高人民法院关于执行中华人民共和国〈民法通则〉若干问题的意见》中，也没有将隐私权当做一项独立的人格权来对待，只是列举了现实生活中两种与公民隐私权有关的侵权形式，即第 139 条中的侵犯公民的肖像权，第 140 条的“以书面、口头等形式宣扬他人隐私的行为”。对于侵犯公民肖像权的行为（在有些情况下，与侵犯隐私权行为相关），法律规定“以营利为目的”作为其侵权行为构成的要件。最高人民法院《关于审理名誉权案件若干问题的解答》中，虽多次提到隐私这一概念，但对侵犯隐私行为的处理却不是以隐私权是否受到侵犯作为要件,而是以名誉权是否受到侵犯作为前提的,实际上降低了保护公民隐私权的力度,有可能使一些侵犯了公民隐私权但还没有对公民名誉造成侵害的行为逃脱法律制裁。

隐私权在我国还没有成为法律体系中独立的人格权,对其保护以及侵害的诉讼也没有形成专门的法律制度,故导致法律在保护公民隐私权问题上的不力和可操作性差的问题。与我国互联网以及相关产业的迅速发展相比,我国在互联网相关立法上严重滞后,包括对网络空间个人隐私的法律保护方面。

原信息产业部《互联网电子公告服务管理规定》第 12 条规定:电子公告服务提供者应当对上网用户的个人信息保密,未经上网用户同意不得向他人泄露,但法律另有规定的除外。《中华人民共和国计算机信息网络联网管理暂行规定实施办法》第 18 条规定:用户应当服从接入单位的管理,遵守用户守则;不得进入未经许可的计算机系统,篡改他人信息;不得在网络上散发恶意信息,冒用他人发出信息,侵犯他人隐私。2000 年 1 月《全国人大常委会关于维护互联网安全的决定》中规定:利用互联网侮辱他人或捏造事实诽谤他人或非法截获、篡改、删除他人的电子邮件或者其他数据资料,侵犯公民通信秘密的,可以构成犯罪,依刑法追究刑事责任。上述规定虽然涉及网络隐私权的保护,但较为笼统,不便操作,还不能为网络隐私权提供有效的保护。到目前为止,我国还尚未制定专门的个人信息保护的相关法律。

在这种情况下,一旦出现网络服务提供商或其他主体通过网络非法搜集网上用户的隐私资料,并造成相关用户的损失,当事人很容易陷入尴尬无援的境地,也必将对我国整个的互联网产业带来严重的后果。我国现已出现这种实例,也引起了越来越多的用户包括专家对这一问题的清醒认识和强烈呼吁完善我国有关立法、加强对网上用户个人隐私的保护。中国社会科学院法学研究所起草了《中华人民共和国个人数据保护法案》,于 2005 年 1 月递交国务院信息化办公室,希望能由国务院信息化办公室推动,开展考察其他国家经验和网络隐私保护的相关研究工作。2007 年第 10 届全国人民代表大会上,也有人大代表向大会提交了《关于我国网络隐私权保护的建议》,希望政府重视和实施个人网络隐私权的保护。

为树立良好形象,以获取用户信任,有些国内网站已开始自发地保护用户隐私。例如,著名的新浪、搜狐等网站都张贴了保护用户隐私的声明,告诉用户网站在什么情况下搜集用户信息及其用途,网站如何保护用户在访问网站时留下的个人隐私材料,以及网站对待这些材料所奉行的原则等。但网站的这类隐私公告多数内容简单,对涉及个人资料使用的说明不够详细,也缺乏相关的安全保证,还附有许多免责条款,其效果不得而知。同时,也有人反对严格隐私权政策和法律责任,认为对网上隐私权的立法和司法保护上的滞后在一定程度上有利于网络产业的发展,担心规范网络隐私保护可能影响其市场营销推广。另外,我国消费者对于网络个人隐私的重视程度还不够,我国电子商务也还不发达,故难以推动我国政府对互联网的政策和法律作出重大调整,导致我国网络个人隐私保护的滞后。

相比而言,我国香港特区和台湾省都有先行的相关法案出台。香港地区于 1996 年 12 月施行了《个人资料私隐条例》;台湾省在 1995 年 8 月通过了《电脑处理个人资料保护法》及实施细则,1996 年又公布了《电脑处理个人资料保护法之个人资料类别》,对个人资料的保护提出了详细的保护措施。

7.2 网络言论自由

2006 年初贺岁大片《无极》热映的同时,一部基于《无极》改编的恶搞视频短片《一个馒头引发的血案》在网络上广为流传。《无极》导演认为这是一起侵权案件,提起上诉。一场有关网络言论自由的社会大讨论拉开了序幕,囊括了众多网站、BBS 论坛、名人博客和各式各样报纸、杂志的参与,“馒头”PK“无极”如火如荼,网络上的舆论一边倒地支持“馒头”的作者。《无极》导演越是义正词严地表示对恶搞者“道德沦丧”的愤慨,网民对其的非议就越猛烈。天涯网友发起了万人签名的支持活动,其点击数字最后达到 39 033 人次。截至 2006 年 2 月 15 日,新浪网共有 5 060 名网友参加了关于“馒头官司”的调查投票,结果绝大多数网民都表示声援“馒头”的作者。部分网友在帖子里明确表示,支持的原因就是为了维护网民的网络话语权,维护网络言论自由。凤凰卫视记者闾丘露薇在其个人博客中写道:“这次‘馒头’事件变成了全民化运动,显示了中国的电影观众运用网络来使用自己的话语权。对于大制作电影的不满或者说对于中国电影的不满,用这样的方式宣泄了出来。”

7.2.1 网络媒体

信息传播可以分为:人际传播,即个人之间的信息交流;组织传播,即同一组织内部的成员之间或不同组织之间的信息传播;大众传播,即利用大众媒介进行的信息传播。通常人们把大众媒介分为三大媒介,即报刊、广播和电视。互联网的出现和发展造就了“第四媒体”,即网络媒体。

网络媒体具有传统三大媒体无法比拟的优越性,不仅传播迅速快捷,而且彻底突破了地域和国界的限制，还将传统媒体少数人主持的单向传播方式转变为网络多数人参与的双向信息交流的方式，由此大大提高了信息传播的自由度。

传统的报刊、广播、电视，其传播主体都只能是少数人，所谓的信息传播自由实际只是这少数人的专利，被称为舆论引导权力和精英生产机制；大多数读者听众只是受众，并不享有真正的信息传播自由权利。互联网是开放的自由空间，提供了一条大众实现自由传播信息的有效途径，不再是仅为少数人把持的话语阵地。

以新闻为例，传统新闻传播自上而下，由编辑决定传播内容，记者负责收集资料和撰写内容，再通过传统媒介向广大受众发布。而网络新闻则可以是自下而上的，任何人都可以报道他所认为有价值的事件，因而对于同一事件也就可以有不同的多种观点，众多内容由网站组织后传播给广大网民；而网民不再是纯粹的接受者，他也可以通过网络博客等方式发表自己的看法。

从 E-mail 到 Web 网页浏览，从 BBS 公共论坛到各种形式的聊天室，人人都可以在互联网上自由地选择新闻信息，自由地传播信息，自由地发表意见，无须雄厚的经济支撑和行政审批就可创办自己的媒体。甚至美国总统丑闻都可以上网，1998 年 1 月 17 日美国一个网民于网上公布，之后各大媒体积极介入，使之成为了世界舆论的焦点。长达 445 页的斯塔尔调查报告在网络上迅速传播，使得千万网民能够在第一时间完整自由地阅读报告，并畅所欲言地表达自己的态度和观点。许多人赞誉互联网“可以实现真正意义的新闻自由”。

具体而言，网民在互联网上自由传播信息的途径主要有个人主页的信息发布平台、主题论坛或虚拟社区的话语交流空间、邮件列表发行的电子出版物。

个人主页信息发布平台也称为“家页（Homepage）”，是互联网上最引人注目的风景线之一。由于国家和服务商对主页创办者的资格审查都形同虚设，互联网变成了无所不包的信息集市。例如，在网易个人主页排行榜上长期居于前列的网站主要有以下几类：其一是涉嫌侵犯版权的软件、图书和音乐下载站，其二是涉嫌色情的图片和音像资料站，其三是军事政治等新闻讨论站，甚至还有如恐怖组织集结、传授武器制作方法的网站等。

个人主页尽管精彩纷呈，但没有充分发挥互联网强大的互动功能。随着互联网的发展，设立论坛或虚拟社区的程序到处可见，个人可随意下载安装以及建立专门服务的论坛群落或电子社区。通过这样专门的主题论坛或虚拟社区的话语交流空间,网民们可以就某一感兴趣话题或生活技巧,随时组建自己的在线讨论小组。这种信息交换和思想传播的方式类似于公共集会,其言论尺度要比官方标准宽泛得多。如南京人气极旺的“西祠胡同”,其注册ID超过100万,各类讨论组接近6万。西祠胡同已经变成一超级媒体,不但日常生活中各种奇怪的话题都能在其中找到,而且一旦遭遇公共事件,便可立刻吸引庞大人群参与讨论。网民甚至自觉充当新闻记者、事件评论员、道德审判官、法律专家等多重角色积极参与讨论。它还提供了很多方便私密交流的技术手段,促进了网络上跨越时空的人际沟通。

强大的群发邮件程序,可以在很短时间内向极其广大的用户群发送同样的信息。这一大大领先于传统纸质媒介的发行技术,被网民利用来制作电子刊物。发行人首先向广大网民提出自己的创意、办刊方针及内容特色,邀请或诱惑网民提供自己的电子邮件地址进行“订阅”。目前的互联网中已经存在大量这样免费的电子刊物,一些非传统机构制作的新闻和文学类的电子刊物发行量在中国就能达到上百万。除完全公开的网站以外,还有处在半地下状态的邮件列表。

7.2.2 网络言论自由及问题

言论自由亦称“表达自由”,指将所见所闻所思以某种方式或形式对外表达的自由。英国《牛津法律大辞典》将其表述为:“公民在任何问题上均有以口头、书面、出版、广播或者其他方法发表意见或看法的自由。”在公民的各种权利中,言论自由被认为是最重要的权利,是其他权利和自由的保障和基础,通常被称为“第一权利”。

《公民权利和政治权利国际公约》第19条规定:“一、人人有权持有主张,不受干涉;二、人人有自由发表意见的权利;此项权利包括寻求、接受和传播各种消息和思想的自由,而不论国界,也不论口头的、书写的、印刷的、采取艺术形式的、或通过他所选择的任何其他的媒介。”人权经典性文件《世界人权宣言》第19条也有类似规定:“人人有权通过任何媒介和不论国界寻求、接受和传递消息和思想”,在此“任何其他媒介”或“任何媒介”不仅包括公约列举的媒介形式,也包括音像、广播、电影、摄影、音乐、图画以及电子媒体等,它们都是公约确立的人们“寻求、接受和传递各种消息和思想”的方法和途径。

作为公民基本权利,言论自由在当代绝大多数国家宪法中都有规定。《世界宪法全书》登载的111个国家的宪法或宪法性文件中,有102个国家宪法或宪法性文件规定了公民的基本权利或表达方面的权利和自由。我国

《宪法》第35条也明确规定："中华人民共和国公民有言论、出版、集会、结社、游行、示威的自由。"

互联网环境中的言论自由，因其依托平台的特殊性，有区别于一般言论自由的特点。

(1) 宽松的传播空间

传统媒介都有一个信息发送中心，一旦信息中心被关闭，传输系统便会瘫痪，言论的传播和信息的交流则会受到阻碍。互联网是"无中心"发散式的网络体系，在此体系中，没有掌控的信息发送中心，任何网络使用者在任何联网计算机上都可以发送或接收信息。一旦信息进入网络，就会自动分散复制，向所有计算机终端高速传输。

(2) 最大程度的多样化

传统媒介发表言论的形式和途径比较单一，而互联网除了可以传送文本之外，还可以传送声音、图像和影片，并且可以建立超文本链接。不仅如此，网络言论载体的复杂性使得网络言论的内容也呈现出多样性特点。每一个网络用户都可同时是信息的使用者和信息的提供者，可以说互联网具有趋于无限的信息提供者。互联网允许所有网络用户参与全球信息交流，人们可以选择任何话题进行讨论，互联网在所有媒介中最有利于言论自由的发挥。

(3) 更具平等性

网络向所有人开放，任何人在互联网上发布和接收信息的权利都是完全平等的。每个人的言论在互联网上都表现为无差别的字符，无论输入者是谁，不论也不管其内容或形式，都以同样的方式、沿着同样的路径在系统中传播，真正实现了公民平等表达意见的权利。

(4) 传播的交互性

传统媒介如广播、电视或书籍、报纸、杂志，信息都是从发送者流向接收者。接收者实际只是被动接收信息，无法控制信息的产生和交换。而互联网用户可以主动选择甚至影响所接受的信息，如网上聊天就是一种典型的交互式传播方式。不同国家和地区的互联网用户都可以就某一问题在网上自由发表意见，并及时得到反馈。

虽然言论自由是公民的基本权利而且是最重要的权利之一，但任何一项自由都是有限的，没有绝对的权利和自由。言论自由是一种有限权利，而且是一项容易发生冲突的权利。《布莱克法律词典》就指出：宪法所保护的言论自由并不是在任何时候、任何情况下都是绝对的。言论的种类有明确的定义和恰当的限定。对于猥亵、淫秽、亵渎、诽谤、侮辱、挑衅等言论的禁止和处罚就不会涉及宪法保护问题。所有国际和国内权利体系都承认言论自由的有限性,并得到谨慎的规定。借助互联网这种新形式的言论自由,不能掩盖相关权利之间的冲突,反而由于网络固有的特征,使得这些冲突更加明显和激化,主要表现为以下两个方面。

(1) 与公民权利的冲突

言论自由在行使的过程中经常与公民的其他权利,如隐私权、名誉权等发生冲突。这种冲突实际上是几种不同权利的价值衡量问题。各个国家对这些权利的价值取向不同,就对言论自由的保护程度也不同。相比较而言,美国人更注重对言论自由的保护。著名的《权利法案》中,言论自由条款被放到了宪法修正案的第1条,而对名誉权和隐私权的保护是由国会的普通立法来考虑的。因此,在美国这两类权利的冲突中,法院一般都倾向于优先保护言论自由。但大多数国家还是注意平衡言论自由和人的其他权利之间的冲突。

德国对言论自由和隐私及个人名誉的冲突则采用了另外一种方式。由于经历了纳粹的统治,德国把个人的尊严和人格放在了首位。言论自由的行使不得侵犯公民的荣誉权、隐私权和公共道德。德国《基本法》第1条规定:“人的尊严不可侵犯。尊重和保护人的尊严是全部国家权力的义务。”言论自由虽然也被赋予宪法效力,但是却受到一定的限制,尤其是人的尊严和人格的严格限制。

缘于网络与生俱来的特征,网络言论使这些冲突更加明显和激烈。开放性使人们可以随意在网上发表信息,而不必理会消息的真实性,理会其是否与社会公共道德乃至法律相抵触。而在传统媒体中,其编辑、记者受到严格的选拔和管理,出现的信息一般都要经过层层把关,因此可以在相当大程度上保证信息的可接受性。

网络的匿名性以及相关技术手段的相对落后使得人们在网络上发表言论缺乏责任感,各种侵权行为也难以追究,网上发表言论处于权利和义务不对等的状态,这也使得网络侵权行为更加普遍。2006年发生的一系列事件,如“虐猫事件”和“铜须门事件”等,都说明了这个问题。在这些事件中,人们利用网络抨击当事人的不道德行为,但是这种抨击已经远远超过了法律许可的界限。网民们利用网络找出当事人的姓名、住址、电话号码等向社会公布。这些“网络暴民”们的行为超出了言论自由的范围,严重地侵犯了公民的名誉权和隐私权。

(2) 与公共管理的冲突

言论自由之所以具有重要价值,在于它是民主制度的基石。言论自由与公共管理有着重要关系。

媒体在西方被称为第四种权力。美国联邦最高法院在《纽约时报》案中指出:“对公共问题的争议应该健康进行,不受阻碍,并广泛公开;它很可能包括对政府及其官员的激烈、辛辣且有时尖锐的攻击……在自由辩论中,错误陈述是不可避免的,要使言论自由,具有它所需要的‘呼吸空间’,这类错误就必须受到容忍。”法院认为媒体对政府的批评只要不是故意的捏造或者歪曲事实,媒体都不应当承担责任。但是对于司法审判来说媒体则受到了严格的限制。在英美法系国家中,法院一向反对“报纸审判”或“电视审判”,若新闻媒介在有关案件未审结之前做出有失公允、充满偏见的报道与评论,将被判处藐视法庭罪,并处以罚金或监禁。

然而由于网络的匿名性和开放性等特点,大量对政府和司法机关的批评充斥着网络。这些批评大多是不负责任和没有根据的言论,严重地影响了国家机关的形象和公正性。2006 年在我国互联网上引起轩然大波的“黄静案”,就是典型的利用网络影响司法审判的案例。在此案件一审之前,出于对受害人的同情和对所谓有权者的痛恨,网络舆论几乎全部倒向了受害人黄静。在此案件审理前后,出现最多的就是对司法机关的怀疑和不信任,而大多数网络上的批评缺少真凭实据,只是情绪宣泄,极大冲击了司法机关的公正性。

毋庸置疑,互联网促进了信息交流和传播的最大化,拓展了言论自由的空间。网络世界给人们提供了比现实生活中更大的自由空间,使人们获得了更多的平等参与、自由表达的机会,使得草根阶层获得了前所未有的话语权。人们的所思所感随时可以借助网络的力量进行广泛传播,由此,互联网作为新传媒的“大众性”表现得格外明显。

然而利用网络传播色情信息、侵犯他人隐私和进行其他网络犯罪的情形日趋严重,反映出网络潜在着极大滥用言论自由的可能,这给言论自由的保护提出了新的挑战。

自由与秩序是人类社会的永恒主题,网络世界亦莫能外。一方面,自由是互联网的生命,过度的限制将背离互联网发展的宗旨;另一方面,从来就没有绝对的自由,社会成员的自由具有互动性,一部分人的过度自由必然会侵犯另一部分人的自由,所谓的绝对自由会摧毁自由本身。言论自由不是绝对人权,在互联网上同样如此,公民享有言论自由并不是说可以随心所欲地发表任何言论,言论自由是有界限的。在法治社会,言论自由的界限将通过法律来体现和落实。无论是国际公约或各国宪法,在宣告言论自由为一项基本人权并以法律保障的同时,都对这种自由权利的行使规定了相应的限制条件。

7.2.3 网络言论自由的保护和治理

互联网之前，保障公民言论自由主要依靠法律和社会规范。传统媒介都有一定的传播形式，政府管制机构对于有违法律的不当言论，可以通过对传播媒体采取一定措施进行预防和屏蔽。对于过激但法律并没有要求其承担后果的言论，社会规范就会将其排斥于社会主流媒体之外，使其很难起到蛊惑人心的作用，不会对社会造成重大危害。

互联网出现以后，由于其自身的开放网络特征，对于知识的传播、经济的发展具有特殊的推动作用。对于网络的不适当的、过度的管制可能会降低互联网的这种效用。因而给予互联网更为宽松的环境，也就给传统的限制和保护体系带来了挑战。

一般而言，言论自由应该尽可能不被限制，如确需限制，应是为了更大的利益，如为了公共利益、社会福祉，保证社会秩序正常等。在制定具体的法律规范时，世界各国更多是强调对于言论自由的保障，而限制只是例外。联合国的《公民权利和政治权利公约》第 19 条第 3 款规定：言论自由权利的行使带有特殊的义务和责任，对言论自由的限制由法律规定，一是不得侵犯他人的权利与名誉，二是不得危害国家安全或公共秩序、卫生或道德。

具体进行治理主要采取两种方式：其一是政府成立网络管理机构和协调机构，随着网络的社会化和国际化，也出现了一些社会性的、国际性的网络管理机构；其二是制定法律和政策，规范互联网上的言论，美国、德国和日本等国都制定了相应比较完善的法律和相关政策。

1. 德国相对保障

德国对于言论自由的保护采取相对保障方式。它允许其他法规对宪法所规定的基本权利加以限制或客观上存在这种可能性的方式。例如，规定某种宪法权利“其内容有法律规定”、“在法律的限制之内”、“在法律范围内”或“非依法律不得限制”等。具体来说，德国对于网络言论自由的保护分为 3 个方面。

(1) 宪法规范。在德国，网络言论被视为言论的一种，而纳入言论自由的范围内加以宪法保护。德国《基本法》是德国宪政体系的基础，也是言论自由保护的基础。《基本法》第 5 条第 1 款中指出，“每个人都有表达及传播他们观点的权利，通过书写或其他可视化方式，可以通过被允许的途径获得信息，而不受任何阻碍”；同时特别指出“不进行事前审查”。《基本法》第 5 条第 2 款对言论自由的保护也作出了限制，“所有的权利要受到一般法律的限制，这些一般法律包括对未成年人的保护和对公民个人权利的尊重”。另外，对于言论自由的所有保护将要受到《基本法》第1条规定的“人的尊严”基本权利范围的限制。德国宪法是采取立法规制和宪法保护相结合的方式。一方面，德国《基本法》规定，基本权利具有对立法、行政、司法的直接效力；另一方面，德国《基本法》规定，通过普通立法将基本权利具体化，对于言论自由的保护也不例外。

(2) 普通立法规范。德国目前主要通过普通立法来规制网络言论自由。为阻止激进的网上宣传，德国立法者通过了《信息和传播服务法》(ICSA，又称《多元媒体法》)。作为欧洲第一个全面规制网络内容的立法，《多元媒体法》涉及3个主要方面：其一加重了ISP对非法内容传播的责任，例如针对有关纳粹复兴内容的传播，“将会使用该法律”和“可以技术性地阻止其传播”；其二通过法令设定“网络警察”，监控危害性内容的传播；其三规定网上制作或传播对儿童有害内容的言论视为犯罪。在德国所认定并强烈坚持的民主下，法院对有关网络言论采取了严厉的监控措施，而且支持此类法规的适用性。另外，通过对普通法律的延伸适用来规制网络言论。《德国刑法典》第131条规定，处罚向18岁以下的人发表或者转播“暴力描述”、“非人道”言论的人。出版和发行复兴纳粹以及否认大屠杀的文学作品不仅仅是被法律所禁止的，而且属于刑事犯罪行为。法律禁止纳粹思想传播、希特勒式行礼，以及其他可能产生同纳粹帝国有关联想的标志等激进的政治言论，同样也禁止在网上有这样的行为。德国是西方民主国家中第一个对网络危害性言论进行专门立法规制的国家，也是西方民主国家中第一个对允许违法网络言论传播的网络服务提供者进行行政归罪的国家。在德国的社会价值取向和权利自由保护方式下，网络言论受到立法的严格规制。

(3) 司法实践。在德国的司法实践中，对于网络言论自由的限制较为明显，尤其是在涉及儿童色情以及法西斯复兴的言论方面，“公共利益”较之“个人言论自由”占据上风。由于对网络危害性言论采取了积极立法规制的态度，许多评论家将德国称为“在全球传播界对网络最不友好的国家”。一个与互联网有关的事件似乎证实了这一点。1995年11月，德国警方通知CompuServe德国公司首席执行官Solms先生，在美国CompuServe的服务器上有5个新闻组含有未成年人色情内容。警方还提供给他一张列有另外282个新闻组的清单。这282个新闻组都可以通过德国CompuServe网站获得。警方认为，它们含有儿童色情内容或可能被用来提供儿童色情内容。Solms先生立即将此情况向美国母公司汇报，并要求美国母公司删除或拦截这些新闻组。在其后监控中，警方再次发现一些包含色情内容的帖子，因其中 13 张图片,而将 Solms 先生起诉。慕尼黑地方法院一审确定 Solms 先生有罪,在美国新闻界引起近年来最大的反响,尽管后来二审法院又宣判他无罪。绝大多数德国人认为,如果网络连接服务商提供了传播未成年人色情内容的平台,就应该有责任不断地拦截这些犯罪性质的新闻组。大多数西欧人都不能容忍涉及未成年人的色情内容。

2. 美国绝对保障

美国历来是重视言论自由的国家,它不仅将言论自由规定在宪法修正案的第一条,而且一直致力于探索言论自由的法律界限。与德国的相对保障方式不同,美国基本上可以说是绝对保障模式。

美国宪法第一修正案禁止普通立法对言论自由进行限制。如果限制了个人受宪法保护的基本权利,联邦最高法院可以宣布国会及各州制定的相关法律违宪,并有权终止执行,宣告其不具备法律效力。法院直接适用宪法保障公民的言论自由,从根本上杜绝了对于言论自由的立法限制。

从美国的司法实践可见,虽然网络是新的言论传播途径,但是也同样得到与传统言论自由保护同等的待遇,即对于网络言论自由同样不允许随意地立法限制。

与德国注重公共利益的保护不同,美国将更多的注意力投入到对个人权利和自由的保护。所以,美国网络言论自由的保护范围广泛,而德国网络言论自由的保护则被限制在较小范围。

虽然世界上很多国家的宪法都将言论自由作为公民的基本权利而进行宪法保护,但鲜有像美国这样的绝对保护。这种差别是不同国家对待言论自由保护的价值取向不同。从历史和政治原因来看,德国因为第二次世界大战中的种族灭绝行为,使其对于过激的危害性言论一直保持着固有的警觉。

然而随着网络言论自由被滥用的恶性事件频频发生,美国政府也逐渐意识到,对于网络言论自由的保护不能不加任何限制,逐步出台了一些相关的法律条文。例如,美国的《通信正当行为法案》(CDA 法案)就旨在规范网络中的色情问题,对在知道信息接收者年龄的情况下,仍然通过网络传输淫秽猥亵或粗鄙不雅的信息给未成年人的行为,要进行处罚。美国也开始通过立法规范网络服务商的责任。美国的《数字化千年之际版权法案》就规定:“权利人只要向 ISP(网络服务商)发出了通知,告知在这个 ISP 所提供的个人主页或者 BBS 上有侵权信息,ISP 得到通知后,如果没有证据表明这个言论没有侵权,那就必须删除,否则权利人可以控告 ISP。”

3. 我国主动防范

我国政府根据多年经验,摸索出一种有效的思路,即在继续加强对互联网内容监控的同时，把控制的重点目标从飘忽不定的网站和网民转移到有固定居住地的公民和网络服务商；控制的办法也从被动的打压、封锁转化为依法的主动防范，具体采用以下几种方式。

(1) 封堵敏感网站，多重过滤“不良”信息

我国政府历来希望能把有害信息减少到最低限度。最初是在互联网国际入口设定 IP 地址过滤，以封堵发布有害信息的网站。随着互联网的扩张，需要封堵的网站也越来越多，既包括一些不良网站，也包括不良网站用以绕过封锁的海外代理服务器。目前网站的封堵技术明显提高，通过 IP 报文关键字过滤技术能够监测进出互联网国际入口的绝大部分信息，一旦发现有害信息，便可强制阻止。尽管有碍于我国互联网的整体运行效率，但监控效果明显。

除此之外，对国内活跃的信息论坛也进行严格控制。最初是由各论坛服务商和版主自行把握，随后发展到由程序自动过滤。如著名的人民日报强国论坛，其开放时有 3 名专职版主值守，负责对所有用户的发言（俗称“帖子”）进行及时审核；论坛后台运行的程序则按事先选定的关键词进行过滤（关键词可随时变化增减），凡是含有关键词的发言就被删除，甚至实行“上下班制度”，论坛在早上 8 点开张，晚上 10 点关闭。

中国有约 1/4 的网民在公共网吧上网。2001 年 4 月开始，政府对网吧进行了 3 个月的专项治理，关闭了大量管理不善的服务场所，并要求网吧安装公安部开发的安全监控软件。该软件一旦发现浏览内容含有敏感信息，会及时提示，并自行关闭浏览器。

(2) 建立成建制的网络警察队伍

为对互联网言论进行有效的规范和管理，我国确立了信息安全的管理和执法部门。2000 年年底正式成立公安部公共信息网络监察局，全国各省一级公安厅(局)皆组建了正式的公共网络信息监察处，其工作延长到区一级的公安分局的相应科(股)，负责执行互联网监管。据外电报道，中国的网络警察编制高达 30 余万。网络警察的职能目标是“依法管理、加强监督、预防为主、确保重点、促进发展、保障安全”。具体而言，网络警察集中负责监控、分析本地局域网或连接国际互联网的信息内容，对抗泛滥成灾的电脑病毒，打击网络犯罪，阻止有害信息传播等事务。

2000 年 9 月，国务院《互联网信息服务管理办法》第十五条规定，互联网信息服务提供者不得制作、复制、发布、传播含有下列 9 条内容的信息：反对宪法所确定的基本原则的；危害国家安全，泄露国家秘密，颠覆国家政权，破坏国家统一的；损害国家荣誉和利益的；煽动民族仇恨、民族歧视，破坏民族

团结的；破坏国家宗教政策，宣扬邪教和封建迷信的；散布谣言，扰乱社会秩序，破坏社会稳定的；散布淫秽、色情、赌博、暴力、凶杀、恐怖或者教唆犯罪的；侮辱或者诽谤他人，侵害他人合法权益的；含有法律、行政法规禁止的其他内容的。

(3) 治理信息服务提供商

我国还相继出台了4个重要的网络信息管理法规，即国务院颁布的《互联网信息服务管理办法》、国务院新闻办和原信息产业部联合颁布的《互联网站从事登载新闻业务管理暂行规定》、原信息产业部的《互联网电子公告服务管理规定》和国务院的《互联网上网服务营业场所管理办法》，对提供网络信息服务的机构资格、审批程序、运营场所等进行了一系列的限制。

目前我国对于网络言论自由的保护和规范仍处于起步阶段，还存在些许问题，归结如下。

(1) 网络言论自由受限。我国现行大部分网络规范都是以政府方便管理的角度出发制定的，内容多是对网络从业者或网民苛以义务，少数条款限制了公民的网络言论自由。根据《互联网站从事登载新闻业务管理暂行规定》，要想登载新闻，必须具备一定条件，包括通过审批和与各大新闻单位签订协议等，以致间接否定了个人网站刊载新闻的可能。根据《中华人民共和国电信条例》，互联网信息服务被归入增值电信业务，而经营增值电信业务必须具备一定条件，这些条件小规模的个人网站基本都不具备，如果具备了这些条件，肯定已经不是个人网站了。其次，要想经营电子公告服务，除了要有经营许可证以外，还应向省、自治区、直辖市电信管理机构或者原信息产业部提出专项申请或者专项备案，未经专项批准或者专项备案手续的任何单位或者个人不得擅自开展电子公告服务。在这种事前审查体制下，行政权力随意性太大，以致互联网的新闻和言论也被限制在传统主流媒体的言论范围之内，互联网也成为了政府的“喉舌”。

(2) 权利不对等。在保障网络信息自由方面，我国法律责任部分强调的都是网络经营者或网民违反相关规定时应承担的责任，如罚款、取消其刊载新闻资格、查封网站，直至追究刑事责任，却无对行政立法者错误立法、随意执法、损害公民言论自由时，应该承担的责任，行政管理部门在执行错误法规或规章时，对公民权利造成侵害应承担的责任，以及公民基本权利如果被侵犯，应该如何救济等一系列问题的规定。

(3) 缺乏可操作性。对网络言论的众多立法规制缺乏可操作性，难以达到预期效果。

7.3 数字鸿沟

7.3.1 数字鸿沟的概念及成因

数字鸿沟(Digital Divide)最早是在1996年由美国原副总统阿尔·戈尔正式提出的,此后开始受到全球公众和媒体的高度关注。人们通常把它和信息时代的贫富分化、社会公正等问题联系在一起,Courtright & Robbin就曾指出:“在美国,数字鸿沟已经成为一个全国性的话题,一个经常令人将其与社会上的各种不平等联系起来的抽象符号,从而激发人们对解决信息技术的使用所带来的种种社会问题的希望。”

经合组织(OECD)将数字鸿沟定义为,处于不同社会经济层次的个人、家庭、企业和地区之间,在接触和使用信息技术、开展各种活动方面的差异。

联合国对数字鸿沟的定义是,由信息和通信技术在全球的发展和应用造成或拉大的国与国之间以及国家内部群体之间的差距。从世界范围看,就是指发达国家经济水平及信息化程度与发展中国家之间所形成的信息不对称。从发展中国家看,是指地区、行业、所有制以及企业规模等差异所造成的信息不对称。

我国互联网周刊总编胡延平认为,数字鸿沟是在全球数字化进程中,不同国家、地区、行业、企业、人群之间,由于对信息、网络技术的占有和应用程度的不同所造成的“信息落差”、“知识分隔”和“贫富分化”问题。

归纳而言,数字鸿沟狭义上是指不同主体之间在互联网为代表的新兴信息技术的普及和扩散中的不均衡状态;而广义上是指信息技术在各个国家、地区、行业、企业、个人之间存在的差距,以及在此基础上对知识与信息的吸收、理解、应用和创造能力的差距。狭义概念更强调不同主体在拥有信息通信技术的数量差异,强调这一种普遍存在的不均衡现象,强调“硬”鸿沟。广义概念将“数字”泛指信息通信技术,以及信息和知识,不但包括“硬”鸿沟,也包括“软”鸿沟。不论从狭义还是广义,提出数字鸿沟都是为了强调关注信息时代的弱势群体。

数字鸿沟源于国际政治、经济发展的不平衡,即国家之间、国家内部不同阶层或不同地区之间存在的经济发展水平之间的差异,以及公众在传播技能、知识储备、社交范围、信息选择等方面的差异,具体分析如下。

(1) 国际政治经济的不平等、不平衡是造成国家之间数字鸿沟的根本原因。国际政治经济发展的不平等、不平衡状态在知识经济时代依然没有改变。发达国家在不公平的国际政治经济秩序中,继续凭借其强大的经济实力,利用对高科技的封锁,使发展中国家很难找到实现“后发优势”的技术平台,在国际贸易中长期处于不公正的、依附的和被剥削的境地。这种情况下,通过信息技术和知识来创造价值的新经济只能是一种“富国现象”。少数发达国家特别是美国搭上了信息革命的头班车,在“知识权力”集中过程中,通过技术创新、产业重组和全球垄断获取“先行优势”,牢牢占据了信息革命和知识经济的制高点。

(2) 国家内部不同阶层、不同地区间存在的经济发展水平之间的差异是造成国内数字鸿沟的重要原因。从我国来看,北京的互联网普及率已经达到了 30%,并继续呈加速度增长。但在西部和一些落后的农村地区,温饱问题刚刚得以解决,要普及网络还不太现实。这种地区间经济发展的不平衡造成了推进信息化的巨大差异和不同地区居民之间接触互联网机会的严重不均等。

(3) 人才分布不平衡导致的信息服务水平和吸收能力上的差距是形成数字鸿沟的另一重要因素。由于我国东部地区科学技术水平先进,工作条件、待遇均明显高于西部,导致西部人才流向东部,形成西部地区的综合人才差距、IT 人才差距和信息服务业人才差距。据有关统计,我国东西部人才综合差距是 10∶1,东部人均受教育 10 年零 8 个月,西部只有 3 年零 6 个月。人才的巨大差距导致了信息吸收能力、转化能力的巨大差距。同样的信息资源可能在东部地区会得到很好的开发利用,甚至获得巨大的经济效益,而在西部可能会无法吸收利用。

(4) 信息素养不同是造成人群间信息鸿沟的主要原因。信息时代,网络是个人了解世界和与世界沟通的重要渠道。人们一方面要借助网络获取大量信息,保持和外界的紧密联系;另一方面也必须能对网络信息具有自主判断的能力,而非被网络所操控。这种对信息判断、分析、使用和再生产的行为和能力就是信息素养。对于同一媒介所传来的信息,不同信息素养的人获得信息的广度、深度、层次可能不尽相同。这也是造成信息鸿沟的一个重要方面。通常来说,不同阶层间信息鸿沟主要是由经济地位和政治地位的差异引起的,而对于同一阶层来说,因为所处的经济地位、政治地位相同,信息鸿沟主要是由信息素养引起的。信息素养越高的人所获得的信息就越多。

7.3.2 我国数字鸿沟的表现形式

1. 我国与世界之间的数字鸿沟

我国尚处于社会信息化的初级阶段,信息化、网络化程度不高,不仅与发达国家差距很大,而且也大大低于世界平均水平。尽管近几年我国加大了信息化建设力度,但我国与美国和世界平均水平的差距仍然在拉大,甚至有人认为,中国与世界,尤其是与世界发达国家的数字鸿沟现象触目惊心。

从拥有世界互联网主机数和互联网用户数来看,根据 Netsizer 的统计,尽管中国人口占世界总人口的 21.15%,但仅拥有世界互联网主机数的 0.13%以及互联网用户数量的 6.11%,互联网总体发展水平不仅大大低于美国和日本等发达国家,同时大大低于世界平均水平。目前,中国的万人互联网主机数极低,仅为 1.30 台,低于所有大洲,甚至仅为非洲的 1/3,而世界平均水平也达到了 206.90 台。我国的万人口互联网用户数也很低,目前仅为 271.35户,为世界平均水平的一半,仅为美国的 4%。从每台互联网主机负担的互联网用户数来看,中国的数值最高,为 208.37 户,而美国为 2.27 户,世界平均水平为 4.54 户;从网民及互联网普及率来看,截至 2005 年 12 月,瑞典网民普及率已达 75%,美国为 68%,韩国为 62%,日本为 52%。全球互联网用户为 8.1 亿,平均普及率是 12.7%,而我国的网民普及率约为 7.2%,不仅远远低于发达国家 50%以上的普及率,而且低于全球平均普及率。虽然在 2005 年一年之内,中国网民人口又增加了 1 700 万,但是与欧美主要发达国家 65%～75%的互联网普及率相比,我国互联网普及率仅为 8.5%,甚至低于全球互联网 15.2%的平均普及率。截至 2005 年年底,中国电脑平均每万人有 88 台,美国 5 000 台,是中国的 55 倍。国民经济信息化投入,中美相差 45 倍;社会信息化系数,美国 1965 年为 242.9,而中国才达到 145.3,落后美国 40 年。另据中国互联网络信息中心专家王恩海透露,就每万人拥有的域名数衡量,德国是每万人有 1 500 个域名,而中国每万人只有 20 个域名。

2. 我国各地区之间的数字鸿沟

在中国社会信息化进程中,地区不平衡现象十分突出。发达地区互联网普及水平明显高于相对落后地区。中国互联网络信息中心(CNNIC) 2004 年 4 月 13 日发布的一份报告中显示,我国网民数、上网计算机数分别达到了 7 950 万人和 3 089 万台,但是地区之间的分布差异很大。全国上网用户普及率最高的地区是北京,上网用户普及率达 28%;其次是上海,普及率达 26.6%;第三名为天津,普及率为 14.4%。相比之下,安徽省普及率为 2.9%,河南省普及率为 2.3%,贵州省普及率为 2.2%。上网用户普及率最高地区是最低地区的 12.7 倍。我国东部地区的互联网发展水平高于西部地区,CN 下注册的域名总数为 340 040 个,华北地区占 29.4%,华东地区占 29.6%,华南地区占 19.4%,东北地区占 5.0%,西南地区占 4.9%,西北地区占 2.7%。中西部地区与沿海省市的信息化建设极不均衡,存在着巨大的数字鸿沟。2006 年 1 月 17 日，中国互联网络信息中心(CNNIC) 发布《第十七次中国互联网络发展状况统计报告》，报告显示我国东部拥有域名数和网站总数分别占到了全国总量的 78.5%和 79.9%，将近中、西部总和的 4 倍；东部人均网站数是中、西部总和的 20 倍，而中、西部不到平均水平的 1/15；东部网民数占到了全国网民数的 57.8%，超过了中、西部网民数总和；东部 IP 地址数占全国总量的 62.4%，超过了中、西部总和的 1.6 倍。

3. 我国城乡之间的数字鸿沟

我国城乡之间的数字鸿沟也十分明显。近年来我国网络用户的数量持续增长，但其普及和应用主要在城市，网民中只有 0.3%是农民，城市普及率为农村普及率的 740 倍。西部城乡之间的差距也大于东部。广大农村已在全社会数字化进程中被远远甩在后面，西部农村更是成为网络社会中的“数字贫困”地区。2005 年我国城市网民大约有 9 168.6 万人，城市网民普及率为 16.9%；而同期乡村网民 1 931.4 万人，网民普及率仅为 2.6%。乡村网民数量只是城市网民数量的 1/5，普及率仅是城市网民普及率的 1/6。

4. 我国不同文化水平群体之间的数字鸿沟

根据第 13 次 CNNIC 调查结果，非网民中 37.7%是因为不懂电脑或网络而不上网，21.3%是因为没有上网设备，14.8%是因为觉得上网没用，14.3%是因为没时间上网。此外，年龄太大或太小、上网费用贵、不感兴趣、担心孩子受到伤害或不好影响等因素，亦是妨碍上网的原因，持这些原因不上网的比例分别是 6.8%、5.6%、4.5%、1.7%，其中不懂电脑或网络以及没有设备上网是不上网的两个最主要原因。没有设备上网可以归因于经济原因，但不懂电脑或网络则可以归因于文化水平的原因。所以，我国不同文化水平的群体，由于其所掌握的网络知识及电脑知识的差异，导致了数字鸿沟。

我国近几年不断发展教育，增加教育投入，使得一部分人有机会和条件学习相关计算机和网络知识，但这部分人的比例还很低；文化程度的差异导致了对计算机网络知识的不同应用程度，而文盲或文化程度更低的群体则被排斥在信息经济浪潮之外。

7.3.3 跨越数字鸿沟的策略

数字鸿沟造成的差别正在我国成为继城乡差别、工农差别、脑体差别的“三大差别”之后的“第四大差别”。它不仅将影响到中国的国际竞争实力，引发贫富分化，还必将引起剧烈的结构性社会变迁，带来社会关系的恶化，威胁社会稳定和安全。消除数字鸿沟是摆在面前不容忽视的重大课题。

1. 韩国治理数字鸿沟

韩国作为一个新兴的工业国家，近年来信息化发展非常迅速，信息化程度已居世界前列。为了推进韩国信息化，缩小数字鸿沟，韩国政府在相关管理体系的建设、政策规划的制定，以及开展和实施缩小数字鸿沟项目等方面，采取了一系列有效的措施。政府规定，从 1988 年起每年 6 月为韩国“信息月”，“信息月”中要开展提高信息技术意识的项目，为老年人、本地居民、农村居民开展计算机培训。1996 年韩国制定《信息化促进基本法》，设立了“信息化促进基金”。1999 年推出《21 世纪计算机韩国》，在 2005 年完成了超高速通信网的建设。

韩国首先构建缩小数字鸿沟的管理体制，指定信息通信部负责起草缩小数字鸿沟的各项政策及法律法规，制定缩小数字鸿沟相关规划。各级政府部门根据主要规划，每年制定各自缩小数字鸿沟的具体规划，并递交执行报告。其次，在韩国信息通信部内设立国家信息振兴局(KADO，Korea Agency for Digital Opportunity & Promotion)，负责制定并执行关于缩小数字鸿沟的相关政策和措施，并监督管理各级政府部门相关计划的实施。另外，在信息化促进委员会内成立缩小数字鸿沟委员会，负责制定主要规划的目标和基本方向，对规划以及项目的优先权进行调整。该委员会由信息通信部部长直接领导，成员由相关部门管理人员及在缩小数字鸿沟方面作出突出贡献的信息技术专家组成。

韩国为制定缩小数字鸿沟的政策、规划和措施设计了一个完整的体系。该体系由电信服务基础设施、接入电信服务、提供信息技术教育机会、针对老年人和残疾人的在线内容和数字鸿沟评估、推进有价值的数字生活以及缩小全球数字鸿沟 6 大要素组成。在电信服务基础设施方面，韩国在农村地区建立高速信息网络，为边远地区提供卫星互联网服务，通过开发接入指南，以及召开信息技术接入标准会议，提高公众的信息技术接入意识，到 2007 年实现全国 100%的宽带覆盖率。在接入电信服务方面，由当地政府和邮政局共同建立社区接入中心，由 KACO 建立接入中心，为残疾人提供技术援助，为低收入人群或者残疾人提供回收的计算机，并为他们接入电信服务提供 30%～50%的折扣，为残疾人接入高速互联网提供最高 50%的折扣等。

韩国政府还提供信息技术教育机会。韩国十分重视信息化教育的普及，并作了详细规划，如“韩国 1 000 万人信息技术教育计划(2000 年 7 月至 2002 年 6 月)”、“韩国第二次信息技术教育计划(2002 年 7 月至 2004 年 12 月)”和“韩国 500 万人信息技术教育项目(2005 年 1 月至 2008 年 12 月)”。2002 年“韩国 1 000 万人信息技术教育计划”实施之后，培训了包括教师、学生、居民、农民、家庭主妇、残疾人、老人等在内的1 380万人。“韩国第二次信息技术教育计划”实施之后，培训了40万人，花费1 300万美元。另外KADO为提高公众的信息技术技能、弥合数字鸿沟，一直提供免费在线教育。

韩国还出台了一系列相关法规、政策措施及规划，帮助缩小数字鸿沟。具体包括2001年制定、2002年修订的《数字鸿沟法》，2001年9月的“缩小数字鸿沟总计划”，2004年和2005年的“缩小数字鸿沟行动计划”等。这些计划为韩国缩小数字鸿沟作出了很大贡献。

《数字鸿沟法》为帮助在网络的获取和使用方面存在困难的人普遍地、不受限制地接入网络和使用网络服务推出了一系列措施：如制定了未来5年内缩小数字鸿沟总计划；制定缩小数字鸿沟的年度计划；建立缩小数字鸿沟委员会；建立公共接入中心；提供信息技术培训机会；成立国家信息振兴局。“缩小数字鸿沟总计划”为2001—2005年5年内国家缩小数字鸿沟制定了40项行动计划，总预算为1.9亿美元。2004年“缩小数字鸿沟行动计划”共涉及12个部门，总预算0.3亿美元。如教育和人力资源发展部为低收入家庭学生提供50 000台计算机和免费网络接入；政府管理和国内事务部建立100个信息网络社区；农业和森林部为农民提供信息技术教育培训项目并实现在线购物等。2005年“缩小数字鸿沟行动计划”主要包括：在农村地区建立信息高速信息网络；帮助残疾人学习计算机和网络技术；建立30个免费网络接入中心；为残疾和非营利组织提供回收的计算机和数字电视；为处于不利条件下的公众提供信息技术教育机会；网络信息技术培训义务服务项目；为残疾人和老人开发在线内容等。

2. 美国、英国治理数字鸿沟

美国是世界上率先发展信息经济与信息产业，并在国际竞争中一直保持领先的国家，其成功的主要举措有以下几个方面。

（1）政府加强对国家信息基础建设的领导，成立了3个专门机构，强化制定联邦信息政策。

（2）政府加大对信息基础建设投资。

（3）出台竞争政策，鼓励企业参与信息基础建设，降低购买和使用成本，政府在政策上予以支持。

（4）专门为解决落后、偏远、贫困、欠发达地区的基础设施问题，制定给予中下层新式服务政策，加快那里的高速网络建设；提供相关技术服务，加强公民技能培训，普及计算机和网络知识等。

（5）鼓励发展信息科技现代教育。现代教育既为信息化社会培养高级人才,又能使身处最偏远的农村小镇,或是最贫穷的城市内的孩子,都能获取同样的信息知识与技术。

英国作为世界主要发达国家,数字技术的利用和广泛普及已走在世界前列,其成功的举措包括以下内容。

(1) 政府积极推动信息化建设,发挥信息化领导、投资、调控示范作用。

(2) 通信私有化并对外开放信息市场,这一政策的出台,为英国吸引了几十亿英镑的外来投资,使其通讯基础设施走在世界的前列。

(3) 强化信息管理和立法。改变政府不干涉企业的政策,加强政府对信息产业的组织、协调和管理。1994 年英国发布了《计算机信息系统安全管理法典》。

(4) 积极发展信息服务市场,如图书馆信息服务、技术咨询产业、经济贸易咨询产业等。

(5) 重视填平国内数字鸿沟,对城市乡村较为贫困地区,政府投资 10 亿英镑,实施全面计划,让处在数字死角的人都能使用电脑和互联网。

(6) 重视教育领域的信息化。英国政府优先使教育领域信息化,培养青少年使用信息技术的能力。

3. 我国治理数字鸿沟

数字鸿沟问题很早就引起了我国政府的重视,近年来出台了相关的政策文件和治理规划。2006 年 4 月,中共中央办公厅、国务院办公厅印发了《2006—2020 年国家信息化发展战略》(以下简称《战略》),充分肯定了信息化对于落实科学发展观和建设创新型国家的重要意义,提出缩小数字鸿沟是全面建设小康社会、构建信息和谐社会的基本途径和重要措施。

《战略》提出:"信息化是充分利用信息技术,开发利用信息资源,促进信息交流和知识共享,提高经济增长质量,推动经济社会发展转型的历史进程。"信息技术要在全国各地区和人群中广泛普及,使每个公民都能够掌握和使用信息技能,提高知识与信息的吸收能力。要充分意识到信息技术对国民经济发展的重要意义,充分认识信息技术对企业交易效率的提高,对传统产业的改造、渗透和优化作用。通过发展信息产业,进一步发挥信息技术对经济的先导作用和倍增作用,通过产品信息化、生产过程信息化、市场需求和生产供给信息化、决策信息化、社会管理信息化来实现产业结构的优化升级,并最终实现国民经济的整体信息化。要从战略高度重视信息技术的经济意义,提高自主创新能力,鼓励竞争,促进创新,通过制定适当的产业政策和技术政策,以信息兴国、网络兴国战略为根本原则,确定我国信息化发展战略。

《战略》提出:“坚持政府主导、社会参与,缩小区域之间、城乡之间和不同社会群体之间信息技术应用水平的差距,创造机会均等、协调发展的社会环境。”“机会均等”是指让不同地区、不同群体的公民和企业都享有平等接入网络、获取信息与知识的权利,创造知识分配的公平机会。“协调发展”则是要在我国较低的经济水平和有限的资金约束下,实现公平与效率的统一。跨越数字鸿沟的首要问题是如何在政府政策中兼顾效率与公平。

《战略》还提出:“要实现信息技术自主创新、信息产业发展的跨越。”通过技术跨越实现经济赶超发展是我国缩小数字鸿沟的重要战略之一。在信息化落后的发展中国家,利用后发优势,可以跨越正常的、循序渐进的技术发展过程,在先进信息技术的应用普及方面实现“蛙跳”式发展。落后国家可以通过学习发达国家的已有经验,减少在传统技术经济范式下的巨大投资而导致的成本约束,从国际技术转移中获取技术的正外部性,最终缩小与技术先进国家的差距。

7.4 互联网知识产权

虽然中国政府近年来一直不断加强对知识产权的保护力度,但随着互联网的发展,知识产权保护的难度也不断加大,涉及互联网的知识产权侵权纠纷逐年增加。2007 年 4 月 9 日,美国政府宣布,已经就中国知识产权侵权和限制美国电影、音乐、图书销售的问题向世贸组织提出申诉。可见,知识产权保护不仅是中国自己的问题,也影响到世界范围,下面这节将对有关互联网知识产权保护方面问题进行详细研究。

7.4.1 互联网知识产权概述

国际上通常将知识产权分为工业产权和著作权(即版权)两大类。工业产权包含专利权、商标权、反不正当竞争权。知识产权在我国民法中定义为,智力成果的创造人依法所享有的权利和生产经营活动中标记所有人依法所享有的权利的总称,包括著作权和工业产权,工业产权是指商标权和专利权。

著作权(版权)的内容包括发表权、署名权、修改权、保护作品完整权、使用权和获得报酬权。《世界版权公约》第一条规定,缔约各国承允对文学、科学、艺术作品(包括文字、音乐、戏剧和电影作品,以及绘画、雕刻和雕塑)的作者及其他版权所有者的权利,提供充分、有效的保护。

知识产权具有专有性和地域性等特征。专有性是指一定时间内的独占排他权,即知识产权所有人的智力劳动成果未经其本人许可,任何人都不得使用和占有。对知识产权的保护是有时间和地域限制的,超过保护期限的知识产权就进入公共领域,为社会共享。

1997 年 5 月,国务院信息办印发了《中国互联网络域名注册暂行管理办法》、《中国互联网络域名注册实施细则》。为了加大网上商标权的保护力度,最高人民法院于 2001 年 7 月颁布了《关于审理涉及计算机网络域名民事纠纷案件适用法律若干问题的解释》,此解释是目前针对域名纠纷解决的唯一准则。2004 年 9 月 28 日《中国互联网络域名管理办法》经信息产业部第 8 次部务会议审议通过,自 2004 年 12 月 20 日起施行。《中国互联网络信息中心域名争议解决办法》自 2006 年 3 月 17 日起施行。

2000 年 11 月 22 日,我国最高人民法院通过了《关于审理涉及计算机网络著作权纠纷案件适用法律若干问题的解释》。该司法解释第一次以法条形式明确受著作权法保护的作品包括数字化形式,著作权法中对著作权各项权利的规定均适用于数字化作品的著作权。将作品通过网络向公众传播,属于著作权法规定的使用作品的方式,著作权人享有以该种方式使用或者许可他人使用作品,并由此获得报酬的权利。

2001 年 10 月 27 日,为配合中国加入世界贸易组织,达到《与贸易有关的知识产权协定》的相关要求,同时也是为了适应新形势下尤其是计算机网络环境下版权保护的迫切需要,我国政府修改了著作权法。新著作权法中增加了网络版权保护的相关内容,明确了信息网络传播权是以有线或者无线方式向公众提供作品,使公众可以在个人选定的时间和地点获得作品的权利,还规定了技术保护措施和权利管理信息以及网络版权的邻接权等内容。

2003 年 12 月 23 日,最高人民法院修改了《关于审理涉及计算机网络著作权纠纷案件适用法律若干问题的解释》,以适应新出现的情况,并与著作权法的规定保持一致。较之 2000 年的司法解释,新司法解释除了删除掉与新著作权法重复的内容外,还增加了网络服务提供者对于故意避开或者破坏技术保护措施承担民事侵权责任的规定等内容。

2005 年 4 月 30 日,根据著作权法的规定,国家版权局和信息产业部联合颁布了《互联网著作权行政保护办法》,规定了网络版权行政保护的适用范围,实施网络版权行政保护的管理部门和管辖权,确定了权利人的通知和互联网内容提供者的反通知制度,界定了版权权利人、互联网内容提供者、互联网接入服务提供者、互联网信息服务提供者在保护网上著作权方面的责任及免责情形,并规定了相应的处罚措施。

我国至今尚无商业方法专利。我国专利局的《审查指南》明确规定，涉及计算机程序本身或者数学方法本身的发明专利申请是不能授予专利的。

目前，国际社会上直接对互联网知识产权参与管理的机构主要有世界知识产权组织（WIPO，World Intellectual Property Organization）和世界贸易组织（WTO，World Trade Organization）。他们开展的工作主要为在世界范围内建立起保护知识产权的国际协议和程序，解决知识产权争端。知识产权的国际治理模式主要为知识产权的政府间组织其成员国签订国际条约。如 WIPO 成员国签订的版权、专利权和商标权的国际法律，WTO 成员国之间签订的旨在建立和保护知识产权标准制度的国际协议等。

WIPO 于 1996 年通过了两个版权新条约，《世界知识产权组织版权条约》和《世界知识产权组织表演和录音制品条约》。《世界知识产权组织版权条约》目的是为了在信息技术和通信技术领域，特别是互联网领域更充分地保护版权人的利益；《世界知识产权组织表演和录音制品条约》，目的是为了在数字领域，特别是互联网领域更好地保护表演者和录音制品制作者的权利。

WTO 在互联网知识产权方面的影响主要体现在 1994 年结束的乌拉圭回合贸易谈判达成的《与贸易有关的知识产权协定》（TRIPS，Agreement on Trade-Related Aspects of Intellectual Property Rights）。

大量的标准化组织在互联网知识产权领域也同样起到了举足轻重的作用，如 ICANN、IETF、W3C 以及 ITU-T。私营企业的标准化部门以及工业联盟通过将知识产权保护机制引入新技术中的方式来追求互联网上知识产权的“自我治理”。互联网技术的发展，使得知识产权的拥有者能对网络上版权传播有更多的控制权。

7.4.2 互联网对知识产权的影响

1. 对著作权的影响

(1) 上传侵权

由于网络传播的优势，现在大量的传统作品都被转化为数字形式，并在网上广泛传播。在这个过程中，不可避免地出现作品的著作权人与网络传播者之间的权利冲突乃至纠纷。典型案例就是名噪一时的王蒙等 6 作家案件。

1998 年 4 月，北京世纪互联通讯技术有限公司（以下简称世纪互联公司）成立“灵波小组”，并在其网站上建立了“小说一族”栏目。在该栏目中刊载了王蒙等 6 位作家的作品，其中王蒙、张洁、毕淑敏等 3 位作家的作品是

“灵波小组”成员从其他网站上下载后存储在计算机系统内，张抗抗、刘震云、张承志等3位作家的作品是由他人以E-mail方式提供到世纪互联公司的网站上，后由“灵波小组”成员存储在计算机系统内，然后在国际互联网上进行传播。1999年5月31日，王蒙等6位作家以世纪互联公司侵犯著作权为由，分别向北京市海淀区人民法院起诉。

作家认为自己是被上传作品的著作权人，被告未经许可在其网站上刊载传播他们的作品，侵犯了他们对作品享有的使用权和获得报酬权，故请求法院判令世纪互联公司停止其侵权行为，公开赔礼道歉，分别赔偿原告经济损失、精神损失，并承担案件诉讼费及调查费。

经审理，北京市海淀区人民法院判定：被告世纪互联公司停止使用案件涉及的原告的作品，并在其网站主页上刊登申明，向原告道歉；被告向原告各赔偿经济损失、诉讼支出等合理费用；驳回原告要求赔偿精神损失的诉讼要求。世纪互联公司不服，向北京市第一中级人民法院提起上诉，经法院审理，驳回上诉，维持原判。

所谓上传侵权，其实就是作品的数字化权利的归属问题。这个案件发生在《著作权法》修改前，在没有直接法律依据的情况下，法官以判例的形式在司法实践中肯定网络数字作品的权利，当时对法律界震动很大。由于没有法律依据，法官在审理时只有采取变通的办法，由著作权法对作品使用方式列举中的“等其他方式”推出著作权保护适用于网络作品。但是网络服务公司将他人的作品搬上网，即作品数字化，这是复制行为还是类似翻译的演绎行为，在法学界还有很大争议。《著作权法》修改后，明确提出了“信息网络传播权”，将数字化的权利授予著作权人专有，为解决这类争端提供了依据。信息网络传播权是和发表权、复制权等权利并列的独立权利，任何网站或个人不得擅自将他人作品搬上互联网络。

(2) 下载侵权

随着网络的迅速发展，网上原创的数字式作品如雨后春笋般涌现，网络技术的便捷带来了侵权的方便。大量的网上作品被下载，侵权案件时有发生。在这一类侵犯行为中，侵权主体主要是以报刊、书籍为代表的纸质媒体和以广播、电视为代表的电子媒体，而侵权的客体则多为数字式作品。素有中国网络著作权纠纷第一案之称的《戏说MAYA》著作权侵权案件就是一例典型案例。

1998年5月20日，北京网络写手陈卫华以笔名“无方”撰写了《戏说MAYA》，上传到其个人主页“3D芝麻街”上，并注明“版权所有，请勿转载”。1998年10月16日，成都商报社未经陈卫华同意将《戏说MAYA》一文载于其主办的《电脑商情报》第40期家庭版上。陈先生认为自己的著作权遭到了侵犯，遂向北京市海淀区人民法院起诉成都商报社，请求判令被告公开赔礼道歉、支付稿酬231元及惩罚性稿费5万元。

被告成都《电脑商情报》同意按照国家有关稿酬的规定，支付陈先生231元稿费，但以没有主观过错、没有构成侵权为由，不同意道歉及支付所谓惩罚性稿费的要求。在答辩状中被告辩称，《戏说MAYA》一文是有读者于1998年8月通过电子邮件投稿到我社的电子信箱上的，该电子邮件没有"版权所有，请勿转载"的字样，并且报社还曾写信要求提供作者的详细资料，但推荐者未能回信。1998年10月16日，报社将该全文发表，署名为"无方"，并在发表时加注编者按，注明"作者不详"。

北京市海淀区人民法院经审理查明，判决被告停止使用原告的作品，并在其主办的《电脑商情报》上刊登申明向原告公开道歉；被告向原告支付稿费并赔偿经济损失共计924元。

正如前文所述，网上下载的数字式作品当然属于著作权法保护范畴，权利属于作者。网络作品的著作权人和传统媒体作品的著作权人一样享有《著作权法》规定的17种权利。显然，在此案中，被告《电脑商情报》违反了《著作权法》第四十六、四十七条的规定，侵犯了原告的作品使用权和获得报酬权，应当承担侵权责任。

(3) 超文本链接侵权

超文本链接(Hyperlink)是指使用超文本标志语言(HTML，Hypertext Markup Language)编辑包含标记指令的文本文件，在两个不同的文档或同一文档的不同部分建立联系，从而使访问者可以通过点击一个站点上由HTML语言编写，并含有URL地址的词汇、图像来方便快捷地访问同一站点或不同站点上的其他网页、文字、图像、音乐等多媒体形式。

超文本链接因其内在的作用原理与技术本质各异而有所区别。因此在探讨超文本链接与版权的关系之前，必须对链接的类型进行一定的划分。超文本链接可分为以下4种。

直接链接，或称正常链接(NormalLink)、文字链接(HREF，Hypertext Reference)，它完全由文字构成(汉字或字母)，然后可以配上不同的颜色或加上底线，以此来区别其他文字。点击网页上这些超文本链接符号，就可以使浏览器的内容从一个网页直接转换到另一个网页或另一网页的一部分内容。

深层链接(DeepLink)。这些链接往往跳过被链接网站的首页，而直接显示那些网站深层的、没有被链接网站独特标志的内容页，所以被称为深层链接。

隐含链接,又称埋置链接(Embedding Link),是在浏览器显示一个网页时,网页的一部分通过超文本链接将另一网页的部分或全部内容显示在当前网页中。

视框链接(Frame Link)。严格说,视框链接不能算是超文本链接的一种独立的类型,而是隐含链接的高级形式。设链者可以将他人网站的信息资料呈现在自己网页的某一视框中,而当前网站的其他内容(包括网址、广告、菜单)仍然存在。

超文本链接通过网络将诸多信息更为紧密地联系在一起,不免会打破原有网络上各知识产品版权人之间的利益平衡,引起超文本链接制作者和链接对象真正版权人双方甚至多方(超文本链接制作者不一定是链接所放置的网络站点所有人,而链接对象版权人范围更广,包括网站、网页、网络作品以及网络流通作品的版权人)激烈的版权纠纷。要准确认定其是否侵权,应当如何加以救济和保护,则需要对上述4种不同超文本链接的类型一一加以分析。

单纯的直接链接是否会侵犯版权呢?从当前主流的观点以及各国的立法看来,网页上的文字作品、音像作品可以单独受到版权法的保护,网页整体可以作为汇编作品或其他作品受到保护,这一般不会造成太大的异议。然而,对这些作品进行文字链接,即让其原封不动地、更容易地展示在许多用户面前,大概很少有人会断言,构成了侵犯版权的行为。直接链接就像文章中的"注解",阅读者可以自行决定是否要去查看相关的资料。因为互联网的自由特性,当某一网站将其资料放置于互联网时,等于默认了别人可以以"注解"方式引用这些材料,除非它明确表示拒绝链接或要求链接须经授权。假如一律认定直接链接侵犯版权,则所有的搜索引擎都难以生存,这是我们所不能想象的,也是对互联网极为不利的。

深层链接是最容易引起版权侵权纠纷的链接方式之一。首先,它存在着复制行为,在设置链接的计算机的网页上显示了被链接对象的内容,其内存中必然形成复制。这种复制行为显然是一种侵犯他人知识产权的行为。其次,深层链接是用户看不见的,被链接对象自动出现在设链者的网页上,与原网页上内容毫无区别,这种深层链接起到了公开传播被链接对象的作用。我国2001年修订的著作权法中明确规定了"信息网络传播权"属于版权人,因此,未经允许设置深层链接侵犯了被链接对象版权人的传播权。再有,由于这种链接直接链接到当前内容页上,可能会修改作品的顺序或者略过作者的版权声明,这样就可能破坏网页作品完整性、侵犯作者的编辑权、改编权等精神权利；同时对被链接网站来说，它减少了在首页上点击广告的机会，降低了网站的收入，对部分还是以广告为主要盈利模式的网站也是不公平的。最后，有时在用户的浏览器地址栏虽然显示的仍是被链接者的地址（还有不少是采取链接地址形式为本站的地址＋被链接者的地址＋本站数据库中的某字段的链接形式），但由于分页的 URL 地址与内容不具有与主页一样显著的识别性，用户往往不知道该网页的确切归属，容易误认为该分页为设链者的分页，足以造成用户的混淆。这种链接可以获得其他网站的有用信息，甚至可以获得可观的经济效益，而这些信息的取得是利用其他网站的成果，并没有进行多少创造性劳动，在网络信息服务竞争中是一种寄生性的做法，应视为一种侵权行为。

隐含链接与直接链接也不同。在直接链接情况下，虽然在用户计算机内存中复制了链接对象的网页内容，但在设置超文本链接的计算机中没有任何复制行为存在，只有由一行行包含链接对象 URL 的 HTML 指令组成的词汇或图像，它只是在用户和链接对象之间搭了一个桥梁，所以不受复制权的约束。对于隐含链接，由于在设置链接的计算机的网页上直接显示了链接对象的内容，其内存中必然形成复制，因此应受到复制权的约束。不仅如此，隐含链接还侵犯了版权人的编辑权、改编权、保护作品完整权。有的网站的全部内容均是通过隐含链接得来的，有的网站的链接取自其他网站的部分内容，这都存在对链接对象网页部分内容的选取，使用户看不到链接网站完整的网页内容。未经允许设置隐含链接还可能侵犯被链接对象版权人的传播权。

视框链接实现的方式是对他人网站网页进行加框，使得在某一框内或区间内呈现他人网站的内容，这可能引发如下的侵权问题：设链者随意遮掩和排除被链接网站或网页的部分内容和广告信息，打上自己的标志或者广告，从而达到剽窃的目的，改变了被链接内容的观看顺序、效果和破坏了作为被链接对象的作品的完整性，违反了版权法中所规定的版权人的改编权和保护作品的完整权；如果将他人网站的全部内容插入自己网站的某一视框中，虽没有对其进行修改，但因在计算机屏幕中，已经构成其他图案，所以可能被视为擅自修改他人作品，其间接被链接作品的复制权也被侵犯；用户虽然能在框中看到被链接对象，但是并不知道这些内容不属于设链者，也就是说版权材料在设链者的网页被传播给用户了，因而设链者还侵犯了版权人的公共传播权。不过，通过反不正当竞争法对实施不正当视框链接行为者加以惩罚，以及对因侵权受损失的网站进行救济，要比适用版权法更为有力一些。

2. 对商标权的影响

在互联网上,域名抢注已经屡见不鲜。所谓域名抢注,是指将他人享有合法权益的名称或者标志注册为自己的域名,以阻止他人以域名的形式在互联网上使用该名称或者标志。最典型的域名抢注就是将他人的注册商标、企业名称注册为自己的域名。关于域名抢注是否违法目前还在争论之中,但是恶意抢注域名属于违法行为已是不争的事实。

世界知识产权组织在《互联网名称及地址的管理:知识产权议题》中认为,恶意抢注是指"若域名持有人持有的域名与异议人所持有的商品和服务商标完全一致或极其相似时,且域名持有人对域名本身并不享有任何合法的权利和利益,则域名的注册和使用为恶意"。根据《中国互联网络信息中心域名争议解决办法》的规定,恶意注册行为主要包括以下几种:一是注册或者受让域名是为了出售、出租或者以其他方式转让该域名,以获取不正当利益;二是将他人享有合法利益的名称或者标志注册为自己的域名,以阻止他人以域名的形式在互联网上使用其享有合法权益的名称或者标志;三是注册或者受让域名是为了损害投诉人的声誉,破坏投诉人正常的业务活动,或者混淆与投诉人之间的区别,误导公众;四是其他恶意的情形。

在域名抢注案件中,还有一些复杂的情况。

根据我国商标法有关规定,不同类别的商品可以使用同一商标。因此只要商品不是同一类别的商品,同一商标完全可以由不同的所有人分别拥有而受到商标法的保护。但是互联网的技术性决定了域名的唯一性,任何一个被数个商标权人拥有的商标名称,仅能由其中一个商标所有人享受,在互联网上注册为域名,同一商标的多个商标权人在现实空间因为商品类别不同而相安无事,但是到了网络空间,域名的唯一性导致了权利冲突。

在这种情况下,只能按照"先申请先注册"的原则处理争议,谁先注册,谁就拥有该域名。但是这样对于后申请的同一商标名称的商标权人来说,可能享受不到该域名蕴涵的商业价值和宣传效应,无疑是巨大损失。

域名作为网络用户在虚拟的网络世界的主要识别手段,是由具有识别功能的文字和数字组成。网络用户为便于网上信息的流通和传递,多选择与其商标、名称相同的文字等字符的组合形式注册和使用域名。但是,这种理想的域名模式常受到挑战。网络用户可以不受任何限制地使用任何符号,并注册使用。网上的先行者会利用其对网络世界的熟悉优势,将现实生活中已经被人们认同并且好记的字符组合起来注册为自己的域名。

另外,有时在先注册的域名与在后注册的商标名称相同,但是该域名的所有人并不是商标权人,由此也会引发权利冲突。这种情况,域名所有人使用其在先注册的域名应该受到法律保护，如果他人将自己享有一定知名度的域名注册为商标来误导公众、混淆视听，域名所有人有权向有关部门申请撤销该注册商标，维护自己的合法权益。

3. 对专利权的影响

(1) 网上申请专利的合法性

网络提供了专利申请的新途径，然而其合法性却受到了质疑。其实，问题不在于以网络为载体、通过电子方式申请专利，还是以印刷文本为载体、通过邮递或直接渠道送达申请专利，而在于目前电子申请方式的不规范。比如网络环境中专利信息易被篡改和假冒，这就给专利申请真实性的判断与公开日期的确定带来困难。所以，规范电子申请行为是电子申请方式取得应有法律地位需要解决的主要问题。

印刷环境中，认定一份文件是否具有法律效力，除了书面要素外，还要具备“签字盖章”和“文件原件”两个要素，三者缺一不可。单纯的书面文件不能起到证明法律事实的作用，复制件也不具有法律效力。为此，世界各国大都开发和采用数字签名技术来取代传统签名，以实现对原始申请文件的鉴别和不可抵赖性。主要的数字签名方法有 BSA 签名、DSS 签名与 Hash 签名。其中 Hash 签名是最主要的数字签名方法，它跟单独的数字签名不同，是将数字签名和要发送的信息捆在一起，所以更适合电子商务。基本做法是采用 Hash 函数将需要加密的文件。摘要成一串 128 位的密文，使这串摘要成为验明文件是否“真身”的“指纹”。为了保证以电子方式申请专利的安全性，还必须通过身份验证技术，鉴别专利申请方和受理方身份的真伪。

日本专利局早在 1990 年 12 月就开始着手电子申请系统的建设，接受专利的电子申请。美国、韩国、英国、欧盟等国家与国际组织也在开展这方面的研究工作。世界知识产权组织(WIPO)在《专利合作条约(草案)》和《专利合作条约细则》中，已经确立了电子申请的合法地位。这说明，以电子方式申请专利将成为专利申请模式的重要发展趋势。

(2) 网络环境中发明创造的新颖性判断

新颖性是授予专利的首要条件。所谓新颖性，用通俗的话讲就是在申请日之前，提出申请的发明创造，除了发明者之外，其他人不知道。大多数国家的法律规定：新颖性是指提出申请的发明创造在申请日以前没有在世界上任何国家的出版物上公开发表过，也没有在国内公开使用或以其他方式为公众所知。在网络环境中对发明创造的新颖性进行审查要解决两个问题，一是界定以网络传播方式使公众了解了发明创造的内容是否为公开，二是如果前一个问题得到了肯定的答案，那么如何确定这种公开的地域性。

专利法关于“新颖性”规定中的“出版物”，一般理解为是以印刷品、缩微胶片、影片、照片、唱片、光盘、磁带等为载体的有形出版物。网络是一种无形载体，所以，从理论上讲，传统专利法中的“公开”不适用网络，但事实上，通过网络传播方式确实可能达到公开发明创造内容的目的。解决问题的办法就是对传统专利法的相关内容作出新的解释。有学者认为，我国《专利法》第 22 条中的“以其他方式为公众所知”包括了“网络公开”。日本 1999 年修订的专利法也已经赋予了网络公开法律地位。

如果把网络传播确定为一种公开方式，那么公开的范围审查就成为申请人能否获得专利权的关键问题。网络没有地域性，这将使地域新颖性标准不再具有实际意义，对新颖性的例外规定也不再适用。网络公开事实上使全世界任何一个网络消费者都有可能了解到发明的内容，使发明在世界范围内丧失新颖性，无法受到专利法保护。其后果是强化发达国家对技术的垄断，拉大发达国家与发展中国家的技术差距，限制发展中国家的技术进步。此外，如果发明通过网络公开就失去了新颖性，等于从上网时刻起发明就进入了公有领域，那么权利人的利益必然受到损失，从而造成智力创造的压抑，显然这同专利制度的初衷是背道而驰的。网络的安全性问题不可能得到彻底解决，如果第三人通过技术手段对用于私人之间通信的电子邮件中的发明内容保存并在网上传播，是否影响对该发明新颖性的判断，专利法对此尚无具体规定。

(3) 专利授权范围的变化

人们一般认为，网络上的专利保护对象包括计算机程序、通讯协议、密码技术、资料压缩、电子销售系统等。事实上，各国根据立法和司法实践，对网络技术的专利保护存在着较大差异，这已经成为专利保护国际协调的重要内容。以计算机程序为例，早在 1966 年，英国专利局对一项关于计算机程序的专利申请作出了驳回的判决，并作为一项永久性的惯例，以致对后来许多国家的立法都产生了主导作用。多年来，计算机软件不受专利保护的原因是大多数学者认为计算机程序是一种算法，而算法属于智力活动范畴，不是专利权授予的对象。

但是，世界各国理论界与司法界并未停止把计算机软件纳入专利法体系给以保护的努力。1987 年，美国制定软件专利审查的“指导原则”。1995 年，美国专利局(PTO)在其颁布的《计算机应用发明的审查基础草案》中视不同情况，把计算机程序规定为可专利“机器”、可专利“过程”和可专利“制品”。1988 年，日本公布《有关计算机软件发明的审查办理案》。1992 年，日本在公布的《新软件专利审查标准框架方案》中，把软件发明申请分成 4 种类型。1997 年 1 月，日本又对固化在 CD-ROM 与软盘上的符合一定条件的软件赋予专利权。1993 年 4 月 1 日起在我国生效的新的《专利审查指南》，舍弃原来的苛刻条件，提出了符合软件技术发展的、宽松的软件专利保护标准。目前，发达国家呈现出倾向于用专利法保护软件知识产权的趋势。截至 1996 年 4 月，美国获得专利的软件数，累计达 11 万件，包括 APPLE 的下拉式选单、Merrill Lynch 的现金管理系统、IBM 的基本输入输出系统(BIOS)等著名软件。1988 年，日本软件专利申请数是 5 000 件，1990 年则达到 12 000 余件。近几年，日本每年的软件专利申请平均为 2 万～3 万件，占全部专利申请量的 10%。

网络专利权扩张的另一个标志是商业方法也得到了专利保护。1999 年 10 月，美国发生了著名的 Amazon. com. Inc 诉 Barnesandnoble. com 案。原告称被告侵犯了其“一次点击”(1-CLICK)购物技术的电子商务专利，要求被告停止侵权行为，并给以经济补偿。1-CLICK 是一项涉及 26 条权利要求的通过网络线路订购货物的方法系统，专利全称是“通信网络订购货物的方法和系统”(Method and for placing a purchaser order via a communications network)，其目的是减少购物人与客户机系统间的行为及客户机系统和服务系统间的数据传送，从而使电子交易更加方便安全。被告认为，该单击购物技术缺乏显著性，并提出几项在线技术的证据，包括 Web Basket 方法、Netscape Merchant 方法、Olive Market 方法、Compu Serve 财务服务器与 Compu Serve Tread 方法等。法院在判决中指出，1-CLICK 设计是一项具有实用性的发明，应把专利赋予 Amazon. com 公司。为避免 Amazon. com 公司继续受到损失，法院颁布了禁止令，禁止被告对 1-CLICK 实施侵权活动。该案对传统专利制度形成了强大冲击，这不仅是因为电子商务方法本身不具备工业再现性，不是专利法保护的客体，而且是因为这种判决会导引其他类似案件的审理，影响更多经营者的利益。

(4) 网上专利权保护的困难

网上的专利权保护越来越棘手。比如，发明内容在网络上公开后，任何一个上网者都可以将它在别的国家抢先申请。又比如，任何上网者都可能将在本国受到保护的专利技术通过网络传播到不受保护的国家使用、制造、销售。还比如，专利权人可以将其专利技术在许可他国某合作者独家代理的同时，又自行通过网络向该国销售该专利技术产品，这种平行进口对专利代理人的利益构成极大的威胁。

7.4.3 互联网知识产权保护措施

1. 著作权保护措施

(1) 数字化作品的属性问题

网络环境下的数字作品显然有别于传统意义上的作品。判断一件作品是不是著作法所保护的作品，应满足3个条件：一是该作品是否具有独创性(或原创性)；二是该作品是否能以某种形式复制；三是该作品是否属于智力创作成果。

数字化作品包括两种形式，即直接以数字化形式创作的作品和已有的作品在数字化后形成的作品。前者具有原创性，且可复制，属著作权法所保护应不难理解；争议较大的是后者。实际上，这类作品被数字化以后，以数字代码形式固定在磁盘或光盘等有形载体上，改变的只是作品的外在表现形式，数字化的过程并没有产生新作品，数字化作品与传统作品作为著作权法保护的客体也并无区别，其著作权仍归作品的作者享有。我国最高人民法院在2000年11月通过的《关于审理涉及计算机网络著作权纠纷案件适用法律若干问题的解释》第二条对此明确规定：受著作权法保护的作品，包括著作权法第三条规定的各类作品的数字化形式，“在网络环境下无法归于著作权法第三条列举的作品范围，但在文学、艺术和科学领域内具有独创性并能以某种有形形式复制的其他智力创作成果，人民法院应当予以保护”。因而数字化作品应纳入著作权法所保护的作品范畴。

(2) 权利内容

数字化作品的作者应当享有同其他各类作品同样的权利，包括著作人身权和著作财产权。《关于审理涉及计算机网络著作权纠纷案件适用法律若干问题的解释》第二条第二款中规定，“著作权法第十条对著作权各项权利的规定均适用于数字化作品的著作权”。我国新修订的《著作权法》中增加了一项新的权项信息网络传播权，并作了具体解释，即以有线或者无线方式向公众提供作品，使公众可以在其个人选定的时间和地点获得作品的权利。在信息社会，网络已经成为一种重要的媒介，尽管有别于传统的印刷、广播、电视。将作品移植到网站上供人阅读，可以使作品得到更广泛的传播，并使作者在物质上、社会声誉等方面获益，这应是作者独享的权利。从传播的性质和目的来看，与出版、发行、播放等传播方式本质上没有区别。因此，随意将他人作品在网络上传播，是一种明显的侵权行为。

(3) 诉讼管辖

互联网的一个重要特征是没有地域界限，即所谓网上无国界。数字技术的发展,打破了信息传播在时间和空间上的界限,使得作品的传播速度更快、范围更广,任何人在任何地点使用一台联网计算机就可以通过不同的路径接触到同一信息、访问同一网站。这使得具有时间性和地域性的著作权面临挑战。一方面,大大增加了侵权的可能性,出现网络著作权纠纷,在管辖问题上难以确认,影响到对著作权的保护。根据我国民事诉讼法第22条规定,对公民、法人和其他组织提起的民事诉讼,由被告住所地人民法院管辖。又根据该法第29条的规定,因侵权行为提起的诉讼,由侵权行为地或被告住所地人民法院管辖,最高人民法院《关于适用〈中华人民共和国民事诉讼法〉若干问题的意见》第28条对侵权行为地又进一步作了解释,即侵权行为地包括侵权行为实施地和侵权结果发生地。据此,网络著作权的纠纷,应该由被告住所地/侵权行为地的人民法院管辖。被告住所地相对固定,容易确认,但是侵权行为地则较难确定。根据互联网的特点,侵权行为会涉及存储数字化作品的服务器和复制时使用的终端计算机,把终端计算机作为侵权行为地是肯定的,但是服务器所在地可否作为侵权行为地呢?事实上,网络著作权的侵权行为有其特点,被告实施侵权行为不是孤立地局限于终端计算机,必须接触原告所在地的服务器,因此,服务器所在地也可以被认为是侵权行为地。《关于审理涉及计算机网络著作权纠纷案件适用法律若干问题的解释》第1条规定:“网络著作权侵权纠纷案件由侵权行为地或者被告住所地人民法院管辖。侵权行为地包括实施被诉侵权行为的网络服务器、计算机终端等设备所在地。对难以确定侵权行为地和被告住所地的,原告发现侵权内容的计算机终端等设备所在地可以视为侵权行为地。”

(4) 网上证据

互联网带来的另外一个问题是网上证据难以搜集。证据是法官查明案情真相、确定案情性质并依法准确予以断案的基本依据。但是网络环境下的侵权,其证据具有不确定性和易逝性。网络世界是虚拟的,且网络上的信息可以随时修改,并不留痕迹,因而网上侵权的时间、内容不易确认,这便给取证带来困难。针对具体网络侵权案件,可以根据网络运作的规律和自身的特点来获取证据。在网络中,用户一般是通过建立自己的主页来发表自己的作品,而建立主页时,要填写申请人姓名、性别、住址、电话号码、所在国家、城市、电子信箱等,可依此确定作者身份。同时为了获取证据,防止证据灭失,诉讼当事人可以向人民法院申请,采取证据保全,或对有关的事实进行公证,及时提取或存留证据。

(5) 对有限定作品转载的规定

中国著作权法第三十二条第二款规定:“作品刊登后,除著作权人声明不得转载、摘编的外，其他报刊可以转载或者作为文摘、资料刊登，但应当按照规定向著作权人支付报酬。”著作权法的这项规定能否适用在网络环境下？按理说，即使网络上传播的是“豆腐块”文章，也应该付费和征求许可。这种主张与计算机网络“海量信息”，并且常常隐去作者信息，又要广泛、快捷传播方能体现互联网价值的网络环境，形成尖锐的矛盾和冲突。

中国最高人民法院的司法解释采纳了《著作权法》中认为该项规定适用网络作品传播的立场，已经在报刊上刊登或者网络上传播的作品，除著作权人声明或者上载该作品的网络服务提供者受著作权人的委托声明不得转载、摘编的以外，网站予以转载、摘编并按有关规定支付报酬、注明出处的，不作为侵权行为。但网站转载、摘编作品超过有关报刊转载作品范围的，应当认定为侵权。

司法解释明确了3个要点：一是网络上允许转载、摘编作品的范围不得超过著作权法第三十二条第二款规定的作品范围，主要是短小的文字作品，录音和录像制品、摄影作品、电影作品、计算机软件等都被排除在外；二是使用者应当支付报酬；三是要注明出处。这样我国在新的立法前，网络作品的转载适用于网络对纸介、纸介对网络、网络对网络和纸介对纸介的作品转载行为。但是无论是网络上还是报纸杂志上作品，只要权利人在自己作品上简单注明不得转载的字样，司法解释转载的规定就不再适用。

(6) 网络服务提供者著作权责任承担

网络服务提供者的法律责任，主要是指网络服务提供者对他人利用其所提供的服务实施侵犯著作权行为所应承担的法律责任问题。网络服务提供者直接实施侵权行为所应承担的法律责任，可以直接适用现行法律的有关规定进行认定。根据提供网络服务内容的不同，网络服务提供者可分为提供连线服务的网络服务提供者和提供内容服务的网络服务提供者，前者指仅提供连线、接入等物理基础设施服务的网络服务提供者，后者指提供BBS(电子布告板)、Newsgroup(邮件新闻组)、聊天室等有关内容服务的网络服务提供者等。

由于上述两类网络服务提供者对网络信息进行编辑控制能力有所不同，其所应当承担的法律责任是不相同的。司法解释设置网络服务提供者的著作权法律责任，要达到两个目的：其一是要依法制止和制裁网络侵犯著作权的行为；其二是要给网络服务提供者提供一个法律责任的“安全港湾”。司法解释的规定尽量明确网络服务提供者对著作权侵权的过错责任，不使其轻易承担过重的责任，以保护和促进新兴的网络产业的健康发展；同时也对其行为作出约束，明确在何种情况下网络服务提供者应当承担侵权责任，以促使网络服务提供者进行自我约束和自我保护。维护著作权人的合法权益具体要注意以下几个方面。

① 提供接入服务的网络服务提供者，因其对网络信息不具备编辑控制能力，对网络信息的合法性没有监控义务，因此对他人在网络上实施的侵权行为没有主观过错，根据民法通则第106条的规定，不必承担法律责任，侵权的法律责任应由行为人本人承担。

② 提供内容服务的网络服务提供者，由于对网络信息具有一定的编辑控制能力，因此在明知侵权发生或经著作权人提出确有证据的警告后，负有采取移除侵权内容等措施，停止侵权内容继续传播的义务。网络服务提供者违反上述义务的，主观上负有过错，客观上实施了不作为的侵权行为，根据民法通则第130条的规定，与行为人构成共同侵权，应当承担连带责任。

③ 提供内容服务的网络服务提供者，在著作权人要求其提供侵权人网络注册资料的情况下，负有提供该注册资料的协助义务。网络服务提供者无正当理由而拒绝提供的，违反了上述义务，主观上负有过错，客观上实施了不作为的侵权行为，根据民法通则第106条的规定，应当承担相应的侵权责任。

④ 著作权人向网络服务提供者提出警告或索要注册资料请求必须具备一定的形式要件，必须提供三类资料：一是著作权人的身份证明，包括身份证、法人执照、营业执照等有效身份证件；二是著作权权属证明，包括有关著作权登记证书、创作手稿等；三是侵权情况证明，包括被控侵权信息的内容、所在位置等。只要符合上述形式要件，就应当视为著作权人已提出确有证据的警告或索要请求，网络服务提供者应当采取相应的措施。反之，如果不符合上述形式要件，而且著作权人没有说明正当理由的，则视为未提出警告或索要请求，网络服务提供者可以置之不理。这样的规定，一方面可以方便网络服务提供者作出判断，另一方面也可以避免网络服务提供者陷入过多的侵权诉讼中。网络服务提供者在著作权人提出上述资料后仍不采取措施的，著作权人在提起诉讼时可以申请法院先行裁定停止侵害、排除妨碍、消除影响。法院将从切实保护著作权人的合法权益出发，对申请人的申请予以准许。

⑤ 网络服务提供者应著作权人的要求采取移除等措施制止侵权行为，是维护著作权人合法权益的合法行为，不应为此向被控侵权人承担违约责任。如果著作权人指控的侵权不成立，而网络服务提供者采取措施给被控侵权人造成损失的，网络服务提供者不必为此承担赔偿责任，该责任应由提出不当警告的著作权人承担。

同其他知识产权侵权纠纷一样，网络著作权侵权案件赔偿数额的确定，同样也应当允许权利人作出选择，一般权利人可以选择三种方式：一是权利人因侵权行为所受实际损失，包括直接经济损失和预期应得利益的损失；二是侵权人因侵权行为所得利益；三是法定赔偿。在前述方法不好确定的情况下，由法官根据案情确定赔偿额，最高赔偿额上限可达50万元。由于我国有关部门和相关协会对网络作品使用的报酬长期未制定指导标准，不但影响了网络作品版权交易的顺畅和权利人的利益，还给法官确定网络著作权侵权纠纷案件的损害赔偿额带来一定困难。

(7) 数字版权管理技术

数字版权管理(DRM)是指在数字化内容生产、传播、销售、使用过程中保护知识产权的技术工具。DRM 技术包括数字内容的加密、管理与使用，其核心是通过安全和加密技术锁定和限制数字内容传播，从而限制对数字信息无授权的复制。从图书馆业务管理的角度来看，数字图书馆的主要环节是图书入库、图书馆业务管理和注册管理。图书入库使版权从出版社暂时转移到图书馆系统，借阅使版权从图书馆暂时转移到读者机器。DRM 技术应用在图书入库和注册管理环节，可以有效解决电子图书的版权保护问题。

数字水印技术是目前常用且有效的数字版权管理技术之一。密码认证技术不能很好解决版权保护问题，因为密码只能在数据传输过程中对数据进行加密保护，信息被接收解密后，就和普通文档一样很容易被非法复制、传播，数字水印技术很好地解决了这个问题。

数字水印技术(Digital Waterwork)是指利用图像及声音等媒体的冗余性，采用信号处理的方法，将版权信息隐藏在数字图像、声音、文档、图书、视频信息等数字产品中。加了水印的数字作品具有非法复制探测能力，可以鉴别内容可能经过伪造和滤波处理的侵权产品，准确证明著作权人对作品的所有权。与加密技术不同，数字水印技术并不能阻止盗版，但通过它可以判断数字作品是否受到保护，监视被保护数据的传播，为解决版权纠纷提供证据。为了增强数字水印的作用，大多数水印都采用密码学中的加密方式，在水印的嵌入、提取时，采用一种密钥或几种密钥联合使用。通过定时检测水印可以判断原始载体是否被攻击和破坏，因为脆弱性水印对信号的改动很敏感，一旦原始载体被攻击或更改，其所含的水印一定会被破坏。鲁棒性水印和其他技术结合还可以实现自动恢复。水印技术和智能化技术的结合而产生的水印和自动追踪版权标志的使用，对数字图书馆版权保护提供了更加强有力的技术支持。

2. 商标权保护措施

关于域名和商标权的冲突，我国最高人民法院发布的《关于审理涉及计算机网络域名民事纠纷案件适用法律若干问题的解释》规定："人民法院审理域名纠纷案件，对符合以下各项条件的，应当认定被告注册、使用域名等行为构成侵权或者不正当竞争：原告请求保护的民事权益合法有效；被告域名或其主要部分构成对原告驰名商标的复制、模仿、翻译或者音译；与原告的注册商标、域名等相同或近似、足以造成相关公众的误认；被告对该域名或其主要部分不享有权益，也无注册、使用该域名的正当理由；被告对该域名的注册、使用具有恶意。"

(1) 给予普通注册商标的有限保护

商标权和域名权是两种不同的权利。商标的相关权利由商标权人享有，域名的相关权利则由域名注册人享有。两个截然不同的领域，两种截然不同的规则。从商标权的保护范围看，商标权的权利不能辐射到域名领域，反之亦然。我国商标法规定，商标权人有权禁止他人在同类或者类似的商品和服务上使用相同或者类似的商标，但是作为互联网用户地址的域名既不是一件商品，也不是一项服务，因此，商标权人无权禁止他人使用域名。在高度发达的商业活动中，商标数量数以亿计，域名注册人无法知道所有的商标名，如果域名同在先的商标相同或者相似，该域名便被禁止使用，后果将会使域名资源极度匮乏。由此可见，将商标自然延伸到域名领域将会不利于域名的保护。

当然，这并不意味着对普通商标不予保护。如果域名注册人进行损害商标权人合法权益的行为，应承担相应的责任。例如，合法注册的某网站的域名与某产品的商标名称相同，并且该网站在宣传、介绍、销售与在先注册商标的商标权人同类的商品，这种行为足以使公众造成一定的混乱，误认为该网站上的商品与商标权人有一定的联系。类似这种情况的出现，即使商标并非"驰名商标"，商标权人一样可以拿起法律的武器来保护自己，要求对方停止侵权、赔偿经济损失。

(2) 界定"恶意抢注"的界限

区分"恶意"与"非恶意"应综合考虑商标注册人和域名注册人的正当权益，妥善把握"在后注册域名与在先注册商标的冲突"和"在后注册商标与在先注册域名的冲突"，才能适当地处理这类案件。通常，如果具有以下情形，可以认定属于"恶意抢注"。

① 域名持有人故意注册相关域名，导致商标权人无法将自己的商标注册为域名。例如，商标权人的注册商标被他人注册为域名，自己无法再用该

商标注册为域名，并且商标权人在与域名持有人协商转让事宜时，域名持有人提出了不公平的转让价格。

② 域名持有人注册或者受让域名的目的是为了损害商标权人的商誉，破坏商标权人在公众中的良好形象。例如，商标权人可以证明使用该域名的网站有损毁商标权人声誉和形象的虚假信息。

我国民法规定了诚实信用原则，即民事主体在民事活动中恪守信用，不得进行任何欺诈行为，维护当事人合法权益的同时，也要维护社会利益。“恶意抢注”显然违背了诚实信用的原则，损害了公平有序的竞争秩序，必然构成侵权。

(3) 驰名商标例外原则

驰名商标是指在较大的行政区域内被公众所熟知、具有较强市场竞争力、较高信誉并被权威机构所认定的商标。

随着经济的发展，驰名商标所能带来的经济利益越来越受重视。驰名商标是企业商业信誉的载体。它们不仅能够体现企业的经营管理能力、商品质量和服务水平、企业的信誉和实力，而且能够引导公众作出消费选择。代表高品质的驰名商标有着很高的市场占有率和消费者认同度，蕴含着巨大的商业利润。域名持有人抢先将驰名商标注册为域名，利用驰名商标权人通过长期努力所获得的商誉，吸引公众访问其网站。这种试图分享驰名商标良好商业信誉的“搭便车”行为，显然损害了驰名商标权人的合法权益，构成了侵权。驰名商标权人有权禁止该域名持有人使用该域名，并要求对方赔偿相应损失。例如，在 2000 年 6 月瑞典的“宜家”状告北京国网信息有限公司域名纠纷案中，瑞典英特艾基系统有限公司拥有的“宜家”品牌，不仅在国际上享有非常高的声誉，而且将“IKEA”这一品牌在中国也注册了商标。而当瑞典英特艾基系统有限公司在中国互联网以其商标“IKEA”为标志注册域名时，发现北京国网信息有限公司已经先注册了域名 www.ikea.com.cn。最后法官除了使用国内现有法律如《反不正当竞争法》外，首次引用了国际上《保护工业产权巴黎公约》对驰名商标的保护条例，判令北京国网信息有限公司立即停止使用并撤销该域名。可见对驰名商标的保护也延伸到了域名领域。

3. 专利权保护措施

(1) 计算机软件的专利保护

多数国家对软件给予版权保护，国际公约也支持这一做法。1993 年世贸组织乌拉圭回合谈判达成《与贸易有关的知识产权协议》，其第 2 部分第 1 节涉及了计算机软件保护问题，“版权及相关权利”中的第 10 条以两款内容规定了计算机程序及数据汇编的保护问题。第1款规定："计算机程序，无论是原始资料还是实物代码，应根据伯尔尼公约(1971)作为文学作品来保护。"软件在我国也是通过《版权法》来保护的，1991年6月我国颁布的《计算机软件保护条例》就是根据《著作权法》第53条制定的。

尽管对计算机软件采取《版权法》保护是目前通行的做法，但是以《版权法》保护软件在实践中还是存在一系列问题。例如，《版权法》只保护作品的表现形式，无法保护软件中所包含的构思、技巧和算法。《版权法》保护的是软件的作品性，这一属性对于互联网上的一种应用工具来说，并非十分重要；而最能体现软件价值的工具性属性却无法予以保护；《版权法》也不禁止他人使用作品，这对于软件开发者来说无疑是不公平的。版权保护期限过长，而软件的生命周期往往较短，随时面临更新和升级的可能。版权的长期保护不适应当前科技发展日新月异的实际情况。另外，版权保护的独创性要求很低，无法真正保护软件中的创造性。随着信息技术的飞速发展，传统的版权已不能适应软件保护的需要，以《专利法》保护计算机软件的呼声已在理论上和实践中广泛存在。包括美国在内的许多国家已开始考虑其他的保护途径。美国近年来曾在一系列判例中为计算机软件提供了专利保护。欧盟委员会也正在采取步骤确保对于以软件为基础的发明可以得到适当的专利保护，准备尽快出台关于计算机程序可专利性的指示草案。

计算机软件在互联网中扮演着举足轻重的角色，加强法律保护将对信息技术的发展起到推动作用。在一定条件下对软件给予专利保护，是目前国际上发展的趋势。我们应密切注意其他国家的立法动向，以及国际公约、协定的新发展，尽快调整我国的计算机软件立法，对符合条件的计算机软件授予专利权。另外，在计算机软件的专利授予判断标准方面，还有待于我们结合实际作进一步深入研究。

(2) 商业方法的专利性

互联网的发展给专利制度带来的另一个问题是商业方法的可专利性。Amazon公司有一项涉及客户介绍系统的技术，该公司于1997年6月27日申请这项技术专利，并于2000年2月获得许可。这种"联盟计划"技术让其他加盟网站借介绍顾客抽取佣金，其运作方式是：某网站可展示某零售商的部分产品目录，链接到该零售商网站，以利消费者完成购物程序；这个介绍顾客有功的加盟网站，可从交易金额抽取一定比例的佣金，作为介绍费。商业方法专利一出现，在美国社会就引起了广泛争论。支持者认为，许多公司在创造新的商业方法中投入了大量精力和资源，并不比发明新技术的投入少。如果发明新技术可获专利而创造新商业方法不能做到这一点，则无法显示公平。支持者特别认为，在普遍应用信息技术的“知识经济”时代，新发明将越来越多地和处理、运用信息和知识的过程联系在一起，也就必然更多地表现为商业新方法的形式。商业方法不能授予专利，是传统制造业时代的思路，和知识经济的趋势不符。反对者则认为，专利本身就是一种垄断，通过合法垄断地位来促进技术发明，一旦把这种合法的垄断权利扩展到商业方法领域，很可能造成严重的经济后果，其结果是整套商业垄断，扼杀竞争和创新。尽管发明新商业方法需要投入，但是投入本身并不是授予专利的理由。

欧洲专利局对于与商业方法和计算机软件相关的发明授予专利一直非常严格。发明的技术性质是欧洲专利法关于可专利性主题的基石。根据《欧洲专利公约》52 条之(1)和(2)、《欧洲专利授权的实施细则》以及《欧洲专利审查指南》2.1 的规定可以得出，专利必须针对技术领域，必须与技术问题有关，并且应该把权利要求限定在发明的技术特征的范围内，发明必须具有有形的和技术的双重特征。但是在 Pension Benefit 一案中，欧洲专利委员会指出：“在本案中所要回答的问题是，权利要求是否表达了从事商业活动的方法本身。如果该方法本身具有技术性或者说具有技术特征，它仍然是从事商业活动的方法，但已经不是商业活动方法本身。”依欧洲专利局的观点，存在技术性质的商业方法可以授予专利。欧洲专利局在 2001 年 10 月公布了修改后的审查指南。欧洲专利局将此前发生案件的开放保护政策在这一指南中给予了肯定。这一审查指南将软件专利申请合法化，由于商业方法与执行商业方法的软件之间界限并不明显，商业方法专利也随之合法化。

商业方法软件是未来电子商务发展的支柱，而虚拟空间地域性的淡化会使这些专利比以往任何时候发挥的独占性都大，开放与电子商务有关的发明的专利保护，对于专利大国来说，绝对是利益获得者。正是这种经济利益和国家利益的驱动，才导致美国法院对商业方法授予专利大开其门。商业方法的专利保护不仅仅是一个法律问题，国家利益和经济扩张是目前专利大国扩大商业方法软件专利的深层原因。

我国至今尚无商业方法专利。我国专利局的《审查指南》明确规定，涉及计算机程序本身或者数学方法本身的发明专利申请是不能授予专利的。一个国家选择专利保护的范围是与该国的国情和时代发展有关。举例来说，我国 1985 年专利法没有赋予食品、饮料和调味品，以及药品、用化学方法获得的物质专利，主要考虑到这两项专利与人们的日常生活密切相关，一旦赋予专利，则会对人们带来很大的经济负担。随着我国改革开放的深入和经济的发展，在 1993 年施行的新专利法中，将原来不受保护的食品、饮料和调味品以及药品、用化学方法获得的物质给予了专利保护。在我国目前电子商务急需发展的时候,我国应该大力支持网络的发展,而且应当看到我们对这方面的研究与实践都不足。因此,我们应该先拒绝赋予商业方法专利,这与我国以前拒绝赋予食品、药物专利是同样的理由。但同时,我们也应当看到,在知识产权保护上,目前仍然是美国主导发展趋势。在对待商业方法专利问题上,美国更是游戏规则的制订者;欧洲虽然持保守态度,但也开始调整策略,跟进这一趋势。我国的学术界和实务界对这一问题似乎并没有引起足够注意。中国已经成为 WTO 的成员国,对商业方法应该提供什么程度的保护,还需学者和立法者进行进一步深入的研究。

8 网络消费者权益与电子签名

8.1 网络消费者权益

8.1.1 电子商务中的消费者权益侵害

2004年,美国一家市场调查公司对200余个互联网电子商务站点进行了调查,结果显示,其中至少有77家公司存在着不同程度的欺诈消费者的行为。国际行销监督网络(IMSN)2005年对全球700余个网站作的调查表明,多数网站未给消费者提供足够的信息,以让顾客确信其权益可以受到保障;超过半数的网站无法说明他们的付款安全机制;62%的网站没有退换货或退款的说明;75%的网站尚未建立隐私权保护对策;78%的网站没有告知消费者如何得到救济;90%的网站没有向顾客说明交易事项应该适用的法律;25%的网站没有提供真实的地址。

全球每年在网络上发生的诈骗金额高达百亿美元。与传统的交易方式相比,欺诈行为在互联网上更容易损害消费者的利益。在FTCv. Audiotex Connections Inc.一案中,被告在互联网上声称消费者可以免费下载一种特殊的节目,但实质上,被告利用软件暗中将消费者引入到价格昂贵的国际长途电话系统之中,使消费者的电话经由加拿大、俄罗斯等国之后再返回美国,从中牟利,大赚一笔。他们还利用网络特性对欺诈行为进行掩饰,并通过匿名方式躲藏调查。

电子商务作为一种新型的市场交易方式,在给社会带来极大经济利益的同时,也使传统的市场法律体系受到极大挑战。一方面,网络带给人们便捷丰富的商品和服务信息,另一方面,网络也增加了消费者遭受损害的风险,使消费者合法权益受损。传统交易下的纠纷及风险并没有随着高科技的发展而消失,网络的虚拟性、流动性、隐匿性及无国界性对交易安全及消费者权益保护提出了更大的挑战。

电子商务的飞速发展非但没有扭转传统商务中消费者的弱势地位，反而使经营者与消费者之间的力量对比更加悬殊。在电子商务环境中如何保护消费者权利、培养消费者信心，成为推动电子商务发展的一个关键问题。

目前，电子商务中消费者权益遭受侵犯的主要表现为以下方式。

1. 知情权侵害

按照法律规定，消费者享有知悉其购买、使用的商品或者接受的有偿服务的真实情况的权利。消费者有权根据商品或服务的不同情况，要求经营者提供商品的价格、产地、生产者、用途、性能、规格等级、主要成分、生产日期、有效期限、检验合格证明、使用方法说明书、售后服务、服务的内容、规格、费用等情况。

而在电子商务中，消费者与商家都是在虚拟化的网络环境中进行交易，通过网络远距离订货，通过电子银行结算，配送公司送货上门，甚至许多数字化商品（如电影、录像、录音制品等）可以直接通过网络传输。不良商家往往通过在网络上提供不完整的商品信息、虚假信息及发布虚假广告，侵犯消费者的知情权，甚至涉及欺诈活动与非法传销。

2. 交易安全权侵害

消费者在参与电子商务活动时的安全问题已成为网络空间电子商务中不可回避的矛盾。电子商务中消费者安全权的保护面临两方面的困扰。其一是对消费者人身安全权的侵害，突出表现在侵犯公民的姓名权、肖像权、名誉权、隐私权等。在电子商务中，由于网络隐私所能带来的经济利益和黑客技术的发展，对消费者人身安全权构成侵犯的最大风险来自于对个人信息的收集、传播和利用。IP 地址被跟踪，隐私信息（姓名、年龄、住址、身份证号码、电话号码、工作单位、健康水平等身份状况和健康状况及个人行为习惯与个人爱好等）被非法出售，账户密码的泄露，垃圾邮件对消费者邮箱的干扰乃至邮件炸弹，令人不胜其烦。而且网络隐私一旦被滥用，将给消费者个人带来难以想象的后果和网络秩序的混乱。消费者固然需要提高自己的隐私保护意识和保护技能，但能做到的也只是尽量减少隐私暴露的机会而已，无法从根本上解决问题。其二是对消费者财产安全权的侵害。消费者对采用电子货币付款的安全问题一般都难以释怀。消费者网上支付的有关信息（如账号、密码、身份证号码等）被厂商或银行收集后无意或有意泄露给第三者，甚至被冒用，而导致严重不利于消费者权益的行为。不法分子通过盗窃或非法破解密码（包括上网账号、交易账号等）的方式，窃取消费者的个人财产。同时，还有一些不法分子利用网络进行诈骗，牟取非法利益。电子商务技术上的复杂性，为违法行为提供了更隐蔽且简单可行的操作方式和更广阔的作案空间，难以被发现和侦破，使消费者的财产权益遭受极大威胁，从而对电子商务的安全性和信誉度产生怀疑，不利于电子商务的长期健康发展。

3. 公平交易权侵害

在电子商务环境下侵犯消费者公平交易权的具体表现形式包括3种。其一是消费者所购商品与网上所看到的样品和广告宣传的内容有出入，甚至完全不相符。其二是消费者所应享有的售后服务得不到保障。由于在电子商务环境中交易主体与交易过程都是虚拟化的，消费者在网上购得商品出现问题后，往往求助无门，难以享受到应得的售后服务。其三是难以实现退换货权。消费者在电子商务环境下要实现现行法律法规所保护的退换货权会遇到许多新问题，其中，音乐CD、游戏软件、电子书籍等数字化商品的退换货问题就难以解决，商家一般都不愿意接受此类商品的退换货。这是一个涉及商家利润与消费者合法权益之间合理平衡的问题。

具体在现实的互联网电子商务活动中，损害消费者权益的主要行为有以下几方面。

(1) 虚假信息。在网络交易中，消费者在接触不到经营者和实际商品的条件下，只能通过供应商的宣传来了解商品或服务的信息。这就为经营者诱使消费者作出购买行为而发布夸大其词的、虚假的广告提供了可能。

(2) 合同不正当履行。网上交易合同不正当履行的行为多表现在3种形式。其一是延迟履行。由于网上购物的物流配送速度慢或者所购之物缺货等原因，经营者常常不能按时交货，并且不履行或者不及时履行通知消费者缺货等信息的随附义务。其二是瑕疵履行。经营者往往利用消费者对商品信息的不完全了解，交付有瑕疵的商品、质价不相符的商品，甚至出现订购此物而交付彼物的情形。其三是售后服务难以保证。网上经营者往往利用双方互不见面的特性而逃避对消费者的义务，而数字化商品的易复制性也对传统的退换货机制提出了挑战。

(3) 格式合同陷阱。在网上交易，为了节省时间，格式合同被大量使用。网络媒介的特殊性为经营者利用格式合同逃避责任找到了新的空间。格式合同条款或者以消费者不加注意的形式出现，如采用俱乐部章程的形式、顾客须知的方式；或者故意使用灰色模糊的词句令人不知所云，难以准确理解其法律意义；或者通过一定的技术手段置于消费者不加注意的网页位置；或者将相关条款置于其他网页而不加以说明或设置方便的连接，使消费者无从了解；或者在提供免费电子邮箱申请的服务中，无条件、无限制的免责等。

(4) 交易信息不能安全传递。由于网络基础设施欠发达,自主知识产权软件缺失,及电子签名和认证等相关法律法规滞后等原因,都会使数据信息的传递不能达到应有的安全要求。网民对安全问题的担忧,从游戏玩家“虚拟财产”频频被盗事件和消费者对电子支付手段安全性的担心中可见一斑。许多消费者在网上交易时,因担心个人的信用卡号码、身份证号码及其他个人资料遭到黑客袭击,而迟迟不敢采用方便快捷的电子支付手段,就反映了这一问题。

(5) 消费者隐私和个人数据泄露。在网络环境下,在经营者预先设置的表格中填上个人信息是申请电子邮件、购买商品、访问一些专业网站等许多网络活动的前提条件。网上经营者往往利用计算机的整理、分类信息的能力,对消费者的个人信息资料进行收集整理,并应用于以营利为目的的经营活动中。从而使消费者在不知情的情况下使自己的身份、家庭情况、兴趣爱好、信用状况、医疗记录、职业记录、上网习惯、网络活动踪迹等个人信息暴露于外人。

(6) 堵塞救济渠道。由于网络之匿名性和全球性,消费者在发现自己上当受骗时,往往无法追查网络经营者究竟是什么企业或个人,或因网络经营者身处异地而无法或不便主张赔偿请求,再加上网络合同纠纷管辖和法律适用的不确定性,致使消费者投诉无门,或因不确定性和诉讼成本过高而放弃救济。

8.1.2 互联网消费者权益的保护

1. 国际社会对网上消费者权益的保护

为了促使电子商务健康发展,维护消费者合法权益,世界各国政府纷纷出台相关法律法规,对此进行规范,以适用于网络环境下电子商务消费者权益的保护。

在国际上讨论与消费者相关问题方面,经济合作与发展组织 OECD 一直起着带头作用。在鼓励发展全球市场的同时,通过增强消费者对电子商务的信心,帮助人们应对由于网络的进展而带来的种种挑战。OECD 通过的《在电子商务环境下保护消费者部长宣言》,强调要保证向参与电子商务的消费者提供透明而有效的电子交易保护措施。

1999 年 12 月 8 日,OECD 在巴黎通过了一系列关于保护消费者和鼓励全球电子商务持续发展的指导性原则。经合组织秘书长 Donald Johnston 指出,这标志着该组织在鼓励企业和消费者进行跨国电子贸易方面所取得的重大进展。他指出,如果消费者对电子商务没有信心,则无论技术上取得怎样的进步和突破,电子商务绝对不可能实现巨大发展。

经合组织制定《电子商务环境下的消费者保护准则》(以下简称《保护准则》),呼吁从事电子商务的企业,要公平地进行贸易、广告和市场营销等商业活动;向消费者提供关于企业、产品或服务、交易条款和条件的准确无误的信息;交易的确认过程应做到透明化;建立安全的支付机制;及时公正地、力所能及地解决纠纷和给予赔偿;保护消费者的个人隐私。在总原则上,《保护准则》强调的就是如何对消费者进行保护。

《保护准则》列明了互联网电子商务经营者身份最低限度披露的要求。指出经营者应正确、完整、简单明了地提供其名称、真实住所、电子邮件地址及其他直接联络方式、注册体系名称及注册号码、特定范围营业的行政许可证明等。

欧盟于 1997 年颁布了《欧盟关于远距离合同中消费者权益保护指令》(Directive 97/7/EC of the European Parliament and of the Council of 20 May 1997 on the Protection of Consumers in Respect of Distance Contracts)。该《指令》的宗旨是为了在欧盟范围内,协调有关在利用远距离通信技术订立合同的过程中涉及的消费者权益保护的法律问题。该指令的第 4 条第 1 款规定了商品或服务的提供者在通过网络与消费者签订合同时,必须预先告知消费者一切与合同有关的信息(包括商家的名称、地址、买卖条件、付款方式、运送方式、要约的有效期限、以及相关费用情况等),以充分保证消费者的知情权,并规定消费者在收到商品之日起的 7 天内拥有绝对的合同解除权(即退换货权)。根据该指令,消费者在缔结远程销售合同时,如果经营者未履行其法定的信息提供义务,消费者有权在 3 个月之内撤销合同,并不承担任何不利后果。即便经营者依法履行了信息提供义务,消费者仍有权在 7 个工作日内撤销合同,随后经营者必须在 30 天内返还消费者支付的价款。7 天的起算时间从购买商品自收到该产品之日起算,购买服务自消费者收到消费合同已缔结的书面通知文件之日起算,当然消费者必须提供退货凭证。对于在 7 天之内已提供的服务、个人化商品或旅馆、餐馆、交通预订等不适用撤销权规定。

1999 年 2 月欧盟部长会议提出的《信息高速公路上个人数据收集、处理过程中个人权利保护指南》,更强调作为网络服务提供者对消费者在参与电子商务活动时个人隐私权与相关数据信息的秘密性必须进行严格保护的责任,如明确告知义务,不得滥用消费者的个人信息等。

另外,欧盟的《电子商务指令》第 5 条规定了服务商必须向消费者提供最低限度的信息,具体包括服务商的名称、成立地、E-mail 地址、增值税登记情况等。这些信息必须明确无误和醒目,而使消费者容易看到。

美国涉及对消费者权益保护的法律主要有1968年《统一消费信用法典》(1974年重新颁布)、1971年率先制定的《公平信用报告法》(FCRA)、《消费信用保护法》、《隐私权法》和《信用机会平等法》等。这些法律对消费者的保护体现在保护消费者的隐私权,保护消费者不受到骚扰的权利,消费者有权选择不让信用局公布自己信息的权利,消费者有拒绝提供和自己贷款、办理保险等无关的个人信用信息的权利。美国一些州也对消费者隐私保护问题进行了专门立法,如纽约州拓宽了限制网上服务提供者和金融机构在网上收集和披露个人信息的范围。

美国国会制定的《1998年儿童在线隐私保护法》(Children's Online Privacy Protection Rules)(2000年4月生效),责成联邦贸易委员会制定规则,规范对13岁以下儿童在线收集和使用个人信息的行为。由于儿童是未成年人,该法要求网站经营者在对儿童收集和披露信息时,必须予以告知并经家长同意。

美国《全球及国内贸易中的电子签名法》明确规定,只有在消费者同意时,经营者才能采用电子形式;经营者应当在消费者作出同意表示之前,告知消费者进行电子交易所需的计算机硬件和软件,以便消费者量力而行;消费者在同意采取电子形式之后,仍然享有获得纸质记录或非电子形式记录的权利;消费者还有权按照与经营者约定的程序撤回同意、转而采用非电子形式与经营者进行交易。

美国政府一向主张采取行业自律的方式来实现对电子商务环境的规范,以避免对电子商务的发展造成人为妨碍。美国网上计算机信息交易的基本规范——1999年7月通过的《统一计算机信息交易法》(UCITA,the Uniform Computer Information Transactions Act)就体现了这一立法主张,但也被很多学术界和实务界人士指责为对消费者权益保护不利,过于偏袒商业组织的权益。

在美国政府发布的《全球电子商务纲要》中,有关政府职能方面提到两个原则。一是政府应当避免对电子商务作不恰当的限制,主张当交易双方自愿签订合同、在互联网上合法买卖产品和服务时,政府应尽量减少参与和干涉,避免对互联网上活动加以新的、不必要的限制,避免增加繁琐的手续或新的税收和资费。该原则的意义在于鼓励电子市场的积极发展。二是政府需要参与时,其目的应当是支持和加强一个可预测的、最简单的和前后一致的商业法制环境。政府应当努力促进电子商务发展,制定的法制框架应着眼于保护消费者免受欺诈销售之苦,保护知识产权免受侵权之害,保护个人隐私，确保竞争，支持商业交易和促进解决纠纷。

其他许多成熟市场经济的国家或地区亦采取以专门立法的方式，保护电子商务中消费者权益的立场。德国1997年通过的《信息与通信服务法案》(Information and Communication Services Act)，以及之前于1976年制定的《通信教育受讲者保护法》和1985年制定的关于消费者在访问销售及类似交易中解除合同的法律，英国1974年制定的《消费信用法》，日本1988年修订的《访问交易法》和我国台湾省的《消费者保护法》均体现了对电子商务发展的重视，及对其中消费者权益等一系列法律问题的严重关注。

2. 我国对网上消费者权益的保护

总揽我国目前的立法现状，对电子商务中消费者权益的法律保护，可参照的法律法规有《民法通则》、《合同法》、《消费者权益保护法》、《产品质量法》、《反不正当竞争法》、《广告法》、《电信条例》、《计算机信息网络国际联网管理暂行规定》、《计算机信息网络国际联网安全保护管理办法》等相关规定。这些法律调整的主要对象是传统的交易形式，并没有将电子商务交易的特性考虑在内，而且内容简单、散乱、缺乏可操作性，远远不能适应电子商务迅速发展对消费者权益保护的迫切需要。2005年4月1日起施行的《电子签名法》也并未涉及对消费者权益的保护问题。倒是北京市工商行政管理局2000年发布的《北京市关于在网络经济活动中保护消费者合法权益的通告》成为了我国在这方面的立法之先驱。在我国，目前涉及电子商务的消费者权益保护问题似乎还不太突出，但加强对电子商务消费者权益保护的法律研究和立法已是迫在眉睫。

我国的《消费者权益保护法》明确规定了保护消费者合法权益的一般原则。尽管《消费者权益保护法》主要针对一般的传统交易行为，但其中的自愿、平等、诚实信用原则同样适用于电子商务。经营者不得宣传虚假广告、经营者必须保证提供真实的信息等也都适用于电子商务。

我国的《产品质量法》规定了产品生产者、销售者的产品质量责任和义务，以及损害赔偿。其中对于产品发生瑕疵时，如何确定责任与怎样进行损害赔偿的规定，都可作为电子商务经营者与消费者之间纠纷解决的有效参考。

我国的《互联网信息服务管理办法》规定国家对经营性互联网信息服务实行许可制度，对非经营性互联网信息服务实行备案制度。可见，我国已经对经营性的互联网信息服务与非经营性互联网信息服务进行了区别对待，并对经营性实行许可制。这一举措可以扩大到对所有的电子商务的经营者的规范管理法规中。

《电子签名法》是我国出台的第一部针对电子商务的法规，其中第十八条规定，从事电子认证服务应当向国务院信息产业主管部门提出申请，并提交符合本法第十七条规定条件的相关材料。第二十七条、第二十八条都规定了电子认证服务者与电子签名人之间权利义务与责任的认定和承担。

我国电子商务中存在的种种侵害消费者权益的问题直接阻碍了电子商务的发展，现有的消费者权益保护法和其他相关的法律法规，由于对互联网电子商务缺乏直接的针对性，已经无法满足网络消费活动中消费者权益保护的要求，需要通过进一步立法，确保网络消费者与传统消费者享有同样的权益保障。此外，构建一套完整的消费者权益保护体系也是网络经济时代面临的紧迫任务。为此，须关注以下几个方面。

(1) 加速电子商务立法。针对现有法律法规散乱的状态，统一立法规范以适应电子商务迅速发展的迫切需要，可先对现行《消费者权益保护法》、《产品质量法》等相关法律进行完善修改，制定具体而有操作性的法律条文，甚至采用在《消费者权益保护法》中增补有关电子商务消费者权益保护专章的方式，待时机进一步成熟时，再考虑制定专门的"网络消费者权益保护法"。

(2) 规范网络经营者。在规范市场主体方面，制定适应电子商务要求的市场准入规则，确认电子商务参与者的身份地位，尤其是网上商业主体、金融机构的合法地位、设立条件及经营权限。在电子支付方面，有关部门要制定适应电子商务要求的货币政策，制定电子支付、结算的管理制度、操作标准。建立并统一目前的电子商务认证机构，负责对商家进行调查、验证和鉴别，以维护网络交易双方合法权益和整个电子商务交易秩序。

(3) 加强行政监管。网上侵犯消费者权益行为类型复杂，隐蔽性强，技术手段先进，难以监管。因此，在保护手段方面，应采取行政监管和司法救济相互配合、双管齐下的手段，综合运用行业自律、民事、行政和刑事多种保护方式设置相应的行政监测体系，如网上投诉网站，同时采取强硬的措施与手段，严厉打击各种扰乱市场经济秩序的违法行为，为企业和消费者创造出一个公开、公平、公正且相互信任的市场环境。

(4) 重视对消费者隐私权的保护。在传统的消费市场中，隐私保护一般不属于消费者保护的突出问题，现行消费者权益保护法也未作特别的规定。但在网上交易中，消费者隐私保护变得非常突出，需要有针对性地制定特别的规则或法律条文，加强对消费者隐私权的保护。同时消费者也需要提高自己的隐私保护意识和保护技能，尽量减少隐私暴露的机会。

(5) 建立覆盖全社会的信用体系。电子商务的交易特点，使它更多地依赖于交易双方彼此间的信用。但是单靠个人道德约束实现公平交易是不可靠的，因此，除了运用法律的力量、政府的监管之外，一个覆盖全社会的社会化信用体系是不可缺少的。加强信用制度建设，建立一个统一的、覆盖面广的信用体系，将信用缺失者的信用记录置于公众监督之下，从而大大提高其失信成本。只有这样，全社会的信用意识才能得到有效提高，网上消费才能变得更加轻松和可靠。

(6) 建立电子商务消费争议的解决机制。对网络消费者权益的保护除了从制度和立法上对消费者的合法权益给予事前保障外，还应当赋予消费者在争议发生后诉求救济的途径和权利。从电子商务的实际来看，消费者在寻求救济时面临的主要问题是与经营者交涉，或向有关部门申诉所需要的时间，以及难以确定网络消费纠纷的管辖权。对此可以向消费者提供多种多样的救济途径，例如开设在线投诉网站，建立网上仲裁机构，确立有利于网络消费者的诉讼管辖原则等。

(7) 积极参与国际合作。跨国消费、跨国欺诈日益增多，由此涉及的各国立法的相互歧异、司法管辖权问题等法律冲突也日益突出。这就要求中国加强与世界各国的通力合作，通过签订双边或多边条约、国际公约等协调解决，以更好地保护国内消费者的合法权益。目前电子商务国际谈判主要集中在少数国家之间，这样的国际磋商机制与网络的基本原则与规律是不相符的，不利于国际框架的形成。因此，中国要积极参与各国政府、国际组织举行的双边、多边谈判和有关法规标准的制定工作，努力建立一个国际社会普遍接受的电子商务国际框架，给电子商务消费者营造一个协调一致的平等、合理、安全、有序的参与环境。

8.2 电子签名

网络时代，电子政务和电子商务逐渐流行。在这种无纸化办公和商务模式下，如何为交流或交易双方提供可靠标识以保证安全，成为迫切需要解决的问题。一个生活在在云南的花卉农场主怎样辨认是谁从美国西海岸发来了订购大理山茶花的电子邮件？同样，一位驻加拿大中国大使馆的外交官如何核实以其国内的政府同事名义发来的电子公文的真实性？

传统的商务活动中，书面合同或者公文必须由当事人或者负责人签字、盖章，以便使交易双方确认由谁签的合同，谁对合同负法律责任。这样“白纸黑字”的合同或公文，法律才承认是有效的。但在网络虚拟世界中，合同或公文都是通过电子文件的形式表现和传递的，人们如何搞清楚正在与你交易的人的身份呢?

同样的问题也会出现在互联网上使用信用卡和支票的时候,银行该怎样保证其客户在线支付货款的安全性?不通过手书签名进行验证的情况下,协议或合同该如何合法化?

为了解决网上通信与交易的诚信问题,电子签名技术应运而生,被用来证明当事人的身份和数据的真实性,解决电子商务活动中的否认、篡改、伪造及冒充等问题,电子签名技术开始越来越广泛地用于商业通信系统,如电子邮递、电子转账和办公自动化系统等。

8.2.1 电子签名的定义

既然在电子文书上,传统的手书签名和印章是无法进行的,那么就必须依靠技术手段来实现替代。能够在电子文件中识别双方交易人的真实身份,保证交易的安全性和真实性以及不可抵赖性,起到与手写签名或者盖章同等作用的电子签名技术手段,就称之为电子签名。电子签名主要有3个方面的作用:其一是证明文件的来源,即识别签名人;其二是表明签名人对文件内容的确认;其三是构成签名人对文件内容正确性和完整性负责的根据。

联合国贸发会的《电子签名示范法》对电子签名有如下定义:"指在数据电文中以电子形式所含、所附或在逻辑上与数据电文有联系的数据,它可用于鉴别与数据电文相关的签名人和表明签名人认可数据电文所含信息。"欧盟《电子签名共同框架指令》中规定,以电子形式所附或在逻辑上与其他电子数据相关的数据,作为一种判别的方法称之为电子签名。

我国的《电子签名法》中,对电子签名的定义是,数据电文中以电子形式所含、所附用于识别签名人身份并表明签名人认可其中内容的数据。其中数据电文是指以电子、光学、磁或者类似手段生成、发送、接收或者储存的信息。

实现电子签名的技术手段有很多。举例来说,有用一个独一无二的以生物特征统计学为基础的标识识别,例如手印、声音印记或视网膜扫描识别;有手书签名和图章的电子图像识别;有表明身份的密码代号识别等各种技术手段;但目前最为成熟的,也被世界各国普遍使用的电子签名技术还是基于公钥密码技术(PKI)的数字签名。电子签名法中所提到的签名,一般指的也是这种数字签名。

所谓的数字签名,是通过某种密码运算生成一系列符号及代码组成电子密码进行签名,以用来代替手写签名或印章。对于这种电子式的签名还可以进行技术验证，其验证的准确程度是一般手工签名和图章的验证无法比拟的。数字签名技术采用了规范化的程序和科学化的方法，用来鉴定签名人的身份以及对一项电子数据内容的认可，还能够验证出文件的原文在传输过程中有无变动，以确保传输电子文件的完整性、真实性和不可抵赖性。

数字签名在ISO7498—2标准中的定义是："附加在数据单元上的一些数据，或是对数据单元所作的密码变换，这种数据和变换允许数据单元的接收者用以确认数据单元的来源和数据单元的完整性，并保护数据，防止被人(如接收者)进行伪造。"美国电子签名标准(DDS，FIPS186-2)对数字签名的定义是："利用一套规则和一个参数对数据计算所得的结果，用此结果能够确认签名者的身份和数据的完整性。"

数字签名是电子签名技术中的一种，是电子签名的一种特定形式，是目前电子商务、电子政务中，应用最普遍、技术最成熟、可操作性最强的一种电子签名技术。

8.2.2 电子签名的技术原理

1. 电子签名的工作原理

电子签名技术在具体工作时，首先发送方对信息施以数学变换，所得信息与原信息唯一对应；在接收方进行逆变换，得到原信息。只要数学变换方法优良，变换后的信息在传播中就具有很强的安全性，很难被破译、篡改。这一过程称为加密，对应的反变换过程称为解密。

目前有两种不同的加密技术，即对称加密和非对称加密。

(1) 对称加密

对称加密是指发送方和接收方使用相同的密钥，即加密密钥和解密密钥是相同的。只有在双方都知道密钥的情况下才能够使用这种技术，通常用于独立的环境，比如使用自动取款机(ATM)时，用户需要输入用户识别号码(PIN)，银行确认这个号码后，双方在取得密码的基础上进行交易，如图8-1所示。

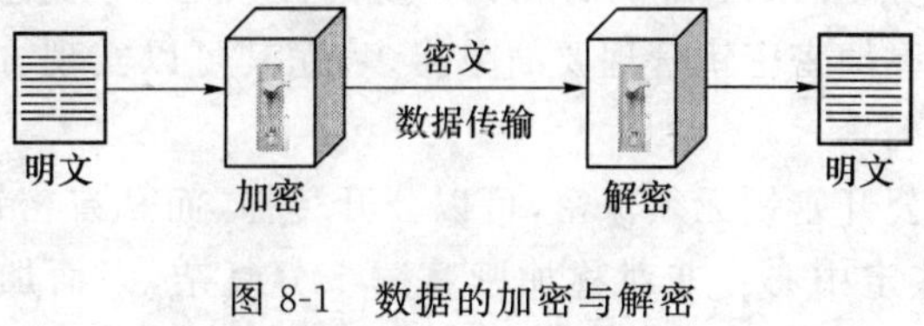

图8-1 数据的加密与解密

对称加密的突出特点是加密速度快(通常比非对称加密快 10 倍以上)、效率高,被广泛应用于大量的数据加密。目前常用的对称加密算法主要有 DES、IDEA、AES 等。

DES(Digital Encryption Standard)是一种简单的对称加密技术。它对 64 位二进制数据加密,产生 64 位密文数据。使用的密钥为 64 位,实际密钥长度为 56 位(有 8 位用于奇偶校验)。解密时的过程和加密时相似,需要用同样的密钥及算法解密,但密钥的使用顺序正好相反。

DES 加密系统的算法是公开的,因而其保密性仅仅取决于对密钥的保密程度。DES 内部的复杂结构对保护信息安全发挥了重要的作用。但这种方法的不足之处是交易双方都使用相同的密钥,这就存在着发送者或者接收者单方面泄露密码的可能。此外,每对用户每次使用的对称式算法都需要使用其他人不知道的唯一的密钥,以保证信息的机密性,这就使得密钥对的数量以几何级数增长。DES 算法从公布到现在已经有 20 多年的历史,随着计算机能力的飞速发展,DES 的 56 位密钥长度显得有些短了,现在已经有可能通过穷举法来对其进行攻击。因而,为克服对称密钥系统的这些弱点,就产生了非对称密钥。

(2) 非对称加密

非对称加密也称为公开密钥加密。非对称密钥系统的主要特点是加密和解密使用不同的密钥。每个用户保存着一对密钥,公钥(PK)和私钥(SK)。通常 PK 是公开信息,用做加密密钥,而 SK 需要由用户自己保存,用做解密密钥,如图 8-2 所示。

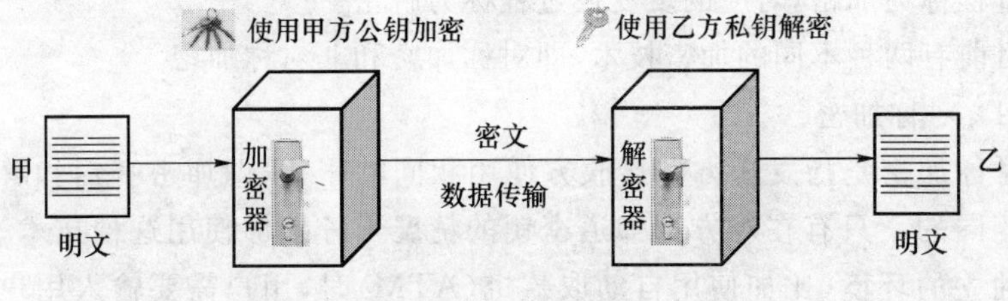

图 8-2 公共密钥加密与解密过程

加密算法和解密算法也都是公开的。虽然 PK 与 SK 是成对出现,但却不能根据 PK 计算出 SK。非对称密钥系统的优点是可以适应网络的开放性要求,且相对对称加密密钥管理要简单得多,尤其可以实现方便的数字签名和认证。

密钥对中,公开密钥无须保密,可以公开传播,而私有密钥必须保密,丢失时必须报告鉴定中心。非对称加密算法十分复杂,因而加密速度很不理想,目前常用的非对称加密算法主要是RSA算法。

RSA是最有名的一种非对称密钥加密系统,其加密密钥和解密密钥不同,且逻辑算法是任意的,无论选PK或是SK作为加密密钥都是一样的。发送者先用公有密钥将明文加密为密文,然后将密文和明文一起发送给接收者。接收者用自己的私钥将接收到的密文解密,然后比较发送来的明文和解密后的明文,如果相同就确认信息,并且可以肯定在传输过程中未被篡改,达到了电子签名的作用。

2. 数字签名的主要算法

数字签名的算法很多,最为广泛使用的有3种,即Hash签名、DSS签名和RSA签名。

Hash签名不属于强计算机密集型算法,应用较为广泛,很多少量现金的付款系统都使用Hash签名。由于使用较快的算法,它可以降低服务器资源的消耗,减轻中央服务器的负荷。Hash的主要局限是接收方必须持有用户密钥的副本以便检验签名,因为双方都知道生成签名的密钥较为容易攻破,存在伪造签名的可能。如果中央服务器或者用户计算机中有一个被攻破,那么其安全性就会受到恶劣威胁。

RSA和DSS采用了公钥算法,不存在Hash算法的局限性。RSA是最流行的一种加密标准算法,很多产品的内核中都有RSA的软件和类库。早在Web飞速发展之前,RSA数据安全公司就负责数字签名软件与Macintosh操作系统的集成,在苹果公司的协作软件PowerTalk上还增加了签名施放功能,用户只需要把需要加密的数据拖到相应的图标上,就能完成电子形式的数字签名。与DSS不同,RSA既可以用来加密数据,也可以用于身份验证。和Hash签名相比,在公钥系统中,由于生成签名的密钥只存储于用户的计算机中,安全系数更大一些。DSS数字签名是由美国国家标准化研究院和国家安全局共同开发的。由于它是由美国政府颁布实施,主要用于与美国政府做生意的公司,其他公司则较少使用。它只是一个签名系统,而且美国政府不提倡使用任何削弱政府窃听能力的加密软件,认为这样才符合美国的国家利益。

8.2.3 电子签名制度

1. 国际社会的电子签名制度

世界各国在确定电子签名的法律效力时,遵循着不同的原则而采取不同的方案,目前主要有以下3种方案。

(1) 最低要求方案(Mina list Approach),也称技术非特定化方案。它坚持技术中立原则,对以不同技术为基础的电子签名同等对待,笼统地规定电子签名的法律效力。它只确立技术的中立地位,认为电子签名存在着多种技术手段,选择哪一种技术手段应该由市场和消费者作出判断和选择。立法者只需要提出原则性的要求,政府不应该对具体的技术作强制性规定。这个方案具有示范性的是1996年联合国贸易法委员会制定的《电子商务示范法》(UNCITRAL Model Law on Electronic Commerce)。另外,澳大利亚的《电子交易法案》和我国台湾省的《电子签章法案》也采纳了此种立法方案。

(2) 数字签名方案(The Digital Approach),也称技术特定化方案,即只承认特定技术的电子签名的法律效力。目前主要的代表是一些国家和地区只承认数字签名的法律地位或以数字签名作为立法的基础。它只确认以不对称加密技术为基础的数字签名是合法的电子签名技术,对认证机构提出了某些技术和财务的条件要求,规定了密钥持有人的责任,明确了判别电子签名可靠性的条件。美国律师协会1996年制定的ABA数字签名指南(ABA-Digital Signature Guidelines)和欧盟制定的欧洲电子签名标准化行动计划(EESSI,EU-Wide standardization initiatives),就是采用这种方案的典型案例。德国的《信息和通信服务规范法》、意大利的《数字签名法》、我国香港地区的《电子交易条例》采用的就是此种立法方案。

(3) 双轨制方案(Two-tier Approach)是一种混合型的折中主义方案。一方面对电子签名予以一般承认,赋予其最起码的法律地位,使电子签名能够得到有效应用。另一方面对满足某种特定技术要求的电子签名赋予较高的法律地位,使之满足某些复杂交易的特定要求。具体来说,这一方案对各种电子认证方法限定条件,赋予其最低限度的法律效力。对某些广泛使用的技术(即数字签名技术)赋予较大的法律效力,以建立一套不受时间淘汰的规制体系。这一立法方案的典型代表是新加坡的《电子交易法》、国际贸易法委员会的《统一电子签名规则(草案)》。它们承认电子签名的法律效力,并强调采用某些技术的电子签名的相对安全性,这类电子签名在新加坡《电子交易法》中被称为"安全电子签名",在国际贸法会的《统一电子签名规则(草案)》中称为"强化电子签名"。

认证(Certification)是电子签名管理中的一项重要制度。电子商务使用现代化的电子通讯手段进行交易,产生的法律问题最终还是要通过立法来解决。网上交易除了买卖双方以数字签名识别彼此的身份和确保传输信息的完整性外,对数字签名本身的认证问题,不是靠买卖双方自己能够完成的,必须由一个具有权威性和公正性的第三方来完成,从而为网上交易建立一种有效、可靠的保护机制，这也是数字签名制度的核心。这样的第三方就被称为认证机构(Certification Service Provider)。

认证机构是电子签名安全的保障体系，承担网上安全交易认证服务，签发数字凭证，并确认客户身份。它认证所有的公钥与私钥是否具有关联性，并且处于一种有效密钥的最近状态，这对数字签名的证实和信用是非常重要的。

电子签名认证机构作为电子签名制度的重要一环，以其信誉为电子商务的交易各方提供信用，在电子商务交易中处于非常重要的独立第三方主体的地位。其在交易活动中的权利和义务，对信赖主体的判断、选择和交易都具有至关重要的影响。

从目前世界各国的立法情况来看，对于认证机构的管理和任选大致有以下做法。

(1) 官方集中管理。由法律授权政府相关机构(通常为商务署)对认证机构进行管理和办许可证，规定认证机构所必须具备的可靠条件，包括硬件、软件、业务人员等各个方面。政府允许符合法定条件的认证机构承担有限责任，法律上规定，经认证机构核实的电子签名具有证据力。这种方案实际上是以政府信用作为担保，目的是让安全的数字签名完全代替手写签名，促进消费者使用电子商务交易方式。多数发展中国家，考虑到技术资金紧缺、市场发育不完善，同时又要加快发展速度，多采用政府干预，以发展本国的认证体系。一些发达国家也同样保留了浓厚的政府干预特色，规定由信息通信部门或者相关大臣发放许可，例如美国的犹他州率先采用了这一方案，之后美国的其他各州纷纷效仿，马来西亚、新加坡、德国也采用了这一方案，韩国、日本也属于对认证机构实施许可、审批的国家。

(2) 行业自律。这是市场自由、技术中立原则的很好体现。政府只宣布承认网络通信记录的书面效力，认可电子签名与手写签名具有同等效力，说明电子签名安全性的原则性标准；而对于电子签名的技术选择、认证机构的任选管理等一概交由当事人自行决定。这种对电子商务的概括性规范又被称之为“最低限度主义”，实际上是让认证机构在市场竞争中自己建立信用。这一方案为新技术的发展留下了充裕的空间，但却回避了诸如交易中的风险责任分担等关键性的法律问题。政府完全不介入、不干预，认证机构通过长期的市场竞争建立自身信誉，以谋求生存和发展。采用这一模式的多为拥有雄厚技术和资金优势，市场发育成熟，社会信用制度健全，民间认证体系已经趋于完善的国家。这种政府“无为”政策在为电子商务企业施展才华提供关阔空间的同时，忽略了对消费者权利的保护。澳大利亚、美国的加利福尼亚州是采用这种方案的典型代表。

(3) 政府监管与市场培育相接结合。采纳这种方式管理认证机构的国家多数规定了自愿认可制度,就是法律规定认证机构并不一定取得许可,但经过政府许可的认证机构可以享受责任限额等优惠条件。政府对认证机构管理只实行有限介入,不进行全面干预。简单来说,此方案是一种官方监督、行业自律的方式。由政府主管部门和全国认证机构协会担任认证机构的管理机关。全国认证机构协会根据法律成立,不具体从事认证业务,负责成立一个电子认证标准审查委员会,具体对适用于电子认证行业的标准负责开发、修订与确认,并且对其会员所采用的密码、标准的选定负责。凡是在认证协会登记的成员,无论官方与否,都可以成为认证机构。这种方案实际上是前两种方案的折中,但却是被普遍认为可行性较强的一种方案。新加坡、英国、奥地利等国家采用的就是这一模式的管制方式。

联合国国际贸易法委员会 2001 年颁布的《电子签名示范法》,作为这一领域内的先锋和纲领性的文件,对电子签名中各方的责任和义务做出了明确规定:要求签名人应该尽量合理避免其签名数据未经授权被他人使用;在签名人知道其签名数据已经处于不安全状态,或者签名人了解的情况导致出现了其签名数据已经处于不安全状态时,签名人应当不经不合理延迟,就通知其可能预料到的、依赖电子签名行事的,或为电子签名提供指出服务的任何人。如果签名人没有履行这些义务,他将独自承担由此引起的一切法律责任。

对于认证服务提供者一方来说,如果认证服务提供者为一项需经认证程序方有法律效力的电子签名提供证明服务时,应当尽到如下义务:认证服务方必须按照其自身的行为规范向客户提供服务;保证与认证服务有关的所有主要承诺准确和完整;提供合理可行的方式使依赖方能够从证书中获得确认。

当今国际社会已经越来越多地接受电子签名,但仍有一些领域不适宜使用电子签名,例如有关设立和签署遗嘱、遗嘱修改或遗嘱信托、健康保险或福利、人寿保险或福利的通知等。美国各个州对此也有各自不同的规定,加利福尼亚州就规定房地产买卖需要书面合同,不适用电子签名。

2. 我国电子签名制度的现状

相对其他国家,我国的电子签名法诞生时间较晚,不仅晚于美国、日本等发达国家,相对于新加坡、韩国、马来西亚等国也要迟上几年。

广东、上海等地较早完成了与数字签名有关的地方性法规和规章的建设,并出现了一些电子签章的认证机构。中央一级的立法则是从 2002 年开始的，当时国务院信息化办公室委托有关单位开始起草《中华人民共和国电子签章条例》，最初定位是行政法规，但在网络经济和数据通信事业迅猛发展的背景下，国务院决定直接将该立法的层级提高为法律。

2004 年 3 月 24 日，国务院常务会议原则通过了《电子签名法（草案）》，随即提交全国人大讨论。2004 年 8 月 28 日中华人民共和国第十届全国人民代表大会常务委员会第十一次会议正式通过了《中华人民共和国电子签名法》，并于 2005 年 4 月 1 日起施行。

《中华人民共和国电子签名法》（简称《电子签名法》），是我国第一部真正意义上的信息化法律。它的出台开启了中国电子商务立法的大门，为网络经济的发展提供了良好的法律环境，更为我国的网络立法与国际立法的接轨起到了示范性作用。

《电子签名法》中明确规定："民事活动中的合同或者其他文件、单证等文书，当事人可以约定使用或者不使用电子签名、数据电文。当事人约定使用电子签名、数据电文的文书，不得仅因为其采用电子签名、数据电文的形式而否定其法律效力。"于此，电子签名便具有了与手写签字或者盖章同等的法律效力，同时承认了电子文件与书面文书具有同等效力，从而使现行的民商事法律可以适用于电子文件。

《电子签名法》中虽未明确表明其立法模式，但从具体规则来看，属于折中的双轨制方案，放弃绝对的技术中立，兼顾电子签名技术的平等与安全，只规定了作为可靠的电子签名应该达到的标准，没有限定使用哪一种技术来达到这一标准，为以后新技术的采用留下空间。

《电子签名法》引入了"可靠电子签名"一词，但未从概念上加以界定，只是从总体上对一般电子签名做了明确。在可靠电子签名中只是确定了安全性更高的构成要件，并未限定于采用何种技术。尽管采取非对称密钥加密技术的数字签名已经成为市场主流技术，应当可以归类于"可靠的电子签名"，但是在《电子签名法》中却没有加以明确。

《电子签名法》属于政府主导型管理体制，规定了认证服务市场实行准入制度，明确由政府对认证机构实行资质管理，并对电子认证服务机构提出了严格的人员、资金、技术、设备等方面的条件限制。其第十七条明确了电子认证服务提供者应当具备的条件，包括：具有与提供电子认证服务相适应的专业技术人员和管理人员；具有与提供电子认证服务相适应的资金和经营场所；具有符合国家安全标准的技术和设备；具有国家密码管理机构同意使用密码的证明文件；以及法律、行政法规规定的其他条件。第十八条规定："从事电子认证服务，应当向国务院信息产业主管部门提出申请，并提交符合本法第十七条规定条件的相关材料。国务院信息产业主管部门接到申请后经依法审查，征求国务院商务主管部门等有关部门的意见后，自接到申请之日四十五日内做出许可或者不予许可的决定。予以许可的，颁发电子认证许可书；不予许可的，应当书面通知申请人并告知理由。”

这样的规定应当说，适合我国目前的商业和网络环境。纯粹市场的解决方案不仅有赖于市场的培育和成熟，而且有赖于市场监管机制的完善。我国的市场培育尚处于早期，企业信誉相对较弱，因而在电子认证中需要以政府的信誉作为补充。为保障我国电子商务的健康发展，由政府组建或者授权的机构承担电子签名的安全认证还是很必要的。从我国目前情况来看，完全采取市场竞争方式发展电子签名安全认证机构，近期内难以实现。

我国目前有区域性的电子认证服务机构，如北京数字证书认证中心、上海市电子商务安全证书管理中心等；有行业性的电子认证服务机构，如中国金融认证中心；也有其他城市的电子认证服务机构，如武汉数字证书认证中心、深圳市电子证书认证中心等。

我国的《电子签名法》中，对电子签名人和电子认证服务提供者双方在数字签名使用和认证上，应当各自承担的义务的规定是比较一致的，对各自应负的法律责任也有详细的规定。第十五条规定，电子签名人应当妥善保管电子签名制作数据。电子签名人知悉电子签名制作数据已经失密或者可能已经失密时，应当及时告知有关各方，并终止使用该电子签名制作数据。第二十条规定，电子签名人向电子认证服务提供者申请电子签名认证证书，应当提供真实、完整和准确的信息。与此相对应，第二十七条规定，电子签名人知悉电子签名制作数据已经失密或者可能已经失密，未及时告知各有关方、并终止使用电子签名制作数据；未向电子认证服务提供者提供真实、完整和准确的信息，或者有其他过错，给电子签名依赖方、电子认证服务提供者造成损失的，要承担赔偿责任。电子认证服务提供者处于整个数字签名认证法律关系的中心地位。数据电文和数字签名的真实性、完整性和不可否认性，都是基于对电子签名的有效认证，其依据就是认证人颁发的电子签名认证书。认证人的工作是通过颁发证书，用以证明书上所载公钥与签名人之间的关系，并以其专业能力和执业资格，使依赖方据以验证数字签名的真实性和完整性。

我国《电子签名法》规定电子认证服务商的义务如下：依法申请许可资格，遵守国务院信息产业部的管理规则，并接受信息产业部的监督；公开名称、许可证号、电子认证业务规则，包括责任范围、作业操作规范、信息安全保障措施；以合法手段，审查签名人的身份及相关情况；保证认证证书内容在有效期内完整、准确，并保证依赖方能够证实或者了解认证证书所载内容及其他有关事项；如果电子签名人或者电子签名依赖方因为依据电子认证服务提供者提供的电子签名认证服务，从事民事活动中遭受损失，电子认证服务提供者不能证明自己无过错的，要承担赔偿责任。

我国的《电子签名法》规定的排除事项为：涉及婚姻、收养、继承人等人身关系的；涉及土地、房屋等不动产权益转让的；涉及停止供水、供热、供电等公用事业服务的；法律、行政法规规定的不适用电子文书的其他情形下，不适宜采用电子签名方式。

《电子签名法》是我国电子商务领域的第一部法律，没有、也不可能包容电子商务的全部法律范畴，还存在很多问题。要促进电子商务发展，不能仅仅依靠一部《电子签名法》，还需要相关部门、相关法律规章的协调配合，以及其他一系列的完善措施。目前我国电子签名制度的不完善之处主要有以下几个方面。

(1) 忽略了电子政务领域。虽然 B2G(企业对政府)属不属于电子商务范畴尚有争论，但政务行为对于商务行为的影响是毫无疑问的，而《电子签名法》却未能涵盖电子政务领域。《电子签名法》主要还是面向电子商务，立法目的是为了保障电子商务交易安全，促进电子商务的发展。《电子签名法》的适用范围虽没有限定仅指电子商务，但依据第三条规定，首要还是民事商务活动。同时第三十五条规定，国务院或者国务院规定的部门可以依据本法制定政务活动和其他社会活动中使用电子签名、数据电文的具体办法。也就是说，电子政务和其他活动应用电子签名应该另行规定。

(2) 认证机构法律责任模糊。尽管《电子签名法》及《电子认证服务管理办法》明确了认证机构的法律地位及认证程序，也明确了电子认证服务行政许可的实施机关，但主要是考虑作为行政主管部门的原信息产业部的行政许可权力，对认证机构的有效监督和无效认证的法律责任方面，并未做出明确规范。例如《电子签名法》规定，对认证机构擅自停止经营造成证书失效、使电子签名人和交易对方遭受损失的，可以暂停和终止认证服务的业务承接。但这仅仅停留在行政处罚的程度，没有上升到法律高度。如果一电子商务网站凭着认证机构的确认，给一位骗取了认证资格的消费者发了货，从而造成损失，该电子商务网站除了可以把那位消费者作为被告以外，提供不实认证的电子认证服务机构到底应付什么法律责任？如果那位消费者已经找不到了，电子认证服务机构甚至颁发认证许可证的信息产业管理部门是否要付全责？这些问题值得深入探讨与完善。

(3) 技术时效性问题未引起重视。当今技术飞速发展带来的问题和效应是不可低估的，被认为是难以破解的电子签名密码很可能在不久将来会被轻易解破，这将动摇整个电子签名安全性的基础，进而给经济安全带来危机。电子签名涉及多种高新技术，依赖其发展和发展速度，因此必须考虑到技术更新使法律失效的问题。如何面对飞速发展的网络科技而又能保证法律本身的稳定性依然是个两难的选择。

(4) 管制多于保护。虽然《电子签名法》对电子签名和数据电文的概念与法律效力，对电子签名认证机构的管理与法律责任等内容有了相应规定，但并没有解决电子商务中真正的民商事法律问题，如电子签名人、电子签名依赖方、电子认证机构之间的责任认定、责任范围划定，电子商务中消费者的权益保护，电子支付和电子划拨的具体法律制度等问题。尽管可以将上述问题留待传统的民商事法律以及其他法律法规去解决，但那些法律法规还没有适应电子商务，无疑会留下较大的法律空白。另外从《电子签名法》的整体来看，传统的管制色彩显然要比保护相关权利更为浓厚。消费者和企业自由选择的权利、消费者权益的保护，在《电子签名法》中并不彰显，无疑与电子商务法律的性质及其兼容性的要求存在差距。

(5) 相关联法律尚未修订。《电子签名法》明确规定了电子签名具有与传统印章的同等法律效力，为此原有相关法律法规的有关内容就应该作适当修改。就《票据法》而言，现行《票据法》并不承认经过数字签章认证的，非纸质的电子票据的支付和结算方式，无法保证电子商务中支付和结算的顺利进行，无法适应《电子签名法》的实施和电子商务发展的需要。《合同法》对数据电文签名的法律效力的态度也并不明朗。《合同法》在法定签名方面，仍指的是一般意义上的当事人亲笔签名，签字或者盖章是合同书形式订立合同成立的法定形式要求。至于电子合同是否必须经当事人签字或者盖章才能成立，《合同法》并未明确。此外，《会计法》、《证券法》等其他相关法律也都需要进行相应的修订。

(6) 技术标准不统一。《电子签名法》对电子签名相关技术的标准并未作出明确规定，尽管为未来技术的进一步发展提供了制度上的可能性，但电子签名所涉及的电子领域标准太多，没有统一的标准就难以形成统一的行业规范，对各认证体系的互联互通产生一定障碍，也会阻碍《电子签名法》的广泛应用。统一的技术标准对电子签名技术的发展具有重要意义。2005 年 6 月，国家密码管理局公布了《证书认证系统密码及其相关安全技术规范》，规范了在中华人民共和国境内为公众服务的数字证书认证系统的设计、建设、检测、运行及管理，为实现数字证书认证系统的互联互通和交叉认证提供统一的依据。但就电子签名而言，标准规范尚不完备。目前电子认证服务行业的标准体系还远不完善，技术标准方面比较成熟，管理标准特别是服务标准有待加强。

(7) 没有涉及隐私保护。《电子签名法》规定："电子签名人或者电子签名依赖方因依据电子认证服务提供者提供的电子签名认证服务从事民事活动而遭受损失的，电子认证服务提供者不能证明自己无过错的，应承担赔偿责任。"这种规定过于笼统。由于电子认证服务提供者掌握了电子签名人的个人信息，这些信息涉及消费者个人隐私，电子认证的服务机构有可能向第三方泄露甚至出卖消费者的个人信息。如何保护消费者的隐私权，并将其作为电子认证机构的法定义务，在《电子签名法》中未能得到具体的体现。

针对以上的问题，应作出以下改进和完善。

(1) 完善电子签名法。正如上文所述，《电子签名法》在有关认证机构的法律责任划定、技术时效性、消费者保护、技术标准统一等方面存在漏洞和不妥之处，会阻碍《电子签名法》的顺利实施和作用发挥，立法部门应根据现实中出现的问题，对其进行及时的补充和完善。

(2) 修订配套法律。《电子签名法》的实施有待于配套法律和司法解释的补充完善。在实施《电子签名法》的同时，必须对相关法规，如《合同法》、《票据法》、《证券法》、《拍卖法》等与《电子签名法》相衔接的条款进行修订，以解决法规之间不相衔接的矛盾。

(3) 加强电子认证服务业的管理。鉴于我国国情，大多数电子认证服务企业还处在不规范运作中，这就需要尽快对这些企业进行行业评估，按市场准入标准及时对企业资质进行核准。工业和信息化部应依法行政，认真履行管理职责，通过各种办法和措施对电子认证机构实行有效、适度的监管，尽快完善《电子认证管理办法》的配套实施细则，为《电子签名法》的实施提供坚实的保证。建立统一的面向社会公众的服务窗口和信息渠道，公布电子认证服务行政许可申请、受理的具体条件、程序和办法。

(4) 加强电子交易环境的诚信建设。《电子签名法》的实施确定了电子签名的法律效用，确立了认证服务机构的法律地位，增强了电子商务交易中的信用，但整个行业的诚信环境还需努力创建。电子认证是电子商务的关键环节，要创造诚信有序的电子交易环境，保障从交易认证、结算到物流配送、交货等全过程的安全运行。电子签名和电子认证服务是宝贵的信用资源，只有与其他信用资源整合，才可以使整个社会的信用资源更加丰富和实用。

电子商务的高速发展促使我国政府加快采取措施，以改善电子商务领域的监管环境。《电子签名法》开了个好头，具有里程碑意义。如何完善相关法律并使之产生实际作用，是我国开展电子商务市场监管工作的前奏。

9 互联网的多语言性与文化多样性

9.1 互联网的多语言性

9.1.1 互联网的多语言性现状

语言是文化的载体，文化的多样性需要多样性的语言来传播。因为互联网中传播的信息主要以文字形式表达，随着互联网的高速发展，互联网多语言性与文化多样性的问题日益受到人们的重视。由于互联网起源于美国，所以网上信息主要采用英文形式，这给互联网在非英语系国家的发展带来障碍。很多学者对于解决互联网多语言性与文化多样性问题有着不同的看法，在此分为3个层次：网页登录、信息搜索和内容翻译，如图9-1所示。多语种域名系统有助于解决网民接入网页的障碍，跨语言信息检索帮助网民提取需要的信息，机器翻译方便网民阅读信息。

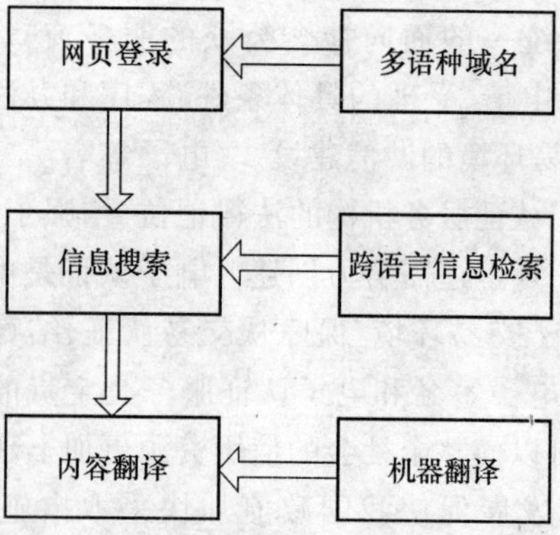

图9-1 解决互联网多语言性问题的3个层次

根据 Global Research 的统计资料,如图 9-2 和图 9-3 所示,2003—2007 年,英语一直是互联网上最流行的语言,其占有比例有增高的趋势;而汉语的比例有所下降,排名前十位语种的网民总比例有所下降。当然网民一般更希望采用本国的语言浏览网络,因此各语种网民人数的增加也会对互联网的多语言性提出更高的要求。

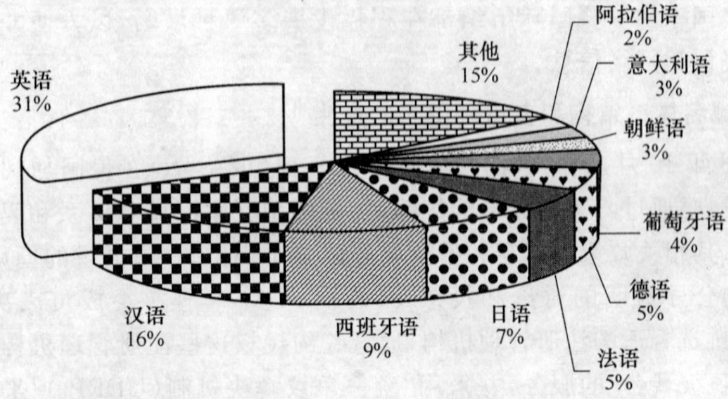

资料来源:Global Research。

图 9-2　2007 年各语种网民比例

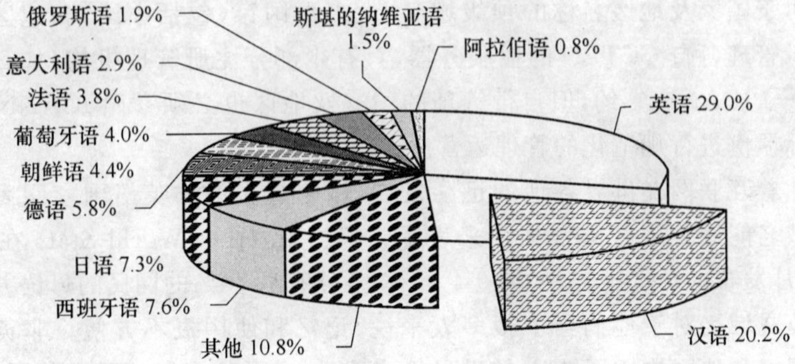

资料来源:Global Research。

图 9-3　2003 年各语种网民比例

2004 年,联合国一个特别委员会对 2 600 万个网页进行了调查,以查明现代国际互联网上各种语言的使用情况。根据该委员会公布的报告,在被调查的网页中有 2 120 万个使用的是英语,占总数约 81.5%;在剩余的网页中,使用最为频繁的语言分别是中文(120 万个网页,约占 4.6%)、西班牙语(120 万个网页,约占 4.6%)、法语(110 万个,约占 4.2%)、俄语(65.8 万个,约占 2.5%)和阿拉伯语(61.4 万个,约占 2.4%)。据该报告预测,使用阿拉伯语和中文的网页数量将会急剧增加。鉴于上述情况,联合国提醒其成员国代表应建立更多的使用本国语言的互联网资源,才能打破英语目前在互联网世界中的统治地位，并使互联网的使用更加普及。

9.1.2 多语种域名

网民访问网络需要通过在地址栏里输入域名来实现。目前的域名体系主要采用英文，非英语系国家的网民需要记忆很多英文域名，给上网带来不便。很多国家和一些国际组织都在积极发展多语种域名，以方便非英语系国家网民访问网络信息。

1. 域名体系结构和多语种域名的产生

1998 年 10 月，国际名称与编号分配机构（ICANN）在美国加利福尼亚州南部设立，通过与美国商务部签约，负责协调互联网域名体系和码号资源的管理。其相关政策的制定和推行要遵照自下而上、一致通过的原则，要经过一系列公开透明的讨论和投票，最终由 ICANN 理事会成员表决确立。ICANN 挑选合适的注册管理机构，通过签约授权这些注册管理机构提供注册“通用顶级域名”的服务，并采用“统一争议解决机制（UDRP ）”来处理由于域名注册所引发的投诉案件。在授权协议到期后，ICANN 保有续约或变更注册管理机构的权力。

对于国家及地区名称的顶级域名，大多数国家（包括中国）和地区选择了自行管理各自 CCTLD 的根服务器，只有少部分注册管理机构（如日本的 JPRS）与 ICANN 签约，但自行管理的国家及地区也必须参照 ICANN 制定的国际惯例进行规范化的管理运营。

随着互联网在世界各地的迅猛发展，越来越多的非英语国家网民开始希望域名能用本地区语言文字来表示。根据 Internet World Stats 在 2007 年 10 月发布的统计报告，如图 9-4 所示，全球有近 70％的网民的母语并非英语。英文域名对于他们当中很多人来说，记忆和使用极不方便。非英语母语的国家和地区构成了 66％的世界经济总量；43％的网民从不讲英语；90％的网民更喜欢浏览母语信息[①]。这些因素促使了多语种域名的诞生。

原本互联网域名只能使用 63 个 ASCII 字符（“a～z”，“A～Z”，“0～9”，“-”），后来国际互联网业界在 20 世纪 90 年代末期提出，互联网域名从理论上也可以采用本地语言文字来表示，这便是最初的多语种域名设想。

多语种域名对于不同母语的互联网用户具有以下重要的意义：

(1) 保留当地文化并支持当地互联网用户喜爱的语言；

(2) IDN 使用户能够浏览互联网上的内容和用于多语种域名电子邮件

① 俞阳，多语种域名的研究与发展，电信网技术，2005 年 10 月第 10 期。

地址；

(3) 用目标读者喜爱的语言与之沟通，因此能够更加有效地了解目标读者；

(4) 保护、巩固和拓展现有品牌、商标和形象，确保品牌在当地市场中的权益，消除任何乱用品牌的现象，便于顾客辨识；

(5) 使企业和个人能够拓展和保护其在世界各地市场中的网上形象；

(6) 不需要将品牌意译或音译成英文单词，即可用于互联网地址的解析，使企业或组织能够更加有效地使用客户所喜爱的语言进入目标市场。

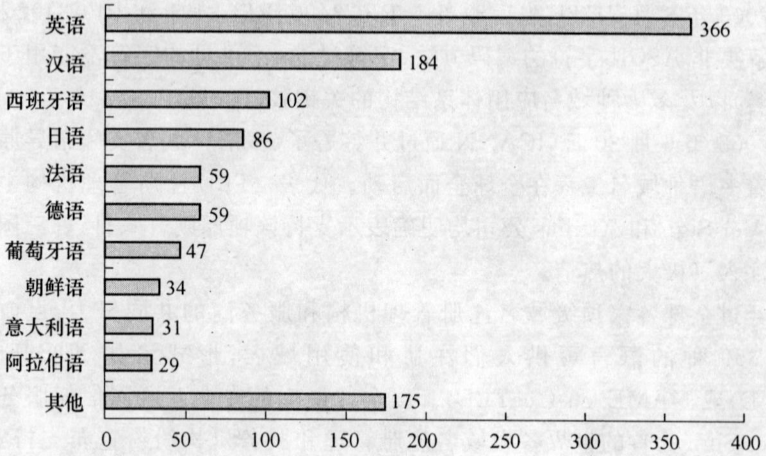

资料来源：Internet World Stats。　　单位：百万

图 9-4　分语种网民数量

多语种域名概念的出台给广大非英语母语国家的网民特别是占据世界人口 22%强的中国人来说无疑是个福音。它的发展不但对互联网用户有着积极的意义，对注册服务机构也是一个业务发展的机会。实现域名的本地语言化不仅可以促进互联网更快的普及，缩小数字鸿沟，同时也符合 ICANN 尊重各地域文化、均衡发展全球互联网的宗旨。

2. 多语种域名的总体发展和障碍

1999 年 11 月，一批非英语国家的互联网工程师在互联网工程任务组(IETF)名下组建了多语种域名兴趣小组，专门负责处理从英文域名到多语种域名转换过程中所面临的技术问题。在 2000 年 IETF 第 47 届大会上，IETF 正式成立了多语种域名工作组，重点研究制定多语种域名的相关技术标准。

2000 年，亚太各国首先展开了多语种域名的自主研究，纷纷成立了研究联盟组织，如非洲成立了多语种域名研究联盟，中国两岸四地建立了中文域名协调联合会(CDNC)，中、日、韩三国成立了解决汉字繁简体及异体字等效问题的联合工程任务组(JET)。

2001年9月初ICANN在蒙得维的亚举行的会议上，通过了成立多语种域名委员会的决议。该委员会旨在对涉及多语种域名的政策问题进行总体协调，并向ICANN理事会提出有关多语种域名技术、管理、政策和法律事务等各方面的建议。我国CNNIC工作委员会主任委员胡启恒院士出任该委员会委员。

2003年3月，IETF先后颁布了RFC3490、RFC3491和RFC3492标准，分别解决非ASCII字符的编码方法、字符过滤(不可见的字符不能用于多语种域名)以及多语种域名应用体系结构的关键技术问题。

2003年6月20日，ICANN通过并签署了《多语种域名实施指导原则》，标志着多语种域名工程在全球全面启动。代表gTLD注册管理机构主流声音的VeriSign和Affilias公司均明确表示支持该项原则，中、日、韩三国更是对此注入了极大的热情。

经过全球各家顶级域名注册管理机构和服务商的共同努力，目前已有超过350种的语言可供人们注册和使用域名，形式诸如NAME. com (gTLD)或NAME. cn (ccTLD)。以全球最大的专业互联网信任服务提供商VeriSign为首的世界各大域名注册管理和服务机构纷纷宣布支持IETF公布的多语种域名标准。

尽管多语种域名在技术上已经成熟，但还存在着主要来自于不同国家政策协调的阻碍。ICANN对于任何对互联网基层设施根服务器的修改都十分谨慎，且任何变更都要由ICANN报批美国商务部准许才可执行。

对于一个典型的英语母语国家，美国始终没有给予多语种域名足够的重视。虽然ICANN曾在2000年成立了多语种域名特别工作小组，但并未长期加以扶持，致使小组在2001年提交最终工作报告之后，从组织结构上解体。ICANN的理由是多语种域名相关的一系列技术标准还没有形成，《指导原则》还需要在很大程度上加以完善。至此，ICANN将重担转移给IETF，只是在每次大会上为多语种域名专门安排一个为期半天的研讨会。

多语种域名在国际上的发展也不均衡。很多有多语种域名需求的国家和地区由于经济和技术实力较弱而无力研发和推行多语种域名。另一方面，由于文字和语言在书写习惯(包括书写方向)和辨识上的差异，各种语言文字在编码解析方面难易程度不同，这从根本上决定了全球多语种域名发展步调不可能一致。

近年来,“网络钓鱼”(恶意注册与知名域名拼写近似的域名,故意混淆并从中牟利)问题引起业界关注,由于部分多语种域名的拼写与某些英文域名过于相近,人们很容易受到欺诈,甚至会威胁到根域名的稳定。为此美国政府和 ICANN 对多语种域名的推行更为审慎,以至于 ICANN 总裁 Paul Twomy 及理事会主席 Vent Cerf 明确表态要对多语种域名亮红灯。

3. 中文域名的发展

实现中文域名需要解决以下关键问题。

(1) 中文域名要与英文域名的技术和体系结构相兼容,即字符的编码方法、字符过滤和规范化以及应用体系结构三方面兼容。基于 CNNIC 对 RFC3490、RFC3491 和 RFC3492 的评估,该国际技术标准所采用的 Puny Code 编码是对中文域名字段长度的限制最低且效率最高的一种编码方案。

(2) “. 中文”域名的互通问题。我国国内已经确立“. 中国”、“. 公司”和“. 网络”为合法顶级域名,但全球互联网域名体系中还没有设置这类中文形式的顶级域名,所以中国必须自行解决其互通性。国内的互通可通过设置境内的中文域名根服务器来实现,但全球的互通就必须取得 ICANN 的正式授权。

(3) 繁、简字体等效。由 CNNIC 倡导成立的 JET 研究制定的《中日韩多语种域名注册和管理方针》,较为全面地解释了汉字繁、简体及异体的等效原则,并在英文句号“. ”的基础上,增加了中文句号作为多语种域名的分隔符,省去了用户在输入域名时切换中英文输入法的麻烦。该方案已经升级为国际通用的标准之一,被 IETF 编号为 RFC3743,并于 2004 年 4 月 14 日发布。

由于繁、简体汉字之间存在一对多、多对一,甚至多对多的对应情况,所以很难通过纯粹的技术方案予以解决,必须配合以相应的注册政策。当前,CDNC 已经联合 JET 提出了《多语种域名注册和管理指导方针》的综合性解决方案,正在逐步完善。

CNNIC 中文域名的技术方案随着 IETF 出台的一系列 RFC 得以确定。CNNIC 中文域名系统的实现方案是在“符合内地中文域名用户习惯,保证两岸四地互联互通”的原则下,在 CDNC 范围内技术共享,协作开发而制定的。

目前,中文域名系统已经正式进入了应用阶段。相对于其他多语种域名,具有明显的技术优势和应用优势:首先,高度兼容,全球通用;第二,繁简转换,两岸互通;第三,使用方便,适用面广。

全中文域名是中文域名发展的最终形态,这其中包括三个层次的含义。首先,域名形式是全中文的,即“中文. 中文”,且繁、简体通用,而不是“中文. com”、“中文. cn”等含有 ASCII 形式后缀的格式;二是中文域名的核心解析技术为中国自己所有，解析服务器应设在中国境内，而且能和 ASCII 域名体系进行无缝连接；三是当域名发生纠纷时，根据本国的争议解决机制，并通过中文域名注册管理机构授权的境内争议解决机构即可解决争端。

由于多语种域名化 gTLD 要对主根服务器作较大修改，故现阶段不易推行。但 ccTLD 的根服务器多由各个国家和地区自行负责运营，且国家及地区的称谓相对于 gTLD 的译法更为统一，多语种域名化 ccTLD 只需最终修改主根的一个记录，不会对 DNS 的稳定运行造成丝毫影响。

非英语系国家的政府逐渐意识到多语种域名应用的重要意义，普遍加大了对多语种域名研发机构的支持力度。近一两年来，网民特别是域名注册人对本地 ccTLD 的价值有了全新的认识，多个 ccTLD 的注册数量呈加速增长态势，其中. cn 域名增速尤为明显。

自 2000 年 1 月推出升级版中文域名系统以来，CNNIC 通过长期测试，已经掌握了技术要领，完全有能力按照 IETF 颁布的技术标准推行中文化 cn 域名，且对现行 DNS 系统的安全和稳定不造成任何负面影响。相反，如果不及时推行官方解决方案，用户出于迫切需求，很可能盲目开发或选择替代品，一旦管理失空，会对互联网的安全稳定构成很大威胁。

CNNIC 授权的中国国际贸易仲裁委员会(http//dndrc. cietac. org/cietac. jsp)和香港国际仲裁中心(http://dn. hkiac. orglcn/cns welcome. html)有着多年的域名仲裁实践，在解决中文域名争议方面经验丰富。中文化 cn 域名万事俱备，势在必行。虽然很多 ccTLD 的多语种化还存在较大难度，全球无法同步实现，但中国作为目前网民数量全球第二，ccTLD 域名注册量亚洲第一的互联网大国，应当率先为各国树立良好的榜样。

9.1.3 跨语言信息检索

由于母语非英语的互联网用户比例在快速增加，中、法、德、俄、西等世界几大语种的网络信息资源所占比例却很小，给这些非英语系国家用户查询利用网络信息带来很大障碍。为跨越语言的障碍，消除因语言的差异而导致的信息检索困难，使非英语的信息用户也可以方便地利用日益丰富的网络资源。全球各地的图书馆学、信息科学、计算机科学各相关领域的学者专家投入大量精力与人力，致力于跨语言信息检索的探索。

跨语言信息检索(CLIR，Cross-Language Information Retrieval)是指用户以自己熟悉的语言来构建和提交检索提问的方式，系统检索出符合用户需求的包含多个语种的相关信息。用户查询提问时所使用的语言，一般为母语或熟悉的第二种语言，称之为源语言(Source Language)，而系统检索到的信息所包含的语种,称之为目标语种(Target Language)。如何在实现源语言与目标语言之间建立沟通桥梁,是目前跨语言信息检索研究的核心问题。

跨语言信息检索,可分为双语言信息检索和多语言信息检索。双语言信息检索(Bilingual Information Retrieval)是指用户以自己熟悉的语言(源语言)提交查询请求,除源语言之外,系统尚可检索到另外一种语言表达的文献信息,即目标语言可为另一种语言。目前英语与法语、德语、意大利语、西班牙语、荷兰语之间互译取得一定进展。

相对于双语言信息检索,多语言信息检索往往更符合网络用户的查询需求。多语言信息检索(Multibilingual Information Retrieval),是指用户以自己熟悉的语言(源语言)提交查询请求,除源语言之外,系统尚可检索到另外多种语言表达的文献信息,即目标语言为多种语言。多语言信息检索,目前在欧洲几个语种之间的信息检索尚在实验中。

特定领域的跨语言信息检索(Domain-Specific Information Retrieval),其检索范围界定为某一学科或主题领域的信息检索。据 TREC 近几年的会议显示,目前美国国立医学图书馆在医学领域取得实质性进展。

多媒体信息检索,即除文本信息之外,包括音频、视频等信息的检索,其研究内容包括信息检索技术、跨语言翻译技术、语音视频识别技术等。

根据跨语言信息检索过程中所处理的对象,可将跨语言信息检索的技术方法分为提问式翻译、文献翻译和非翻译 3 种。

1. 提问式翻译

提问式翻译(Query Translation Approach)是指将用户提交的查询请求翻译成系统支持的多种语言,然后对不同语言的信息集进行查询。这种转化方式是目前实现的主流思想,它可以很容易地与传统的单语种信息检索技术紧密结合,并且仅对检索提问式翻译,对翻译系统的要求不高。但弊端显而易见,系统返回的信息,仍用目标语种表达。可以认为提问式翻译是一种不完全的跨语言检索,但如果系统对提问式的翻译较准确,用户可以借助于辅助翻译工具,浏览相关的信息。提问式翻译对信息用户仍然是十分有帮助的。

目前提问式翻译基本有两种模式,基于词典(Dictionary-Based)的模式和基于双语语料库(Bilingualcorpus-Based)的模式。

(1) 基于词典的模式

这种模式主要是利用机读词典,将用户提交的检索请求翻译成目标语种,然后进行检索。需要解决的的问题是一词多义、一义多词和词典的覆盖度。解决一词多义的方式可以有选择第一个词义、前 N 个词义、所有词义等。对于专有名词(人名、地名),可以采取不翻译的方法;对新词汇可以通过及时更新词典的方式来解决;对于专业技术名词的处理,一般是通过普通词典与专业词典相结合的方式来解决。由于用户提交的查询提问,通常很短,缺乏必要的语境,提问式翻译的准确性尚不能令人满意。

为解决这一问题,有学者提出了查询扩展技术。它是通过采取一定的策略,在忠于用户查询目的前提下,对其查询提问进行适当扩充。目前微软亚洲研究院采取两步伪相关性反馈法(Two-Stage Pseudo-Relevance Feedback),具体做法是:首先使用用户的查询提问检索,从检索出的前几篇文档中抽取 M 个出现频率最多的词语,以此为查询扩展,进行二次检索,所得到的结果就是跨语言检索的最终结果。其查询扩展可在翻译前、翻译后,或二者兼有的 3 种方式,并且翻译后扩展可以有效提高检索精度。此外,还可以通过与用户的交互,进行查询扩展。

(2) 基于双语语料库模式(Corpus-Based Method)

这种模式是从大规模的语料入手,从中抽取所需的信息,自动构建与应用有关的翻译技术。语料库是将同一信息或主题的信息,用两种或多种语种进行描述,并由人工或计算机建立不同语种间信息联系的集合。语料库可以分为平行语料库(Parallel Corpus)和比拟语料库(Comparable Corpus)。平行语料库是指同一信息用不同的语言进行描述,即两语种的信息对译。目前平行语料库较难以获得,有学者提出了一种基于多语种的网页建立平行语料库的方法,即通过多语种网页中句子的对齐,建立两语种之间的对应关系,来训练统计翻译模型,以建立平行语料库。比拟语料库是指同一主题的信息用不同的语种进行描述,其中的文献按照所论述的主题进行对齐。由于只要求在文献层次上的对齐,相对于平行语料库,比拟语料库较易于获得。

除了基于词典模式和语料库模式之外,研究人员还提出了其他模式,有代表性的包括字典-语料库结合的方法(Hybrid Method)、提问式构造方法(Query Term Structuring)、提问词再赋权方法(Query Term Reweighting Method)、查询扩展技术(Query Expand Technique)等,其研究也取得了一定进展。目前,查询翻译已经形成针对 CLIR 最为流行的一种技术,其性能一般能够达到相应单语种检索效率的 50%～75%。

2. 文献翻译(Document Translation Approach)

除查询翻译之外,跨语言信息检索的另一种实现方式是文献翻译,即先将系统支持的多语种信息翻译成与查询相同的语种,然后用户可以单语种信息进行检索。

目前实现文献翻译的技术主要有机器翻译系统和基于字典翻译文献索引词的方法。

由于文献翻译实现的跨语言信息检索,返回给用户的检索结果是用源语种表达的,更符合用户的实际需求。另外,相对于提问式翻译,文献翻译有更加宽泛的语境信息,可以利用上下文消除翻译的歧义性,以期解决一词多义、一义多词等问题,翻译的准确性较高。文献翻译的实现,毫无疑问,执行效率是首先要面对的问题。根据我国学者刘群和俞士汶的研究,翻译 40 亿篇网页,一部计算机需要工作 300 年,3 600 部计算机同时工作,也需要 1 个月时间。可见,只有在用户限定范围以后,文献翻译才有必要。一般系统的做法是,只翻译文摘,也有系统选择翻译前行文档,帮助用户进一步取舍。

跨语言信息检索的文献翻译模式,一种实现方式为采用机器翻译系统(MTS,Machine Translation System),能够将目标语种的信息翻译成源语种,能够执行深层次的语法分析,利用丰富的上下文信息,解决一词多义、歧义等问题。目前双语互译翻译系统取得了飞速的发展,在特定的领域具有较高的翻译质量。但当原文档涉及学科范围较广时,如互联网上的网页,机器翻译系统的精度仍然较低。

文献翻译模式的另一种实现方式为概念中间语(Conceptual Interlingua Representation Approach)。概念中间语方式,是指将源语种与目标语种都转换成一种中间语种,来实现 CLIR,即源语种—中间语种—目标语种。一般认为,选择中间语种应该是计算机容易处理的语种,如英语等。通过这种方式可以解决两种语言之间无法直接翻译的问题。

3. 非翻译(No Translation Approach)

目前通过非翻译实现跨语言信息检索的典型技术是潜语义索引(Latent Semantic Indexing)。它的实现方式是:首先,将原始文档与对应的翻译文档建立联系,构建训练文档集;然后,利用 SVD 技术(Singular Value Decomposition)对其进行分析,获得双语文档集的特征信息和检索词的映射关系;最后,以平行文档中的语词检索出另一语种的相关信息。

跨语言信息检索的非翻译方式,不需要词典、词表和机器翻译系统,也不存在翻译过程中消除歧义问题,具有很高的灵活性和适应性,可以根据具体的应用进行试验和调节,通过训练为各个任务找到优化的模型;其弊端是如何针对具体问题构造优化的向量空间模型,成为一种经验型的工作,且向量空间模型的 SVD 计算需要时间,训练文档不容易获取。

尽可能充分地利用检索词的语义信息进行检索，是近年来信息检索研究的一个重点。北京大学学者孙斌提出了同时利用词语和义项进行信息检索的模型，称之为义项矩阵模型。利用自然语言中词语和义项的复杂关联关系设计出一种新的文档表示，即把文档表示为一个词语和语义矩阵，通过文档矩阵表示可以引进或建立起数据分析技术，并提供一种新的跨语言检索和多语言文本分类的技术。

此外，近年来 CLIR 的引人注目的另一项研究为 Ontology 技术的应用。Ontology 源于哲学术语，为本体之义，用来描述事物的本质。1998 年 Studer 提出了定义，目前得到广泛认可，即 Ontology 是共享概念模型的明确的形式规范化说明。Ontology 的目标是获取相关领域的知识，确定该领域共同认可的词汇，并明确这些词汇及其相互关系，建立良好的概念层次结构，为系统内各个主题提供对该领域知识的共同理解，可以有效解决查询语言到检索语言之间转换过程中出现的语义缺失和曲解等问题。

9.1.4 机器翻译

机器翻译(Machine Translation)是通过计算机来实现不同自然语言之间的翻译。机器翻译是自然语言处理(Natural Language Processing)的一个分支。机器翻译与计算语言学(Computational Linguistics)、自然语言理解(Natural Language Understanding)存在着密不可分的关系。机器翻译的研究与发展取决于计算机科学数学、语言学、人工智能等多学科的发展，因此可以说是一个跨学科的综合性系统工程。人类步入 21 世纪以来，随着国际互联网的迅猛发展，网络信息急剧膨胀，国际交流日益频繁以及地球村的形成，机器翻译正在逐渐成为克服人们之间进行交流时所面临的语言障碍的重要手段，同时也存在着很大的市场机遇和挑战。

1. 机器翻译的历史回顾

从美国人维弗(Warren Weaver)1949 年发表《翻译》备忘录，并正式提出机器翻译的思想以来，机器翻译已经走过了 50 多个春秋。在这期间，机器翻译可以说经历了一条曲折而漫长的发展道路。

1954 年，美国乔治敦大学(Georgetown University)举办了人类历史上第一次机器翻译的公开演示。尽管演示不算很成功，但是它却具有划时代的意义，因为它拉开了人们研究机器翻译的序幕。

从 20 世纪 50 年代开始到 60 年代的前半期，机器翻译的研究呈现不断上升的趋势。美国和前苏联两个超级大国出于军事和政治经济目的，纷纷对机器翻译项目提供了大量的资金支持，欧洲国家由于地缘政治和经济的需要也对机器翻译研究给予了相当大的重视。

1966年,美国科学院发表的ALPAC报告,使当时正在蓬勃发展的机器翻译陷入了停滞不前的状态。现在来看,该报告是非常片面、狭隘和短视的。

从20世纪60年代中后期到整个70年代,整个机器翻译领域处于一个相对平稳发展的时期,而在某些国家,特别是加拿大和欧盟,机器翻译的研究取得了比较显著的进步。尤其是在加拿大,由于双语文化的影响,政府积极支持机器翻译的研发工作,1976年,加拿大蒙特利尔大学与加拿大联邦政府翻译局联合开发了提供天气预报服务的实用性机器翻译系统TAUM-METEO。该系统的成功开发标志着机器翻译已经在某些领域达到了实用化的程度。

进入20世纪80年代以后,由于计算机科学、语言学研究的发展,特别是计算机硬件技术的大幅度提高,以及人工智能在自然语言处理上的应用,机器翻译在全世界范围内开始复苏,并在随后的90年代取得了长足的进步。

2. 机器翻译技术的进展

进入20世纪90年代,机器翻译领域的研究方法基本上可以分为两大类,即基于规则(Rule-Based)的方法和基于语料库(Corpus-Based)的方法。基于规则的方法又可以分为基于转换的方法和基于中间语言的方法,基于语料库的方法又可以分为基于统计的方法和基于实例的方法。传统的基于规则的方法又可以称为理性主义方法,与之相对地,基于语料库的方法又可以称为经验主义方法。

(1) 基于规则方法

纵观机器翻译技术的发展历程可见,基于规则一直是机器翻译的主流方法。国际上有影响的机器翻译系统基本上都需要规则的贡献,即使在多种技术并存的系统中也有规则。基于规则的机器翻译技术思想是被普遍接受的、成熟的,也是到目前为止应用最广的方法。

基于规则的机器翻译系统就是对语言语句的词法、语义进行分析、判断和取舍,然后重新排列组合,最后生成等价的目标语言。

基于规则的机器翻译技术发展到今天,已经建立了一定规模的规则库,覆盖了相当多的语言现象。同时,基于规则的机器翻译技术不断借鉴和融合其他方法的优点,这些变化主要体现在以下方面。

① 在规则的获取方面,传统的规则方法主要依靠语言学家总结进行调试,而现在更加重视自动从大规模语料库中获取规则。

② 传统的规则方法往往偏重描述粗粒度、全局化的大范围语言学规则知识,而现在则更加重视描述细粒度、局部的小范围的语言学知识,呈现出

“小规则库、大词典”的趋势。

③ 在知识表示方面，为了以更小的粒度、更加准确地对翻译知识进行描述，一般要对单纯的上下文无关规则作一些改进。改进的方法有两种：一种是采用特征结构算法，如 LFG、GPSG 等，这种方法一般要求具有较好的语言学背景；另一种是采用词汇化的方法对规则加以细化。

传统的规则方法采用的往往是非此即彼的确定性原则，而现在规则系统中一般都引入各种形式的概率或者评分函数。概率与评分函数方法的区别在于，前者一般有比较严格的数学模型做基础，概率值的计算要以对大规模语料库的统计为依据，后者的主观性较强，评分规则的确定以及具体规则的分值都是人为的，人们可以根据经验进行调整。

(2) 基于统计方法

基于统计的机器翻译方法的数学模型是由国际商业机器公司(IBM)的研究者提出来的。统计机器翻译的基本思想是，把机器翻译看成是一个信息传输的过程，用一种信道模型对机器翻译进行解释。从理论上说，这种模型只考虑了词与词之间的线性关系，没有考虑句子的结构。这在两种语言的语序相差比较大时效果可能会不太好。如果在考虑语言模型和翻译模型时将句法结构或语义结构考虑进来，应该会得到更好的结果。

用统计学方法解决机器翻译问题的想法并非是 20 世纪 90 年代的全新思想，1949 年韦弗就已经提出使用这种方法，只是由于乔姆斯基(Chomsky)等人的批判，这种方法很快就被放弃了。现在计算机不论从速度还是从容量方面都有了大幅度的提高，昔日大型计算机才能完成的工作，今日小型工作站或个人计算机就可以完成了。此外，统计方法在语音识别、文字识别、词典编纂等领域的成功应用，也表明这种方法在语言自动处理领域还是很有成效的。基于统计的方法需要大规模双语语料，其翻译模型、语言模型参数的准确性直接依赖于语料的多少，其翻译质量主要取决于概率模型的好坏和语料库的覆盖能力。基于统计的方法不需要依赖大量知识，直接靠统计结果进行歧义消解处理和译文的选择，避开了语言理解的诸多难题，但是语料的选择和处理工程量巨大。因此通用领域的机器翻译系统很少以统计方法为主。

(3) 基于实例方法

基于实例的机器翻译(EBMT，Example-Based Machine Translation)技术发源地要追溯到日本，自长尾真(NagaoMakoto)1984 年发表的论文《A Framework of a Mechanical Translation between Japanese and English by Analogy Principle》被传播开来，便被视为了一个新的起点。这种方法充分

利用了人类学外语的传统过程，并利用机器实现这个过程，因此解决了一些问题，并缓解了机器翻译领域的社会压力。

其基本设想是不通过深层的分析，仅仅通过已有的经验知识，通过类比原理进行翻译。人类的翻译过程是首先将源语言正确分解为句子，再分解为短语碎片，接着把这些短语碎片译成目标语言短语，最后把这些短语合并成长句。每个短语碎片采取类比的原则进行翻译。这种方法需要一个很大的语料库作为支撑，为构建语料库需要投入巨大的人力和物力。

基于实例的机器翻译对于相同或相似的文本的翻译有非常显著的效果，随着例句库规模的增加，其作用也越来越显著。对于实例库中已有的文本，可以直接获得高质量的翻译结果。对与实例库中存在的实例十分相似的文本，可以通过类比推理，并对翻译结果进行少量的修改，构造近似的翻译结果。

基于实例的翻译近年来一直是机器翻译研究的热点之一。但由于语料库规模的限制，基于实例的机器翻译很难达到较高的匹配率。因而到目前为止，还很少有机器翻译系统采用纯粹的基于实例的方法，一般都是把基于实例的机器翻译作为多翻译引擎中的一个，以提高翻译的正确率。

3. 机器翻译技术的未来展望

从技术方面来看，机器翻译将向以下几个方向发展。

(1) 多种技术的融合。随着时间的推移，各种趋势的融合现象越来越明显。不论是基于规则的方法，还是基于统计的方法，都不可能独自解决机器翻译中的各种难题，单一方法很难达到预期的效果。因此就需要多种方法互相借鉴，互相融合。基于规则的翻译技术与基于语料库的技术相结合，机器翻译与翻译记忆相结合，很可能是今后研究发展的主流方向。

(2) 多语语料库的建设与加工。目前，单语种语料库的加工技术及其应用取得了令人鼓舞的成功。下一步，建立多语语料库并进行深层次加工以作为大规模的跨语言资源，服务于机器翻译，就成为研究者瞩目的焦点之一。

(3) 机器学习的应用。大规模语料库适合于统计方法。通过统计来自动进行知识获取，有助于克服自然语言处理中的知识获取的瓶颈。把机器学习方法应用于机器翻译系统中，可以帮助系统实现在线学习能力，最终建立主动的智能翻译服务。

(4) 语义资料库的建设。各种语义关系的分析对于获得高质量的翻译结果的重要性是不言而喻的。因此，基于语义的知识表示及其在语句和篇章分析的应用是大规模知识工程的核心内容，也是人工智能的基础建设之一。这种工作不是一时一刻的事情，需要国家、研究院所和企业单位做出大量的投入，进行长期的努力。

从应用方面来看，机器翻译将向以下几个方向发展。

(1) 跨语言网络检索信息系统。全球对这类跨语言应用兴趣越来越大，用户可以用自己的语言搜索外语数据库的相关内容。该项研究的主要工作集中于如何建立和操作合适的翻译词典，以便将查询词串与数据库文档中的词和词组匹配。

(2) 口语翻译。未来还有一个公众迫切的需要就是口语翻译。20 世纪 80 年代，语音识别和语音合成取得的进展，使人们感到口语翻译是可行的目标。口语翻译(Speech Translation)可能是目前基于计算机翻译研究的最富有创新价值的新领域。

(3) 嵌入式设备方面的应用。随着个人计算设备的微型化和移动化、家电的信息化、通信设备的计算化，在各种形式的个人计算设备中添加语言翻译功能将在未来成为时尚。

9.2 互联网的文化多样性

9.2.1 网络文化的内涵和特征

文化是人类创造的一切物质财富和精神财富的总称，它包括了人类社会历史生活的全部内容。21 世纪蓬勃兴起的计算机网络系统是人类历史上信息技术的又一重大变革。文化作为折射生活基础的精神世界，其形式和内容自然会随着数字化技术的发展而发生变异。信息网络技术迅猛发展已极大地缩短了知识和信息的时间和周期。这种形式生动、方法简便、范围广阔、效率又高的现代技术，正迅速改变着人类传统的认知渠道、思维方式和生活方式，影响着社会发展的各个层面。

伴随全球经济一体化的到来，网络必将形成一种全球化的生存理念冲击着多元文化和多元世界，将给人类社会带来巨大而深远的影响，成为推动历史发展的重要力量。网络的发展和普及给政治、经济、文化、军事等都带来了深刻的变革，也给人们带来了全新的生产、生活方式。在一切都呈现开放、快速、变动和相互影响及渗透的状态的网络社会里，各个国家和地区的思想文化、伦理观念、道德意识通过网络对人们的思想观念、思维方式、行为模式、个性心理产生了潜移默化的影响，形成全新的价值取向和社会精神。可以说，网络不仅是一种高科技手段，而且是一种文化形态。我们生存在日益网络化、数字化的环境中，它不但创造了一个覆盖全球的“在线空间”，而且正在深刻地改变着人类的精神文化生活，形成网络时代所特有的文化氛围。

网络文化是建立在互联网基础上的一种不分国界、不分地区的信息文化。它是以计算机及其附属设备作为物质载体，以网民为主体，以虚拟的数字空间为主要传播领域，以数字化为基本技术手段，为人类创造出的一种新的生存方式、活动方式和思维方式。从狭义的角度来看，网络文化将是知识和信息以计算机可以识别的代码形式记录下来，并且通过计算机互联网进行传播和交流。从广义的角度来理解，网络文化是网络时代的人类文化，是人类传统文化、传统道德的延伸和多样化展现。

网络文化具有与现实社会文化相区别的特点，主要包括以下几个方面。

(1) 网络文化的技术性。网络文化是以网络(计算机和通信)技术为依托的高科技文化。这体现在两个方面。一是信源、信道、信宿(信息的发出、传输和接收)的电子化。信息文件在一个电脑终端上生成后，通过电脑网络以每秒 30 万千米的速度迅速传递；在接收终端只需用鼠标轻轻一点就可以阅读或是在储存之后做其他操作。二是传播的信息形式更为丰富和形象。网络技术可以把字、声、像等复合成多媒体形式进行传输，从而使信息的传播更形象、生动。

(2) 网络文化的虚拟性。在网络空间中，人们可以用文字和图片虚拟出一个现实空间，有商店、学校、医院、社区等。虚拟并不等于虚无，它是人类在网络条件下的一种新的实践活动，用互不见面通过网络的间接的“人机交流”，代替了面对面的直接的“人际交流”，是人的意识的主观能动性的体现。现实物理空间是网络虚拟空间的基础，网络虚拟空间是现实物理空间的发展。

(3) 网络文化的大众性和公开性。网络文化是基于网络(计算机和通信)技术形成的行为方式和思维方式。随着网络的极大普及，网络文化就逐渐由其初期的精英文化转变为大众文化，具有了大众性和公开性。这是由于网络技术的发展使得专业技术和日常应用实现了分离，大众无须过多地考虑其背后的技术细节就可以很容易地遨游在网络之中，而也只有让更多的大众自由地参与进来，网络才会更有发展前途。在网络空间，没有了地理上的界限，没有了现实社会中的诸多条款的限制，人们可以自由地在此交流思想，发表学术观点，了解世界各地发生的事件和信息，浏览世界各地的电子图书馆，或是在网络空间中随便到几个国家去旅游而不必去办旅游签证，因为这里没有边界。

(4) 网络文化的多样性。网络文化是人类文化多样性和丰富性的产物。一方面,网络空间是具有不同文化背景和底蕴的人通过同一种方式进行交流,把不同的文化整合在了一起,形成了一种新型文化。同时各种现实社会文化并没有因此失去自我,反而都在利用网络这个高科技工具丰富自己、强化自身,从而使得文化更具有丰富性和多样性。另一方面,网络空间为人们提供了一个新的时间空间,来实现社会实践的虚拟化。在现实社会中我们只能看到一种可能性,那就是现实,而在网络空间,所有的可能都能变成“现实”,极大地丰富人们的精神视野,为人们提供了更为科学和有效的行动方案。所以网络文化是作为理性动物的人的存在和发展的新形式。

9.2.2 网络文化霸权和民族文化保护

互联网的迅猛发展导致网络文化竞争的兴起。网络的发展加速了人类各种文化的相互吸收和融合,使各种文化在广泛传播中得到发展。网络的发展形成了人类各种文化的共享,极大地丰富了人类的文化生活,尽可能多地满足了人们日益增长的精神文化的需要。网络的发展为不断满足人类的精神文化需求提供了手段和途径,同时,也带来了与本民族文化特色大相径庭的其他异质文化。二者之间的冲突和对抗首先表现在语言文字上的竞争。

语言、文字是一个民族的标志,也是一个民族、一个国家的文化根基。当两种异质文化发生冲突时,其最终意义不是军事的、地域的,而是文化的。通常表现为一种语言文字对另一种语言文字的吞没,并最终在意识形态领域得到反映和延伸。

互联网产生于美国,所使用的语言、技术都来自于美国。网上大部分的信息都是英文,形成网络文化霸权,以至于学习电脑、使用电脑必须学习英文,自觉或不自觉地接受“美国文化”,包括道德观念、价值观念等的影响。英语甚至也成了非英语系国家推广普及计算机技术的瓶颈。

为此,各国政府纷纷作出了反应,要采取措施保卫民族文化,抗击网络文化霸权。这是一场没有硝烟的“战争”,也是一场开辟和夺取 21 世纪经济持续发展新的途径的持久战。例如马来西亚建立多媒体信息走廊,法国政府推进自己的网络文化工程,德国在 1997 年开始德语网络的研究,日本担心自己的大和文化被淹没在互联网的茫茫英文信息里,因而在加紧建设本国的网络环境等。

事实上,网络上的文化竞争已远不止语言文字上的竞争,真正的竞争是建立在各国、各民族历史文化上的竞争。由于大批高等学府和研究机构在互联网上建立了主页，国际间对历史文化的学术研究直接、便捷地反映到了网民面前。互联网上的历史文化站点迅速增加，其内容并不是对一个国家或地区的简单介绍，还有专业性强、资料丰富的学术研究成果。而这些成果几乎全部反映着他国的学术学说观点，为他国文化的传播插上了翅膀。

虽然我国计算机网络还处于初始阶段，但发展很快。尤其值得注意的是，在网民中多数是青年人，他们很容易受到外界的影响。为此，必须要在网络上，大力发展和开发中文信息资源，保护和宣扬中国文化和价值观。

要在互联网上保护和宣扬民族文化，首先必须坚定不移地推进经济体制改革和发展生产力，加速社会现代化进程。经济欠发达是网络文化竞争中处于不利地位的根本原因，发展生产力是保护民族文化的根本措施。文化是一定政治和经济的反映。经济发展了，社会进步了，就能从根本上坚定民族信念，保护和弘扬民族文化传统。同时，网络文化的竞争也是网络技术的竞争。经济的发展意味着技术力量的增强。要依靠经济的发展，采用先进的网络技术，构造一流的互联网络，培养更多的网民，更方便快捷地接入全球网络。其次，要大力发展民族文化事业，建设有中国特色的网络文化。网络文化上的竞争，归根结底还要依靠文化自身的先进性。弘扬优秀的文化才是网络文化竞争中的关键。再者，要抓好网络管理，加强网络的法制法规建设，强化网民的遵纪守法和道德观念，规范网络行为。

10 互联网不良信息治理

10.1 网上不良信息及其泛滥根源

在我国相关的法律法规中，将网络不良信息界定为“有害数据”、“违法与有害信息”等。一些国际组织和国家也界定为“不良信息”、“违法和有害信息”等，其内涵都是一致的，都是指通过互联网络散布的不符合法律规定、有违社会公共秩序与社会公德、对社会产生有害影响的信息。

因为世界各国国情不一样，社会风俗及习惯有差异，从而对有害信息程度和范围的界定有区别。比如，一些国家对网络色情信息的理解就不一样。在美国，色情信息是分级的，在一些情况下可以对成人开放的，是合法的。各种不同的信息因为接受对象的不同，而对信息的良善就有不同的理解。互联网是开放的，很难形成地域性的壁垒，因此，在界定有害信息的程度和范围乃至进行网络立法时，既要考虑本国的实际情况，也要考虑各国立法的共性。

欧盟委员会根据法律权益的不同，将违法有害信息区分为网络安全保障、未成年人保护、个人尊严保护等项，如表 10-1 所示。

表 10-1　欧盟委员会关于有害信息规定

保护的法律权益	违法有害信息的内容
网络安全	制造炸弹、制造违法药物、恐怖活动等
未成年人保护	非法贩卖行为、暴力、色情
个人尊严保护	种族歧视
经济的安全性、可靠性	欺诈、信用盗用
信息的安全性、可靠性	黑客行为
隐私权保护	不正当个人信息的流通、电子骚扰信件
名誉权、信用保护	中伤、不法的比较广告
知识产权保护	软件、音乐等著作权的盗用

新加坡政府在其颁布的《互联网络内容指导原则》中，对禁止上网的信息规定具体有三方面内容。其一是有关治安和国防方面的内容，包括危害公共安全和国家防卫、动摇公众对司法部门的信心、惊动或误导公众、引起人们痛恨和蔑视政府、激发对政府的不满等方面的信息；其二是有关种族和宗教和谐方面的内容，包括抹黑或讥讽任何种族或宗教团体、在任何种族或宗教及宗教团体之间制造仇恨、提倡异端宗教或邪教仪式等信息；其三是公共道德方面的内容，包括色情、猥亵、提倡性解放和性乱交，刻画或大肆渲染暴力、裸体、性和恐怖，刻画或宣扬变态性行为等方面的信息。

我国的《计算机信息网络国际联网暂行规定》第13条对有关的不良网络信息加以禁止，规定"从事国际联网业务的单位和个人，不得利用国际联网从事危害国家安全、泄露国家机密等违法犯罪活动，不得制作、查阅、复制和传播妨碍社会治安的信息和淫秽色情等信息。"

根据我国政府颁布的《互联网信息服务管理办法》，网上不良信息包括9类，分别是：反对宪法所确定的基本原则的；危害国家安全、泄露国家秘密、颠覆国家政权、破坏国家统一的；损害国家荣誉和利益的；煽动民族仇恨、民族歧视、破坏民族团结的；破坏国家宗教政策、宣扬邪教和封建迷信的；散布谣言、扰乱社会秩序、破坏社会稳定的；散布赌博、暴力、凶杀、恐怖或者教唆犯罪的；侮辱或者诽谤他人、侵害他人合法权益的；含有法律、行政法规禁止的其他内容的信息。

互联网不良信息泛滥的原因主要包括以下4点。

(1) 互联网不良信息的传播利用了互联网的固有特征。互联网一直是自由、公开的象征，正因为互联网具有自由性、公开性等特点，其在短时间内迅速发展，成为生活中不可缺少的一部分。而一些不良信息也正是利用了互联网自由、公开、传播迅速和范围广泛等特点，造成了现在互联网不良信息泛滥的情况。

(2) 互联网不良信息的发布者从不良信息的传播中获取大量经济利益，也是互联网不良信息泛滥的重要原因。黑客行为、色情信息、虚假信息等互联网不良信息的传播都伴随着一些背后的经济利益。黑客可以通过盗取互联网用户的银行账号、游戏账号等个人数据来获取非法利益。色情信息的传播现在也形成了一个"产业链"，由于色情信息的需求量大，互联网的网络提供商为了经济利益有时甚至与色情信息的制作者勾结，纵容互联网色情信息的泛滥。

(3) 互联网的信息传播环境造成监管困难。由于互联网的信息传播环境是自由的、公开的，很多不良信息的传播者都是匿名的。当不良信息大规模传播时，很难查出其源头和隐藏在背后的不良信息制造者，给有关部门的监管和处罚造成了非常大的困难。

(4) 互联网不良信息的泛滥也有网民自身的原因。当一些虚假信息在互联网上传播时，网民也会发表自己的看法。由于网民很难分辨其真假，无意中一些网民也帮助了不良信息的传播，造成了社会对于虚假信息的恐慌。2007年5月关于海南香蕉含有SARS病毒的虚假信息在网上传播时，一些不明真相的网民就起到了推波助澜的作用，客观上助长了虚假信息的泛滥。

10.2 网上不良信息的影响

随着互联网络的发展，由于其自由、共享、开放的原则和极其低廉的信息传播成本以及极其广泛的传播范围，互联网也成为了传播不良信息的网络平台。

境内外敌对势力、非法组织、恐怖组织、民族分裂组织等利用互联网发布虚假信息或恐怖信息，煽动颠覆国家政权、鼓吹民族独立、分裂国家、破坏社会安定，实施各种危害国家安全的违法犯罪行为，给国家安全和社会稳定带来严重影响，将互联网变成危害国家安全和利益，进行违法犯罪活动的新渠道。

在互联网众多不良信息中，传播最为广泛的就是网络色情信息。据最新资料统计，互联网上的色情网站有420万，约占全部网站总数的12%。色情网页有3.72亿，每天色情主题搜索6 800亿次，占全部搜索问题的25%。每天色情邮件2.5亿，占全部邮件的8%①。苏格兰一家软件公司对互联网所进行的调查显示，每天全球互联网上要新增加两万多个色情网站。互联网上非学术性信息中47%的内容与色情有关。网络上大量的色情内容，以低级简单的方式重复链接，对现实社会中意志薄弱的人产生极大的诱惑。亚洲地区搜索引擎中出现频率最高的词是“SEX”，在新加坡、马来西亚、菲律宾、印度，及我国台湾省和香港地区全无例外。在网站十大关键词排行中，与性相关的词就占了8个。

有调查统计资料显示，在美国，超过1/5的美国公民曾经浏览过色情网站，特别是90%的8～16岁少年儿童浏览过色情网站；新加坡1/3的网民浏览过色情网站；香港人平均每天有1/3的上班时间用来浏览娱乐、色情和犯罪网站；在我国台湾省，根据对12～18岁学生的调查，他们面临的最大困扰

① 钟瑛、刘瑛，《互联网管理与体制创新》，南方日报出版社，2006年12月第1版。

之一就是网络色情，七成以上的学生表示接触过色情信息；在广东，有34%的受访者承认浏览过色情网站。

除了色情信息以外，互联网虚假信息也严重影响着社会生活，尤其是一些涉及经济层面的虚假信息会给社会带来巨大的损失。例如2007年5月后，一则海南香蕉带有“类似SARS病毒”的虚假信息在互联网上迅速传播，许多不知真相的消费者信以为真，导致海南香蕉的价格大幅下跌，原1.6元/千克的香蕉跌至几分钱，海南香蕉种植者因此受到了巨大的经济损失。

网上不良信息对青少年影响最大，主要表现为以下几个方面。

(1) 妨碍青少年身体健康发展。从生理上讲，青少年正处在长身体的时期，长时间坐于电脑前，会令他们腰肌受损、视力下降、精神疲惫，且身体长期受到电磁射线的辐射，严重影响健康。有统计显示，目前1次上网时间超过3小时的青少年占40.8%。长时间对着电脑屏幕，留恋于五彩斑斓的网络虚拟世界，对青少年身体的正常发育有破坏作用。因为上网而感到很累、视力下降、爱睡觉的人约占43.6%[①]。

(2) 容易误导青少年的思想和行为。含有淫秽、色情、暴力、凶杀等内容的信息，容易误导青少年的思想和行为。青少年有着极强的好奇心和探索欲，求知欲望强烈，对未知事物充满兴趣；但由于自己身心发育尚未成熟，缺乏基本的分析、判断、辨别能力，自制能力不强，易受诱惑，并会有意无意地好奇模仿。近几年青少年强奸、伤害等犯罪案件的增加，与网络上相关信息的大肆传播不无关系。

(3) 青少年出现“网络成瘾症”。“网络成瘾症”是一种过度使用互联网后造成的心理疾病。最先是由美国心理学家关注并命名为网络成瘾(IA，Internet Addiction)，或网络成瘾症(IAD，Internet Addiction Disorder)，或病态网络使用(PIU，Pathological Internet Use)。美国心理专家提出了网络成瘾症的一套评估标准，有9项内容：每月上网超过144小时，平均每天4小时以上；头脑中一直浮现和网络相关的内容；个人无法抑制上网冲动；上网是为了逃避现实、解除焦虑；不敢和亲友说明上网的时间；可能因上网造成学习和人际关系的问题；上网总比自己预期的时间还长；花太多的钱在更新网络设备或上网上；需要花更多时间上网，个人才能满足。只要符合这9项标准中的5项以上，就说明已经上网成瘾。患者年龄通常介于15～45岁之间。

① 雷菁，网络不良信息对青少年的影响及对策，湖南省第一师范学报，2006年3月，第6卷第1期。

青少年患病比例远远高于成年人。网络成瘾症患者对网络操作出现失控，而且兴趣不断提高，欲罢不能。医学专家分析，“网络成瘾症”可造成人体植物神经系统紊乱，体内激素水平失衡，免疫功能下降，引发紧张性头疼、焦虑、忧郁等，甚至可能导致死亡。多数网络成瘾症患者是年轻学生，他们大多数有强迫症。经研究发现，网络成瘾者有显著的不能控制的抑郁表现。

(4) 导致青少年社会责任感缺失。在网络世界里，人人可以信口开河，人人可以撒谎，而不必承担法律责任和道德谴责。这种默许会在无形中助长这些孩子们撒谎的勇气和胆量，久而久之会觉得撒谎并不是一件可耻的事情，认为这是无可厚非的。这种观念一旦形成，引发的实际结果则是在行为上的体现，即在现实生活中也对周围的人撒谎。一个缺乏诚信的社会将是一个十分可怕的社会。现在我们国家要发展市场经济，要建立比较完善的市场机制，除了政治、经济体制、法律、改革与规范外，诚信也是非常重要的。我们国家的民族传统美德之一便是诚实、守信。

(5) 引发青少年犯罪心理倾向和犯罪行为。虽然互联网带给人们的是虚拟的世界，但虚拟的互联网却可以带给青少年实实在在的精神伤害。专家指出，继父母离异、海洛因、电子游戏等成为引发青少年犯罪的主要原因后，互联网络中的不良信息是也是诱发青少年犯罪的重要因素。

10.3 抵制网上不良信息的对策

10.3.1 国外抵制网上不良信息的经验

美国是互联网最发达、管理最宽松的国家，即便如此，对于网络色情的管理也是十分严厉的。随着互联网异乎寻常的发展，美国儿童色情业被大大拓展，特别是利用电子手段出版的色情产品迅速增加，相关色情出版物严重危害了儿童的身心健康。

1999 年 4 月 20 日，美国国会公布了《儿童网络隐私规则》草案，并于 2000 年 4 月开始生效。按此规则，要求与儿童有关的商业网站经营者或有意向儿童搜集个人资料的网站经营者必须做到：搜集、使用或公开 13 岁以下儿童的个人资料时，必须获得该儿童父母之同意；提供如何搜集和利用资料的公告；提供家长审视搜集其子女资料的机会；提供家长有拒绝其子女的个人资料被进一步的搜集或使用的机会；使用合理方法，让父母有机会防范其 12～17 岁的子女其个人资料的被搜集或使用；建立合理的程序，确保被搜集的儿童个人资料的安全性与完整性。同时，规则还要求，在儿童参与网络活动时，例如参加聊天室、网友服务、浏览网页等这些易于公开个人资料的场所时，要能够保护其安全。

1996 年 2 月 1 日美国通过了通讯内容端正法，该法案成为《电信传播法案》的一部分。该法案规定，在未满 18 岁未成年者接触的网络交互服务上和电子装置上，制作、教唆、传播或容许传播任何具有猥亵、低俗的内容(包括言论、询问、建议、计划、影像或其他)，均被视为犯罪，违者将处以 25 000 美元以下罚金，2 年以下徒刑，或两者并罚。但此法虽然为保护未成年人不接触到不良信息作了法律规范，但同时也限制了传送低俗但不猥亵的信息，引起了关于言论自由与内容管理方面的争论。美国图书馆联盟、美国公民自由联盟、电子隐私信息中心均对此法持反对意见，认为政府不应强制公共机构设置网络过滤措施、不应增加学校技术上的负担与责任，并认为该法案违反了宪法第一修正案。

1998 年 10 月美国通过了《儿童在线保护法》(Child Online Protection Act)，规定商业性的色情网站不得提供 17 岁以下的未成年人浏览“缺乏严肃文学、艺术、政治、科学价值的裸体与性行为影像及文字”的有害身心的网站内容。色情网站经营者必须通过信用卡付款及账号密码等方式，对于未满 18 岁的青少年实施必要的进入限制措施，以防止其浏览成人网站，违反者将被处以 50 000 美元以下罚金，6 个月以下有期徒刑，或二者并罚。

2003 年 6 月 23 日，美国最高法院通过投票决定，允许国会要求全国的公共图书馆为联网计算机安装色情过滤系统，否则图书馆将无法获得政府提供的技术补助资金。最高法院表示，尽管网络过滤系统可能会在过滤色情网站的同时也“错杀”一些合法资讯网站，但图书馆可以在网络用户的要求下暂时停止该系统的运作，所以这不会给用户造成太多不便，这项法律也不违反美国宪法第一修正案。美国政府认为，既然公共图书馆不提供色情图书和色情电影服务，那么图书馆计算机也理所当然不应出现色情内容。反对该法律的美国图书馆和民间自由组织认为，安装过滤系统是一种审查机制，过滤系统会过滤掉许多有价值的信息。过滤系统工作人员往往需要浏览上百万个网站，才能决定该过滤哪些网站。最高法院首席法官威廉·伦奎斯特认为，这项法律并不会使图书馆成为审查机构。现在，美国最高法院终于作出了决定，美国许多公共图书馆计算机从此将装备上过滤系统。对于有 1 400 万公共图书馆计算机用户的美国来说，该决定无疑能有效让人们远离互联网色情。

德国并没有专门针对网吧经营的法规，所以对网吧的管理是在已有的相关法律框架下进行的。由于开网吧属于商业经营，所以德国对商业经营的法律《经营法》也适于网吧管理。在取得工商部门的批准前,网吧的经营条件如卫生情况、照明度和所处位置等需要达到严格标准,不得造成对顾客身体或心理健康的伤害。有关部门还要定期检查网吧的经营环境。《经营法》规定,如果商业经营场所对顾客、周围的人或自然环境造成很大伤害,将会被取消营业资格。德国网吧的上网环境清洁、安静,而且秩序井然,令人舒适。网吧是德国人闲暇时喜欢光顾的公共场所之一,一般不大,可容纳约20人同时上网,而且多是处于市区比较显眼的位置。

德国的网吧经营者必须特别注意,网吧中不得出现浏览或下载非法网页的情况。所谓"非法"主要是指煽动极端的言行,包括纳粹主义、恐怖主义、种族歧视、暴力以及色情尤其是儿童色情等。德国许多法律都规定,制作或者传播这些网页均属违法,将受到严厉处罚。由于互联网传播信息的特点,网吧在经营中也要遵守其他相关法律,如《著作权法》、《公民私人数据保护法》等,不得使这里成为侵犯著作权以及私人隐私的地方。《经营法》还规定,商业经营场所也应体现良好的社会道德和风尚,所以它还对经营者的素质提出要求,管理者和营业人员等"有义务保持良好的举止和礼貌习惯"。

由于网吧的光顾者有很大一部分是青少年,所以德国的《公共场所青少年保护法》在维持网吧的秩序中起到了十分重要的作用。《保护法》保护18岁以下的青少年在公共场所不受到身心的威胁或者危害。网吧经营者不得向青少年提供可能伤害他们身心的游戏软件等。与其他公共场所一样,网吧禁止青少年消费含酒精的饮品,青少年也不得带酒类饮料进入网吧消费。如果网吧经营人员向青少年出售酒类饮料被发现,将会受到巨额罚款,如果因此而使青少年受到身心伤害,经营者还可能被判刑。德国禁止16岁以下的青少年在公共场合抽烟,向他们出售香烟者也将受到惩罚。

德国还有专门提供给青少年使用的网吧。这是教育部门和青少年机构为了提高青少年的电脑技能、丰富他们的生活而设立的,一般设在青少年中心或者学校里。这些网吧根据国家有关法规制定了自己的管理规则,比如要求学生进入网吧前须在"网吧管理规定"上签名等。

10.3.2 我国抵制网上不良信息的措施

1. 落实网络服务商的责任

互联网是网上不良信息发布和传播的必经渠道,网络服务商对网上不良信息有监督和管理的责任。我国几大电信运营商包括中国电信、中国网通、中国移动、中国联通、中国铁通等公司都自觉推行完善信息安全"问责制”，在各自运营管理的固定、移动互联网络平台上，依法强化对不良信息的监控和打击力度，合力围剿网络色情。

中国移动斥巨资建成了世界上最大的数据业务管理平台。虽然庞大的数据流加大了内容监管的技术难度，但中国移动建立了日常监测体系，随机监测内容，同时配合用户举报，一旦发现涉黄信息，立刻报公安部门处理。中国移动要求各地公司，发现涉嫌传播不良信息的服务提供商，立即进行业务屏蔽并进一步追究责任。

中国联通自 2007 年 4 月 29 日起，全面关闭移动上网业务中服务提供商自有业务的推广功能，遏制其向用户发送违法不良信息。中国联通浙江分公司对所接入的网站和各类服务提供商的资质逐一排查，对不符合规定的内容进行整改或下线。中国联通河南分公司对合作代收费的信息服务商逐一核查，发现淫秽色情网站立即停止接入和代收费，切断淫秽色情网站的传播渠道和资金流。

中国电信按照“先许可、备案，后接入”的原则，对服务器托管和资源租用的用户进行核查，并由专人负责对所接入的网站进行备案审查，规范网站行为及相关管理制度。中国电信逐一检查各类信息服务商的合作内容，发现涉黄等违规行为，立即停止合作，并向国家有关部门举报。

中国网通加强互联网服务提供商的备案管理，根据网站域名及对应 IP 地址信息，逐级核查未备案网站中主机托管、虚拟主机和专线等业务的接入单位。对于未按时提交备案申请的网站，立即关闭或停止其互联网接入。

中国铁通落实安全技术措施，实时监测互联网数据中心的不良信息，建立健全用户上网日志查询系统，及时响应公安部门的协查通报，制定不良信息应急处置预案，及时有效处置不良信息传播。

2. 提高网络防控能力

对于网上不良信息，可以在互联网传播渠道上，用技术手段进行过滤。一般通过两种方式。

第一种过滤方法是运营商对网上内容进行技术处理。例如，电信宽带运营商开展的“绿色上网”工程，网上传输的内容根据用户选择进行过滤，可以过滤大部分的成人节目、聊天交友类节目，关闭有害的网络游戏，还可根据家长自定义的针对未成年人的过滤规则、自定义的未成年人的上网时间段，屏蔽有害的网络游戏等。“绿色上网”工程屏蔽掉全球数百万个色情、暴力、赌博等不良网站，并对每天新增加的数百个不良网站进行跟踪，保持同步更新和屏蔽。这种拦截服务不会产生附加的流量，不会影响用户的上网速度。

实施“绿色上网”工程是为了净化网络环境，给社会创造文明健康的网络环境，达到保护青少年健康成长的目的，让广大网民轻松健康上网，同时也让青少年网民的家长放心。

第二种过滤方法是用户在电脑终端安装不良信息的过滤屏蔽软件，例如“过滤王”、“护花使者”等过滤软件。它们一般都具有对不良的信息、图片、游戏等的侦察、识别和过滤等功能。用户可以按照上网需求对过滤功能和上网功能进行设置。

3. 强化行政手段和网络立法

非法经营的网站、网吧和电子出版物极可能成为不良信息的源头和传播口，对这些源头和传播口要进行严厉有效的监管和封堵。为此，2004 年 6 月 10 日，我国互联网协会互联网新闻信息服务工作委员会开通了我国第一个互联网“违法和不良信息举报中心”网站。人们可以在这个网站上举报那些充斥黄色、暴力信息、反动信息的网站。接到举报，该网站就将立刻核实处理，或者通报给国家有关执法部门处理。在互联网不良信息举报中心周年庆典上，据统计公布已有 1 800 多个淫秽网站被关。根据成千上万网民提供的线索，能够更高效地消除网上不良信息的发布源头，有效地断绝不良信息对网民的影响。

2000 年 10 月，我国制定了《互联网信息服务管理办法》和《关于维护网络安全和信息安全的决定》，明确禁止互联网信息服务提供者和使用者有以下行为：违反国家规定，侵入国家事务、国防建设、尖端科学技术领域的计算机信息系统；制作、传播计算机病毒，设置破坏性程序，攻击计算机系统及通信网络，致使计算机系统及通信网络遭受损害；利用互联网造谣、诽谤或者发表、传播其他有害信息，煽动颠覆国家政权、推翻社会主义制度，或者煽动分裂国家、破坏国家统一；利用互联网窃取、泄露国家秘密、情报或者军事秘密；利用互联网煽动民族仇恨、民族歧视，破坏民族团结；利用互联网组织邪教、联络邪教组织成员，破坏国家法律、行政法规实施；利用互联网编造并传播影响证券和期货交易的虚假信息；在互联网上建立淫秽网站、网页，链接淫秽站点，提供淫秽站点链服务，或者传播淫秽书刊、影片、音像、图片；利用互联网侵犯他人知识产权；利用互联网损害他人商业信誉和商品声誉等。并对过去一直没有明确的电子公告、网上新闻出版、接入等领域的用户资料、隐私以及各种信息发布时间、地址等详细数据提出了要求，互联网信息服务企业必须对这些资料进行记录和备份，“并在国家有关依法查询时，予以提供”。2003 年 7 月 1 日，由文化部发布的《互联网文化管理暂行规定》正式生效，第 17 条规定禁止某些信息在网上传播，其中包括禁止色情信息的网上传播。我国《刑法》也进行了相应的修改，首次界定了计算机犯罪。《刑法》第285条、286条、287条以概括列举的方式，分别界定了非法侵入计算机信息系统罪、破坏计算机信息系统罪及利用计算机实施金融犯罪等。

随着计算机的广泛普及和网络技术的飞速发展，我国现行的针对计算机犯罪的各种法律法规仍需要不断完善，执法力量要加强，要搞好网络警察队伍的建设。

4. 加强对青少年的教育

复杂多样的网络世界对于青少年的影响各有不同，光靠思想政治教育和网络责任教育是不够的，还需要强化网络法制教育。要宣传教育，使广大青少年学生明白，在网络世界中，什么行为是合法的，什么行为是非法的，形成正确的价值判断能力。要教育广大学生认真守法，增强网上法制观念，做守法模范。国家要以法律为武器，打击网上各种危害国家、民族的各种违法行为，打击网上的经济犯罪行为，阻止网上各种侵权行为，提高国家政权执法的威慑力。

各级学校的德育课中应该补充网络道德教育方面的内容，给学生以正确的引导，帮助青少年树立正确的网络道德观，增强网络道德判断能力，指导他们学会选择，识别良莠，提高个人修养，培养道德自律能力。学生家长也义不容辞，要积极配合社会和学校的工作，共担责任，培育青少年良好的网络技能和网络道德。

充分发挥社区等基层组织作用，创造条件多让学生参与各种道德实践活动，让学生对家庭、学校、社会中的各种道德问题能作出正确的判断，在实践中不断提高其道德行为和道德修养。

有些青少年，尤其是一些独生子女，从小生活优越，习惯以自我为中心，缺少挫折教育，承受能力差，一旦碰到问题，容易封闭自己，形成孤僻性格，脱离现实社会，在网络虚拟世界寻求精神依托，以致网络成瘾。针对这种情况，学校应开展各种各样的文体活动，引导青少年进行交流合作，互相关心，互相帮助，建立真挚的友谊。为了进一步引导青少年解决因迷恋网络带来的心理和生理问题，培养青少年健全的精神人格，针对部分青少年网络成瘾问题，学校和社会要建立救助网站和指导援助热线，提供专业化的心理咨询，帮助广大青少年网民认清网络成瘾的原因及危害，认清自身的需要，引导他们端正上网的态度，并在学习、人际交往等现实生活方面给予心理指导，使他们能够辩证地处理现实生活和虚拟生活的关系，达到心理平衡，建立积极向上的正确心态。

参考文献

[1] 约翰·诺顿.互联网——从神话到现实.南京:江苏人民出版社,2001.

[2] 胡鞍钢,周绍杰.新的全球贫富差距:日益扩大的"数字鸿沟".北京:中国社会科学,2002(3).

[3] 张立彬,赵铁锁,李广生.信息时代对人类生存发展的影响.图书情报,2005(5).

[4] Christoph Engel. The Role of Law in the Governance of the Internet. International Review of Law Computers & Technology, Volume 20, No 1&2, page 201 - 216, March - July 2006.

[5] George Sadowsky、Raul Zambrano、Pierre Dandjinou, the UN ICT Task Force Global Forum on Internet Governance, New York City; March 25-26, 2004.

[6] Jovan Kurbalija, Eduardo Gelbstein. 互联网治理——问题 角色分歧.中国互联网协会,译.北京:人民邮电出版社,2005.

[7] 王军.网络传播法律问题研究.北京:群众出版社,2006.

[8] 钟瑛,刘瑛.中国互联网管理与体制创新.广州:南方日报出版社,2006.

[9] 张久珍.网络信息传播的自律机制研究.北京:北京图书馆出版社,2005.

[10] 王钰,林醇.互联网治理尴尬博弈.中国信息化,2005(8).

[11] 魏涛.公共治理理论研究综述.资料通讯,2006(7/8).

[12] 吴家庆,王毅.中国与西方治理理论之比较.湖南师范大学社会科学学报,2007(2).

[13] 张明杰.政府管理互联网应当遵循的原则.环球法律评论,2001.

[14] 钟瑛.我国互联网管理模式及其特征.南京邮电大学学报(社会科学版),2006,8(2).

[15] 何精华.网络空间的政府治理.上海:上海社会科学院出版社,2006.

[16] IGF Secretariat, The Inaugural Session of the Internet Governance Forum (IGF), 2006.

[17] 唐子才,梁雄健.互联网国际治理体系分析及理论模型设计与应用.现代电信科技,2006(9).

[18] 张晓雷.信息社会世界峰会及其筹备过程.世界电信,2003(10).

[19] 张路.未来互联网谁是主人.互联网周刊,2003(12).

[20] 徐妮娜.国际组织促进互联网内容管制.信息网络安全,2005(11).
[21] 陈英杰.从 IGF 会议看国际互联网治理新进展.通信世界周刊,2007-04-11.
[22] 朱伟,王珏,刘起来.域名解析:一个需要破解的安全瓶颈.中国国防报,2006-04-03.
[23] 谢希仁.计算机网络.北京:电子工业出版社,2008.
[24] 精英科技编著.《网络协议大全》.中国电力出版社
[25] 中华人民共和国信息产业部令第 30 号.《中国互联网络域名管理办法》,2004.
[26] 郭世民.Web 技术标准与应用.科技情报开发与经济,2006,16(13).
[27] 李壮.多样化不等于无序化互联网域名系统分崩离析?中国高新技术产业导报,2006-02-27.
[28] 谷红勋,等.互联网接入——基础与技术.北京:人民邮电出版社,2002.
[29] 张怀宁.互联网技术.重庆:重庆大学出版社,2002.
[30] 韦柳融,王琦,吕廷杰.美国互联网网间互联发展状况及其对中国的启示.世界电信,2005(5).
[31] 张彬,刘春.美国骨干网络互联互通分析自由与监管结合.通信世界,2006(6).
[32] 张沛.国外互联网网间互联结算发展趋势.通信信息报,2006.
[33] 杜武恭,吕廷杰.不同质量的互联网 ISP 之间的直联动机及选择.数量经济技术经济研究,2005(6).
[34] 刘谦,陈洁.接入网发展趋势.通信与管理技术,2006(12).
[35] 赵亮,杨桦.我国互联网骨干网网间互联问题分析及建议.通信世界,2005(8).
[36] 唐守廉.电信管制.北京:北京邮电大学出版社,2001.
[37] 王琦,吕廷杰.互联网骨干网转接与直联竞争博弈.系统工程理论与实践,2007(1).
[38] 陈仕俊.互联网骨干网网间结算模型探讨.信息网络,2002(1).
[39] 王琦,吕廷杰.基于"焦点"的互联网骨干网讨价还价结算.北京邮电大学学报,2005(6).
[40] 王秉钧,王少毅.接入网技术.北京:机械工业出版社,2005.
[41] 张楚,董皓.互联网安全与网络服务商责任制度的建立.计算机安全,2004(5).
[42] 徐华炳.论信息安全及其中国情势.学术论坛,2005(7).

[43] 王树鹏,云晓春,等.容灾的理论与关键技术分析.计算机工程与应用,2004(28).
[44] 傅坚,张翎.骨干网安全与电信运营商应急体系建设.电信科学,2006(2).
[45] 张文雷,石红波,石红舟.互联网信息安全问题的防范对策和政府责任.改革与战略,2006(4).
[46] 戴天岫,马民虎.信息安全服务法若干问题研究.湖南科技大学学报,2006(7).
[47] 杜欣明,郑明玺.论中国的信息安全建设.现代情报,2005(7).
[48] 燕卫.关于网络安全管理若干问题的探讨.福建广播电视大学学报,2006(2).
[49] 中国互联网络信息中心(CNNIC).中国互联网发展报告(年鉴)(2006年卷).北京:人民邮电出版社,2006.
[50] 中国互联网络信息中心(CNNIC).中国互联网络发展状况统计报告(2007年1月).
[51] 丹尼尔·F·史普博.管制与市场.余晖,等,译.北京:人民出版社,1999.
[52] 刘曼妮.网络时代信息安全的法律与政策调控.理论导刊,1999.
[53] 何廷润.VoIP管制政策开放时机探析.通信世界,2005(14).
[54] 徐玉.VoIP引发管制政策思考.中国数据通信,2005(9)
[55] 杨庆丰,吕廷杰.对我国VoIP业务监管的几点建议.电信科学,2005(9).
[56] 张家轶,吕廷杰.日本VoIP的管制现状及对我国的启示.世界电信,2005(8).
[57] 张杰.新加坡和加拿大发布最新的VoIP管制政策.世界电信,2005(7).
[58] 嘉禾.VoIP挑战欧洲管制政策.通信世界,2005(42).
[59] 禹璐,吴伟,吕廷杰.加拿大VoIP的管制现状及对我国的启示.世界电信,2005(8).
[60] 张杰.FCC关于VoIP管制的最新行动.世界电信,2005(10).
[61] 张杰.FCC要求VoIP提供E911功能.世界电信,2005(6).
[62] 赵永彬,刘红媛,吴洪国.VoIP管制经验及对我国的启示.世界电信,2006(7).
[63] 边吉.BT:天使还是恶魔.中国教育网络,2005(7).
[64] 常璐,夏祖奇.搜索引擎的几种常用排序算法.图书情报工作,2003(6).
[65] 杨思洛.搜索引擎的排序技术研究.现代图书情报技术,2005(1).
[66] 马晓龙.渐趋激烈的搜索引擎之争.中国传媒科技,2003(5).

[67] 孟玉华,柏琳.我国 IPTV 发展问题的探讨.电信快报,2006(3).

[68] 于明峰.理性看待 IPTV.中国电信业,2006(7).

[69] 游五洋.IPTV 发展应有政策创新.世界电信,2006(8).

[70] 王利.BT 下载的版权侵权问题探析 关注知识产权.广东科技,2005(5).

[71] 李云.BT 下载在未来的命运.科技资讯,2007(11).

[72] 葛玉军.Internet 下载的革命——BT.科技情报开发与经济,2006(12).

[73] 许浩.百度"点击欺诈"纠纷各方说法不一.中国经济周刊,2006(34).

[74] 邱碧云.全球首宗 BT 侵权案引发的思考.中山大学学报论丛,2006(7).

[75] 寿步,陈跃华.网络游戏法律政策研究.上海:上海交通大学出版社,2005.

[76] 詹沙.Internet 编程.北京:电子工业出版社,1996.

[77] 赵枫,苏惠香.电子商务涉税问题研究.工业技术经济,2006(6).

[78] 于孝水,王福华.我国电子商务发展的障碍及其对策.山东财政学院学报,2006(6).

[79] 蒲涛,王建敏,亢亿林.对发达国家电子商务零关税政策的思考.中南民族大学学报(人文社会科学版),2006(6).

[80] 张磊.网络虚拟货币本质及其监管.商业时代,2007(4).

[81] 上海艾瑞市场咨询有限公司.第三次中国反垃圾邮件市场研究报告,2004.

[82] 刘品新.垃圾邮件的法律规制.信息网络安全,2005(12).

[83] 刘晓薇.论网络游戏中的虚拟财产权.广东外语外贸大学学报,2007.

[84] 李双元,王海浪.电子商务若干问题研究.北京:北京大学出版社,2003.

[85] 李双元,王海浪.电子商务法.北京:北京大学出版社,2004.

[86] 张楚.电子商务法教程.北京:清华大学出版社,2005.

[87] 李小华.浅谈正确认识网络游戏对青少年的积极影响.科技情报开发与经济,2007(6).

[88] 蒋华龙,杨晓蕊.反垃圾邮件技术分析.实验室科学,2006(5).

[89] 俞阳.多语种域名的研究与发展.电信网技术,2005(10).

[90] 钟瑛,刘瑛.互联网管理与体制创新.广州:南方日报出版社.2006.

[91] 吴金桃.简要分析中国网络时代隐私权的问题及建议.商业现代化,2006(10).

[92] 胥白,朱勇.论电子商务与消费者隐私权保护.山东社会科学,2005(10).

[93] 刘素红,田梅.浅谈互联网的发展与隐私权保护.大众科技,2005(5).

[94] 李德成.网络隐私权保护制度初探.北京:中国方正出版社.2001.

[95] 尚永昕.政府与网络隐私权保护.武汉科技大学学报,2006(1).
[96] 高胜.和谐社会、网络文明与表达自由.经济师,2006(8).
[97] 薛辉.论网络言论自由的保护和规制.法制与社会,2007(1).
[98] 孙茂华.网络时代言论自由的空间.法制论丛,2005(1).
[99] 秦前红,陈道英.网络言论自由法律界限初探之美国相关经验评述.信息网络安全(海外篇),2006(4).
[100] 叶琼丰.时空隧道:网络时代话传播.上海:复旦大学出版社,2001.
[101] 赵哲锋,张运鸿.电子商务领域消费者权益的法律保护.经济工作,2005(14).
[102] 李卉,鲁世平.电子商务消费者权益保护问题初探.财经问题研究,2005(8).
[103] 刘进,黄珊.电子商务中消费者权益保护探要.重庆社会科学,2002(5).
[104] 杨辉.电子商务中消费者权益的法律保障.世界标准化与质量管理,2007(4).
[105] 蒋志培.网络与电子商务法.北京:法律出版社,2001.
[106] 刘益灯.我国电子商务中消费者保护的若干法律问题探析.消费经济,2006(1).
[107] 胡腾、刘超.电子签名法相关问题解析.电子科技大学学报,2006(S1).
[108] 李适时.各国电子商务法.中国法制出版社,2003.
[109] 陶飞飞.关于中美电子签名法的比较.科技资讯,2006(35).
[110] 张丽.国外电子签名立法例及对我国电子签名的立法建议.前沿,2006(4).
[111] 胡鸿高,赵丽梅.网络法概论.北京:法律出版社,2003.
[112] 郑成思,薛红.各国电子商务立法状况.法学,2000(12).
[113] 田凤常.电子签名与认证提供者的法律责任.信息网络安全,2006(10)(11).
[114] 黄业育.电子签名制度在我国的立法构建和模式的选择.商场现代化,2007(8).
[115] 王荣华、王爽、袁晓波.电子签名的立法比较研究.东北农业大学学报,2006(3).
[116] 恩和门德.电子签名法与我国电子商务发展.北方经济,2006(24).
[117] 周磊.我国网络环境下的知识产权保护.图书情报论坛,2006(3).
[118] 刘长城.浅议网络环境下知识产权保护.产业与科技论坛,2007,6(3).
[119] 彭旭敏.网络环境下信息资源的知识产权保护.当代经理人,2006(9).

[120] 祝亚明.网络环境中专利权保护的新问题.情报杂志,2002(1).
[121] 蒋志培.中国对网络环境下著作权和商标权的司法保护.信息网络安全,2006(3).
[122] 沈木珠.中国网络版权合理使用的几点意见.南京社会科学,2004(9).
[123] 徐璟.互联网数字化作品著作权侵权及立法规制.安徽农业大学学报,2006,15(6).
[124] 闫桂贞.因特网著作权侵权类型.法制空间,2000(10).
[125] 宋雅范.对数字图书馆建设中著作权合理使用问题的探讨.图书馆论坛,2005,25(3).
[126] 丛立先.我国网络版权保护制度的构建与完善.中国出版,2006(1).
[127] 刘青.数字图书馆版权利益平衡机制探讨.图书与情报,2007(1).
[128] 谷玉荣.数字图书馆版权保护现状及策略.科技情报开发与经济,2005,15(15).
[129] 余珊珊.网络信息资源著作权保护问题研究.情报探索,2006(12).
[130] 段炼.网络传播中的著作权侵权行为分析.媒体观察,2003(5).
[131] 陈济众.网络出版的版权保护及防范侵权对策.信息网络安全,2006(3).
[132] 谢惠加.网络版权复制权与展览权合理使用规则初探.世界知识产权,2004(1).
[133] 李青.网络环境下图书馆著作权合理使用探析.国家图书馆学刊,2005(2).
[134] 霍剑.网络环境下的著作权保护.山西科技,2007(1).
[135] 胡启明.论我国技术措施版权保护制度的完善.湖南社会科学,2004(2).
[136] 彭俊瑜.网络著作权侵权之基本问题研究.法律文献信息与研究,2006(4).
[137] 曾定山.网络环境下的著作权问题探讨.科技信息,2007(3).
[138] 刘春霖.论互联网上商标权的保护.河北法学,2005,23(6).
[139] 方红艳.网络环境下商标权法律保护的思考.科技情报开发与经济,2006,16(21).
[140] 赵培云.因特网信息传播中存在的问题及对策.信息安全与通信保密,2001(7).
[141] 王振新.我国网络信息传播新环境风险分析及对策建议.现代情报,2007(1).
[142] 王飞红.构筑虚拟社会中的道德防线.思想理论教育,2007(3).
[143] 汪全胜.我国防范网络不良信息的法律规制问题.中国信息导报,

2005(1).
[144] 刘德良.论我国信息网络法治化的必要性与对策.郑州大学学报(哲学社会科学版).2003,36(1).
[145] 毛伟.多语种域名及中文域名技术的研究与实现.微电子学与计算机,2003(5).
[146] 任成梅.跨语言信息检索的发展与展望.图书馆学研究,2006(4).
[147] 高建平.非空间的赛博空间与文化多样性.学术月刊,2006,38(2).
[148] 张秀梅.跨语言信息检索.论情报资料工作,2006(2).
[149] 周炯亮.网上机器翻译及其发展新趋势.情报学报,2001,20(2).
[150] 岳涛.机器翻译的现状和发展趋势.计算机教育,2005(4).
[151] 彭述初.机器翻译学科发展综述.华中科技大学学报(社会科学版),2006(2).
[152] 金飞.宽带时代的网络化机器翻译软件展望.法制与社会,2007(1).
[153] 王世明.网络文化与文化主权.理论探索,2004(5).
[154] 吴艳.网络传播与民族文化重塑.内蒙古社会科学(汉文版),2006,27(6).
[155] 钟义信.论网络文化.北京邮电大学学报(社会科学版),2003,5(4).
[156] 董华.王海清.网络文化及其对社会系统的影响.系统辩证学学报,2004,12(2).
[157] 王怀诗.网络文化帝国主义:起源、表现及其伦理影响.图书与情报,2006(6).